中国林业植物授权新品种

（2018）

国家林业和草原局科技发展中心
（国家林业和草原局植物新品种保护办公室） 编

中国林業出版社
·北京·

图书在版编目（CIP）数据

中国林业植物授权新品种．2018 / 国家林业和草原局科技发展中心（国家林业和草原局植物新品种保护办公室）编．-- 北京：中国林业出版社，2020.12

ISBN 978-7-5219-0973-9

Ⅰ．①中… Ⅱ．①国… Ⅲ．①森林植物—品种—汇编—中国— 2018 Ⅳ．① S718.3

中国版本图书馆 CIP 数据核字 (2020) 第 270149 号

责任编辑：何增明　张华

出版：中国林业出版社
电话：（010）83143566
社址：北京市西城区德内大街刘海胡同 7 号　**邮编：**100009
发行：中国林业出版社
印刷：北京博海升彩色印刷有限公司
开本：787mm × 1092mm　1/16
版次：2021 年 3 月第 1 版
印次：2021 年 3 月第 1 次
印张：27.5
字数：700 千字
印数：1 ～ 1000 册
定价：298.00 元

中国林业植物授权新品种
（2018）
编委会

前 言

我国于1997年10月1日开始实施《中华人民共和国植物新品种保护条例》（以下称《条例》），1999年4月23日加入国际植物新品种保护联盟。根据《条例》的规定，国家林业局按照职责分工负责林业植物新品种权申请的受理和审查，并对符合《条例》规定的植物新品种授予植物新品种权。国家林业局负责林木、竹、木质藤本、木本观赏植物（包括木本花卉）、果树（干果部分）及木本油料、饮料、调料、木本药材等植物新品种权申请的受理、审查和授权工作。

国家林业局对植物新品种保护工作十分重视，早在1997年成立了植物新品种保护领导小组及植物新品种保护办公室；2001年批准成立了植物新品种测试中心及5个分中心、2个分子测定实验室；2002年成立了植物新品种复审委员会；2005年以来，陆续建设了月季、一品红、牡丹、杏、竹子5个专业测试站，基本形成了植物新品种保护机构体系框架。我国加入WTO以后，对植物新品种保护提出了更高的要求。为了适应新的形势需要，我们采取有效措施，加强林业植物新品种宣传，不断增强林业植物新品种保护意识，并制定有效的激励措施和扶持政策，推动了林业植物新品种权总量的快速增长。截至2018年底，共受理国内外林业植物新品种申请3717件，其中国内申请3045件，占总申请量的81.9%；国外申请672件，占总申请量的18.1%。共授予植物新品种权1763件，其中国内申请授权数量1529件，占86.7%，国外申请授权数量234件，占13.3%。授权的植物种类中，观赏植物1135件，占64.4%； 林木314件，占17.8%；果树250件，占14.2%；木质藤本11件，占0.6%；竹子9件，占0.5%；其他44件，占2.5%。其中2018年共受理国内外林业植物新品种申请906件，授权405件。2018年林业植物新品种的年度授权量首次突破400件。这充分表明，林业植物新品种保护事业已经进入快速发展时期。

植物新品种保护制度的实施大幅提升了社会对品种权的保护意识，同时带来了林业植物新品种的大量涌现，这些新品种已在我国林业生产建设中发挥重要作用。为了方便生产单位和广大林农获取信息，更好地为生态林业、民生林业和美丽中国建设服务，在以往工作的基础上，我们将2018年授权的405个林业植物新品种汇编成书。希望该书的出版，能在生产单位、林农和品种权人之间架起沟通的桥梁，使生产者能够获得所需的新品种，在推广和应用中取得更大的经济效益，同时，品种权人的合法权益能够得到有效的保护，获得相应的经济回报，使林业植物新品种在发展现代林业、建设生态文明、推动科学发展中发挥更大作用。

在本书的编写整理过程中，承蒙品种权人、培育人鼎力协助，提供授权品种的相关资料及图片，使本书编写工作顺利完成，特此致谢。编写过程中虽然力求资料完整准确，但匆忙中难免有疏漏之处，请大家不吝指正。

编委会

2019年12月

目 录

粉玉

（蔷薇属）

联系人：田连通
联系方式：0871-5693019　国家：中国

申请日：2011年11月10日
申请号：20110123
品种权号：20180001
授权日：2018年6月15日
授权公告号：国家林业和草原局公告（2018年第11号）
授权公告日：2018年7月5日
品种权人：云南锦苑花卉产业股份有限公司、石林锦苑康乃馨有限公司
培育人：倪功、曹荣根、李飞鹏、杜福顺、田连通、白云评、乔丽婷、阳明祥

品种特征特性：‘粉玉’属蔷薇科蔷薇属植物，由云南锦苑花卉产业股份有限公司于2008年9月在龙头街基地发现‘情调’品种的芽变株系经优选、反复扦插繁殖获得。

‘粉玉’为常绿灌木，植株高度为50～60cm，矮生，皮刺密度（3～4级）中等，嫩枝花青苷显色中等，叶边缘切裂深，顶端小叶数3～5片，顶端小叶尖部锐尖型，基部为钝型。花色为粉红色（RHS：ORANGE GROUP29-C），花型为高芯翘角状，属于中花型品种。枝干直立性强，基枝萌发率强。侧枝生长强壮每平方米年产量110～120枝，瓶插期10～12天。‘粉玉’与‘情调’主要区别在于枝茎叶，‘粉玉’茎秆为绿色，皮刺细，平直型；而‘情调’皮刺粗，弯刺。

‘粉玉’适宜于云南省滇中等亚热带地区栽培，也适合温室栽培。

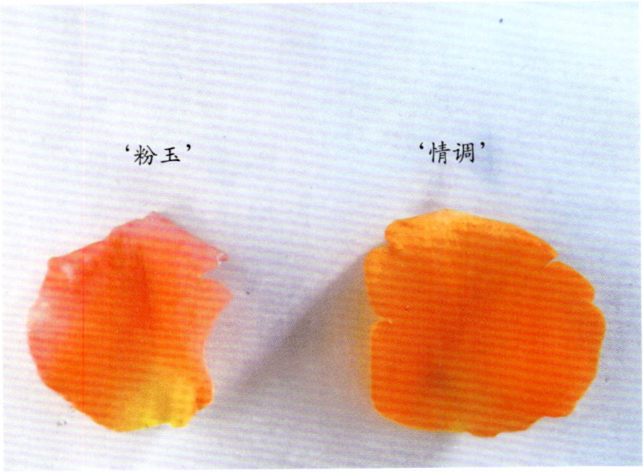

圣洁

（蔷薇属）

联系人：魏国震

联系方式：0871-65353380　国家：中国

申请日：2013年7月29日

申请号：20130103

品种权号：20180002

授权日：2018年6月15日

授权公告号：国家林业和草原局公告（2018年第11号）

授权公告日：2018年7月5日

品种权人：北京林业大学

培育人：董春富、毕立坤、胡颖

品种特征特性：该品种是于2010年在公司基地编号为306的大棚种植的‘粉佳人’中，发现一个开花枝条上的花朵颜色与别的‘粉佳人’品种在花色上有明显差异，剪取其变异枝条，用多花蔷薇做砧木经过嫁接繁殖后，继续种植观测。2011年嫁接成活的植株开花时的颜色与初发现的颜色性状一致，2011—2012年又继续反复扦插了100株，性状保持稳定。

‘圣洁’直立型矮丛品种，植物高度偏高；嫩枝花青苷显色程度为弱；刺为斜直刺，刺的颜色偏红色；叶片偏大，叶上表面绿色为中，叶上表面光泽为中，小叶边缘波状为弱，顶端小叶形状为椭圆形，顶端小叶基部形状为钝形；花萼边缘延伸为强；花型为重瓣花型，花瓣数30～50瓣，花色为白色（皇家园艺比色卡读数155C），花朵直径10～13cm，花瓣无基部色斑；花丝主色为黄色。

‘圣洁’适宜一般保护地切花栽培。最适生长温度24～26℃，推荐使用压枝方法栽培。

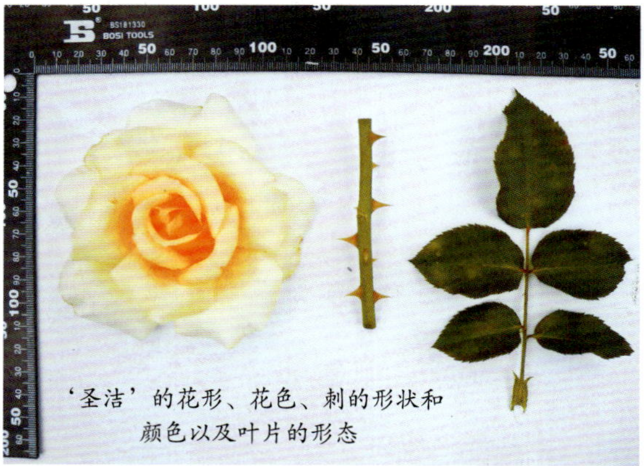

‘圣洁’的花形、花色、刺的形状和颜色以及叶片的形态

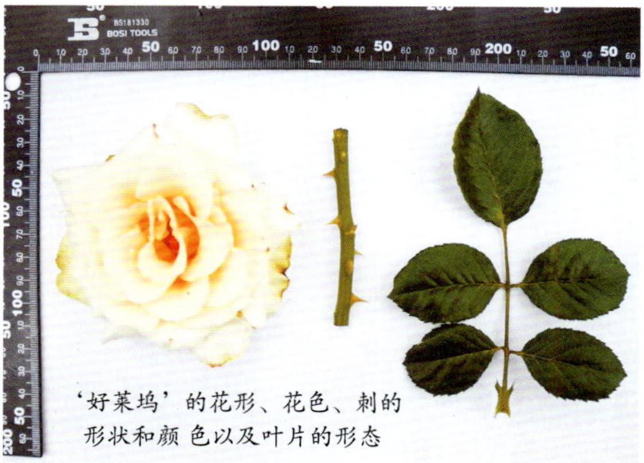

‘好莱坞’的花形、花色、刺的形状和颜色以及叶片的形态

授权品种与近似品种在花萼边缘延伸上的差别

（最上面5枚萼片为‘圣洁’，下面为‘好莱坞’）

满园红

（蔷薇属）

联系人：张应红
联系方式：13759099840　国家：中国

申请日： 2014年1月7日
申请号： 20140010
品种权号： 20180003
授权日： 2018年6月15日
授权公告号： 国家林业和草原局公告（2018年第11号）
授权公告日： 2017年10月27日
品种权人： 云南鑫海汇花业有限公司、云南省农业科学院花卉研究所
培育人： 朱应雄、张应红、张颢、蹇洪英、唐开学、骆礼宾、张婷、张绍宏、陈敏、周宁宁、王其刚

‘满园红’

‘月月红’

授权品种与近似品种花色比较

品种特征特性： 2009年4月在云南省农业科学院花卉研究所的月季育种基地——昆明市盘龙区龙泉镇雨树村，采用切花月季品种‘黑巴克’与‘香淡粉’杂交；2009年12月采收杂交种子，种子筛选后经低温冷藏至2010年4月播种；2010年7月第1次开花，移栽后同年10月第二次开花，采用砧木‘Natal Brial’嫁接繁殖5株；2011年4月第3次开花，性状优良，确定为优良单株；2011年5月嫁接扩繁20株，同年两次开花，经开花观察记录，各性状稳定；2012年5月开花后剪切枝条送到云南鑫海汇花业有限公司云南玉溪市通海县四街基地扦插扩繁60株，同年两次开花，各性状稳定一致；2013年1～9月与近似品种进行比较试验，各性状较优良，9月下旬繁殖200株。

‘满园红’为半直立矮丛灌木，单头月季，植株高40～80cm，花深红色，花径6～8cm，花瓣数24～28枚，花型阔瓣杯状中花型，重瓣，花瓣圆形，边缘有缺刻，边缘波形中等。萼片延伸程度中等；花梗长度中等，花梗有刺毛，花梗挺拔度弱，花朵下垂；叶片具5小叶，叶片大小中等，叶深绿色，叶表面光泽程度中等，顶端叶卵圆形，叶尖渐尖，基部圆形，边缘复锯齿，嫩枝红棕色，嫩叶红棕色，茎秆浅绿色，刺形为细长斜直刺，浅黄色，刺数量中等。生长势强，抗病性较强，可做庭院地被种植。

适宜亚热带、温带地区，露地或保护地栽培。种苗可通过嫁接、扦插繁殖；独植或连片栽培，生育期均衡供应水肥。

杰施-科沃8（JFS-KW8）

（槭属）

联系人：黄彦文
联系方式：021-32505588　国家：美国

申请日：2014年3月7日
申请号：20140042
品种权号：20180004
授权日：2018年6月15日
授权公告号：国家林业和草原局公告（2018年第11号）
授权公告日：2017年10月27日
品种权人：杰·弗兰克·施密特父子有限公司（J. Frank Schmidt & Son Co.）
培育人：基思·沃伦（Keith S. Warren）

品种特征特性：在已知的商业品种中，与授权品种最近似的品种是糖槭的‘Green Mountain’。‘杰施-科沃8’略光滑的叶面很容易与‘Green Mountain’黯哑的革质叶面相区分。且2年生‘杰施-科沃8’分枝角度窄，为40°～50°；而‘Green Mountain’相应为50°～80°。

2000年的秋季，通过对糖槭几千株种植在美国俄勒冈州Boring镇苗圃中的实生苗观察测试，发现一株3年生实生苗更高更强壮，且有明亮的红色叶片。入冬后移植到测试地块，做了连续几年的深度评估。为了测试该树在苗圃生长环境中的表现，在2002、2003、2005和2006年中，每年分别在10棵树上用T型芽接方式将上述单株的芽接在糖槭砧木上。所获25棵嫁接苗的生长，表现出上述新形态特征连续几代的稳定性。2006年夏季的评估结果表明：本品种与现有相似的商业品种相比，具有优良的生长势和景观效果。

本品种适宜种植较肥沃、湿润且排水良好、最适pH为6.5的土壤中。在整个生长季里都需要定量浇灌和施肥。

‘杰施-科沃8’（JFS-KW8）的苗木分枝角度

对照品种‘Green Mountain’的苗木分枝角度

杰施–科沃202（JFS–KW202）

（槭属）

联系人：黄彦文
联系方式：021–32505588　国家：美国

申请日： 2014年3月19日
申请号： 20140043
品种权号： 20180005
授权日： 2017年10月17日
授权公告号： 国家林业和草原局公告（2018年第11号）
授权公告日： 2018年7月5日
品种权人： 杰·弗兰克·施密特父子有限公司（J. Frank Schmidt & Son Co.）
培育人： 基思·沃伦（Keith S.Warren）

品种特征特性：‘杰施–科沃202’为杂交品种，夏叶为紫色；而其亲本夏叶为典型的绿色。本品种树冠直立椭圆形，枝叶密集并略紧凑。在已知的商业品种中，与本品种在外观上最接近的品种是挪威槭的‘Crimson King’。主要区别是：‘杰施–科沃202’分枝的节间距更短，叶缘更平坦，叶面质感更平滑。

1983年选种；1984年，用元宝槭的一个种批栽植了一组幼苗，并从中选取了50株生长最好的单株，用以评估和促进交叉授粉以生成可以选择的种源。后来又从不同系列中选择了其他元宝槭幼苗，选出最佳样本加入上述种批优选苗之中。再从这些树苗中筛选长势最好的单株收集种子。经播种发芽，扩大种植成几千株幼树。1997年，发现了几个叶片呈现紫色的植株。1998年夏天选择出了一棵叶片紫色较深的植株，即本品种的品种原株。通过在挪威槭砧木上T型芽接进行不断的繁殖。

本品种耐寒极限为–36℃。适生土壤pH 5～8，喜滋润和排水良好的中度有机质土壤，也能在稍干旱的砂壤土和重黏壤中生长。在整个生长季中，都需要定量施肥和浇灌。

对照品种‘Crimson King’小枝

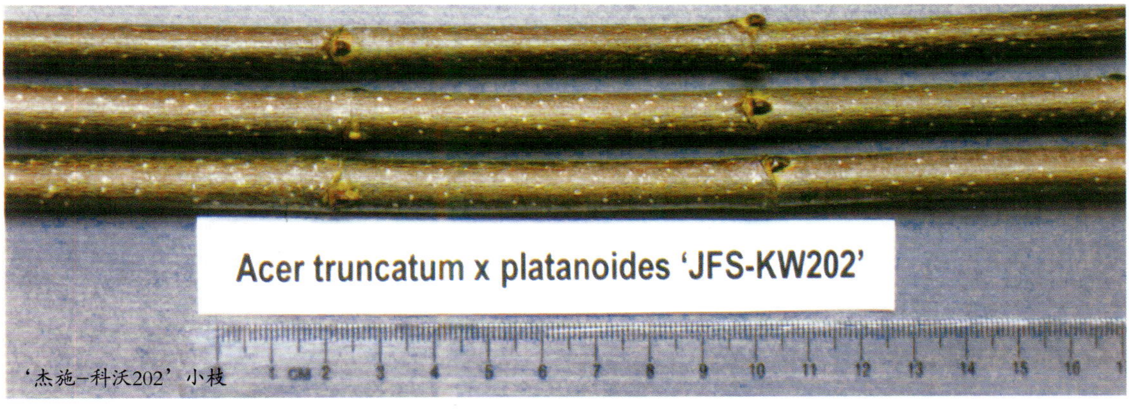

‘杰施–科沃202’小枝

紫馨

（紫薇）

联系人：童俊
联系方式：027-87518860　国家：中国

申请日： 2014年5月15日
申请号： 20140066
品种权号： 20180006
授权日： 2018年6月15日
授权公告号： 国家林业和草原局公告（2018年第11号）
授权公告日： 2018年7月5日
品种权人： 华中农业大学、武汉市农业科学院
培育人： 叶要妹、童俊、陈法志、段丽君、周媛、陈放、袁玮、李国瑞、董艳芳、徐冬云

品种特征特性： 落叶灌木。该品种为化学诱变育种培育而来，培育过程如下：2005年用0.8%的秋水仙素溶液处理二倍体紫薇播种苗的幼苗茎尖生长点，得到的变异株经倍性鉴定染色体数为2n=4x=96的确定为四倍体紫薇。2007—2008年从四倍体紫薇中筛选出花紫色、花径增大、叶片大、叶色深绿的优良单株'紫馨'，2008—2013年连续6年进行扦插繁殖，并对母株及繁殖得到的无性系进行生长性状和开花性状的连续观察，发现无性系后代表现一致，生长健壮、开花良好，能稳定保持母本的优良性状。

主要性状特征与同类品种'堇薇'对比，'紫馨'叶片大小、花径、果径都显著增大。

性状	'堇薇'	'紫馨'
倍性	二倍体	四倍体
叶片长（cm）	3～4	6～7
叶片宽（cm）	2～3	4～5
花径（cm）	3.5～4.5	4.5～5.2
花瓣长（cm）	1.4～1.5	2～2.4
花瓣宽（cm）	1.3～1.5	1.45～1.7
果实长（cm）	0.8～0.9	1.05～1.45
果实宽（cm）	0.7～0.85	1.0～1.3

该品种对环境条件的适应性较强。耐干旱，田间观测对白粉病有一定抗性，萌芽力强，耐修剪，易于栽培，管理较粗放。适宜在华中、华南、西南各地推广种植。

银蝶

（紫薇）

联系人：童俊
联系方式：13995617781　国家：中国

申请日： 2014年5月15日
申请号： 20140067
品种权号： 20180007
授权日： 2018年6月15日
授权公告号： 国家林业和草原局公告（2018年第11号）
授权公告日： 2018年7月5日
品种权人： 武汉市农业科学院、华中农业大学
培育人： 童俊、陈法志、叶要妹、段丽君、周媛、董艳芳、袁玮、陈放、李国瑞、郭彩霞

品种特征特性： 落叶灌木。该品种为化学诱变育种培育而来，培育过程如下：2005年用0.5%的秋水仙素溶液处理二倍体‘银薇’播种苗的幼苗茎尖生长点，得到的变异株经倍性鉴定染色体数为2n=4x=96的确定为四倍体‘银薇’。2007—2008年从四倍体‘银薇’中筛选出花白色、花径增大、叶片大、叶色深绿的优良单株‘银蝶’，2008—2013年连续6年进行扦插繁殖，并对母株及繁殖得到的无性系进行生长性状和开花性状的连续观察，发现无性系后代表现一致，生长健壮、开花良好，能稳定保持母本的优良性状。

主要性状特征与同类品种‘紫爪银薇’对比，‘银蝶’中下部叶片大，花径、果径也都显著增大，花期7月中旬到9月下旬。

性状	‘紫爪银薇’	‘银蝶’
倍性（cm）	二倍体	四倍体
叶片长（cm）	6～7	6.5～8.5
叶片宽（cm）	4～5	4～6
花径（cm）	4～5	4.5～5.2
花瓣长（cm）	1.35～1.5	2.1～2.55
果实长（cm）	0.9～1.05	1.0～1.25
果实宽（cm）	0.75～0.85	1.05～1.15

该品种对环境条件的适应性较强。耐干旱，田间观测对白粉病有一定抗性，萌芽力强，耐修剪，易于栽培，管理较粗放。适宜在华中、华南、西南各地推广种植。

杂早2号

（板栗）

联系人：王广鹏
联系方式：16061867896　国家：中国

申请日： 2014年6月23日
申请号： 20140098
品种权号： 20180008
授权日： 2018年6月15日
授权公告号： 国家林业和草原局公告（2018年第11号）
授权公告日： 2018年7月5日
品种权人： 河北省农林科学院昌黎果树研究所
培育人： 王广鹏、张树航、 刘庆香、李颖、孔德军、高丽娟、李海山

品种特征特性：‘杂早2号’是通过杂交培育获得，杂交组合为‘杨5号’×‘燕山早丰’。2002年采用人工授粉的方式杂交，2003年将杂交种子培育成实生苗，2005—2007年，在杂交群体评价过程中，发现其中一单株树姿直立、树冠紧凑、成熟期早且其成熟时刺苞为绿色，丰产性较好，遂确定为优株；2007—2012年，采用无性嫁接繁殖技术，反复繁育了该优株4个世代、累计数百株植株，证实该品种树姿直立，树冠紧凑，成熟期早及刺苞颜色、坚果、枝条等其他主要农艺性状遗传稳定，各世代间保持一致，没有分化现象。

该品种属落叶乔木，植株树姿直立；树干褐色，皮孔小，不规则分布；结果母枝健壮，每果枝平均着生刺苞2.15个，翌年母枝平均抽生结果新梢1.65条；叶片浓绿色，长椭圆形；每果枝平均着生雄花序12.0条，花形直立；刺苞椭圆形，成熟时绿色，一字裂或者三裂开裂，平均苞重46.76g，平均每苞含坚果2.25粒，出实率38.60%；坚果椭圆形，褐色，明亮，茸毛少，筋线不明显，底座大小中等，平均单粒重8.02g；果肉淡黄色，口感细糯，风味香甜。果实成熟期8月28日。适宜我国pH 5.5～7.0的山地种植。

‘杂早2号’树体树姿特征

‘杂早2号’刺苞特征

‘燕山早丰’（父本）刺苞

鸿业榆

（榆属）

联系人：黄印冉
联系方式：13933001838　国家：中国

申请日：2014年7月15日
申请号：20140111
品种权号：20180009
授权日：2018年6月15日
授权公告号：国家林业和草原局公告（2018年第11号）
授权公告日：2018年7月5日
品种权人：辛集市美人榆农副产品有限公司
培育人：黄印冉、张均营、黄印朋、黄铃彤、黄晓旭、黄锡军

品种特征特性：从2008年开始，育种组利用‘美人榆’和白榆品种，分别采取人工辅助杂交、嫁接蒙导、种间嵌合法等方法，进行新品种培育。2010年春季，从‘美人榆’的实生后代苗木中，选育出一株叶型与其他苗木具有细微差别的苗木，对其加以观测，至10月时苗木叶片变为红色，明显区别于其他苗木的叶色。2011年从该苗木上取芽进行嫁接繁殖，在白榆上繁育无性系，观测其性状稳定性，到10月左右叶片仍然变红；2012、2013、2014年连续嫁接繁育，经过4年无性系扩繁，建立了无性系对比试验区和繁育试验区。经过科学系统观测，无性系植株均保留了叶片春、夏金黄色，秋季变红色的呈色规律，所有植株性状稳定。

‘鸿业榆’春季、夏季叶片为金黄色，初秋开始叶色渐转为红色，霜期为鲜红色；叶缘钝尖，平均角度略大于‘美人榆’，锯齿较‘美人榆’稀疏；品种观赏价值较高。

适宜在我国大部分地区广泛种植，即‘美人榆’适宜种植的区域，‘鸿业榆’均适宜种植。

‘鸿业榆’植株秋季叶色变红照片

当年生‘鸿业榆’（右）与‘美人榆’（左）枝条的对比

10月份‘美人榆’（左）与‘鸿业榆’（右）比较

公主梦

（蔷薇属）

联系人：周宁宁
联系方式：15096660672 国家：中国

申请日：2014年9月1日
申请号：20140149
品种权号：20180010
授权日：2018年6月15日
授权公告号：国家林业和草原局公告（2018年第11号）
授权公告日：2018年7月5日
品种权人：云南省农业科学院花卉研究所
培育人：周宁宁、王其刚、唐开学、蹇洪英、陈敏、晏慧君、邱显钦、张婷、张颢

品种特征特性：2010年4月在云南省农业科学院花卉研究所雨树村育种基地，采用月季品种‘香淡粉’与‘一品朱衣’杂交；‘公主梦’经3代扦插繁殖和3年不同季节开花植株各性状稳定一致。

‘公主梦’为矮灌木，植株高度30～40cm；花粉白色，多生于茎顶，半开放时花苞呈杯状，完全开放时，呈菜包状。花瓣正面边缘颜色为RHS N155B，正面中央颜色RHS 63C，背面颜色为RHS N155B。花瓣数50～65枚，花瓣阔瓣形，完全开放时花径6～7cm，萼片延伸程度中；花梗短，红棕色；3～5小叶，小叶卵圆形，叶脉清晰、深绿色、光泽度强，叶缘复锯齿、顶端小叶基部圆形，小叶叶尖渐尖形；花枝红棕色；植株皮刺为弯刺，刺较少，红棕色；植株生长旺盛，抗病性中。可用作庭院或者盆栽种植。

‘公主梦’　近似品种‘香淡梦’

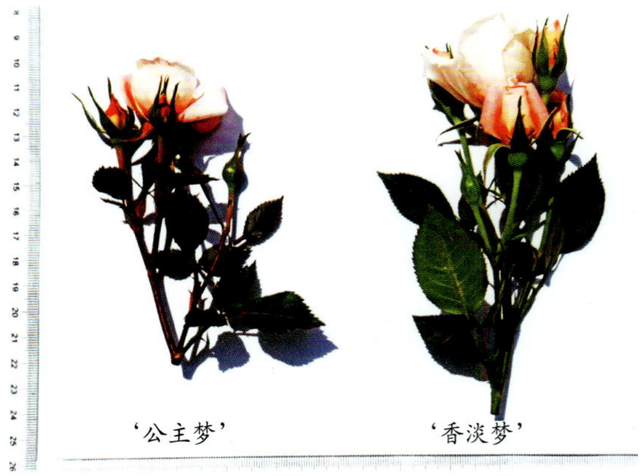
‘公主梦’　‘香淡梦’

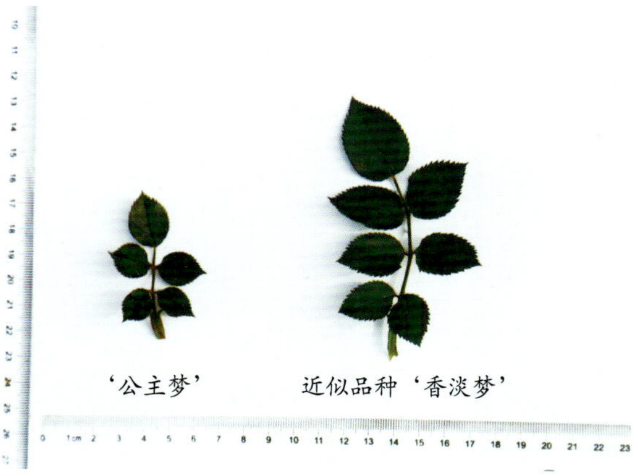
‘公主梦’　近似品种‘香淡梦’

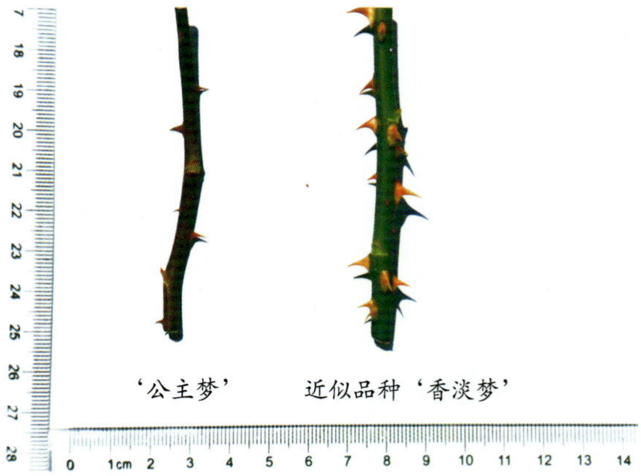
‘公主梦’　近似品种‘香淡梦’

童话

（蔷薇属）

联系人：俞红强
联系方式：13601081479　国家：中国

申请日：2014年10月28日
申请号：20140176
品种权号：20180011
授权日：2018年6月15日
授权公告号：国家林业和草原局公告（2018年第11号）
授权公告日：2018年7月5日
品种权人：中国农业大学、北京纳波湾园艺有限公司
培育人：俞红强、金茂勇、游捷、王波、王勋曜、张娟、张炜俊、王佳鹿

品种特征特性：为矮丛型月季，植株半直立生长，嫩枝有花青素着色，枝条具直刺；叶片长11.5cm，叶片宽9.2cm，第一次开花时，叶片颜色为RHS 137A，上表面光泽中；花色为红混合系，花型为半重瓣，平均花瓣数量为20枚，花径7.6cm；香气弱；俯视花朵为不规则圆形；花萼伸展为弱；花瓣大小为4.0cm×3.9cm，花朵完全开放时，花瓣里面颜色中部颜色为RHS 40B，边缘颜色为RHS 40A，花瓣外面中部颜色为RHS 12B，边缘颜色为RHS 29B；花朵开放后期花瓣里面主色为RHS 55A，外面主色为RHS 55A；外部雄蕊花丝为淡黄；2013年初花时间为5月上旬、开花习性为连续开花。

‘童话’植物器官的特征图

近似品种‘金玛丽’植物器官的特征图

海涛杨

（杨属）

联系人：邬荣领
联系方式：13810736740　国家：中国

申请日： 2014年11月24日
申请号： 20140210
品种权号： 20180012
授权日： 2018年6月15日
授权公告号： 国家林业和草原局公告（2018年第11号）
授权公告日： 2018年7月5日
品种权人： 北京林业大学
培育人： 邬荣领、王忠、薄文浩、徐放、姜立波

品种特征特性：‘海涛杨’是通过对胡杨天然林内自我无性繁殖群体进行鉴定而选育成功的胡杨派新品种。雄株，品种性状稳定，树干弯曲，树皮黄褐色，有深纵裂，木质化短枝有较多蜡质被覆，呈灰白色。树形开展，侧枝较粗，分枝角大于60°；成年树长枝叶革质，叶片为披针形，叶缘无波形，短枝叶片叶基角多为平角；短枝叶革质，叶缘有较大波形，基部截型。

该品种幼树枝条灰白色，成年树叶片基角为平角，且容易通过根部萌发幼苗自我无性繁殖。该品种可作为我国西北地区植被恢复以及干旱盐碱地区林业生产新品种，适宜于在相对干旱盐碱地区栽植。

普通胡杨叶片　‘海涛杨’叶片

‘海涛杨’短枝　普通胡杨短枝

云食1号

（蔷薇属）

联系人：张应红
联系方式：13759099840　国家：中国

申请日：2014年11月28日
申请号：20140212
品种权号：20180013
授权日：2018年6月15日
授权公告号：国家林业和草原局公告（2018年第11号）
授权公告日：2018年7月5日
品种权人：云南鑫海汇花业有限公司、云南省农业科学院花卉研究所
培育人：朱应雄、晏慧君、李淑斌、王其刚、张应红、骞洪英、吴旻、骆礼宾、张婷、唐开学

品种特征特性：2010年4月在云南省农业科学院花卉研究所的切花月季育种基地——昆明市盘龙区龙泉镇雨树村，采用月季品种'紫香绒'与'杰乔伊'杂交；2010年12月采收杂交种子，种子筛选后经低温冷藏至2011年4月播种；2011年7月第1次开花，移栽后同年10月第2次开花，采用扦插繁殖5株；2012年4月第3次开花，性状优良，确定为优良单株；2012年5月扦插扩繁20株，同年两次开花，经开花观察记录，各性状稳定；2013年5月开花后扦插扩繁60株，同年两次开花，各性状稳定一致；2013年5月至2014年6月与近似品种进行比较试验，各性状较优良。

'云食1号'为直立宽灌木，植株高50～60cm；花红色，有浓郁香味，多头，阔瓣杯状型，内外花瓣颜色均匀，花瓣数25～30枚，花瓣圆阔瓣形，花径7～9cm；萼片边缘延伸程度中等，花梗长度中等，无刺毛；叶大小中等，小叶圆形，叶脉清晰、深绿色、叶片光泽度弱；叶片具5～7小叶，叶片边缘状态为复锯齿，顶端小叶圆形，叶尖骤尖形，嫩叶红褐色，嫩枝褐绿色；茎直立，茎上刺数量较多，斜直刺、平直刺均有；植株生长旺盛，抗病性中等；可用于庭院或盆栽种植。

授权品种与近似品种花型、花色比较

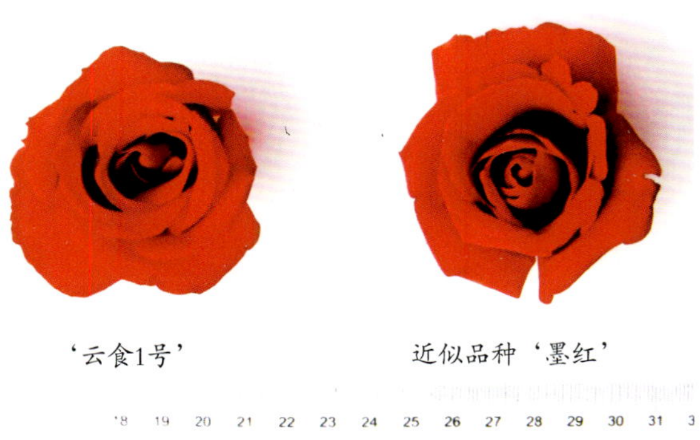

'云食1号'　　近似品种'墨红'

授权品种与近似品种花瓣形态比较

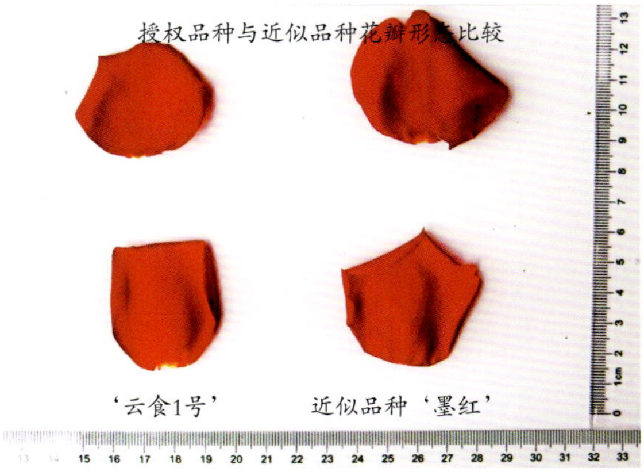

'云食1号'　　近似品种'墨红'

授权品种与近似品种叶形态比较

'云食1号'　　近似品种'墨红'

授权品种与近似品种花梗形态比较

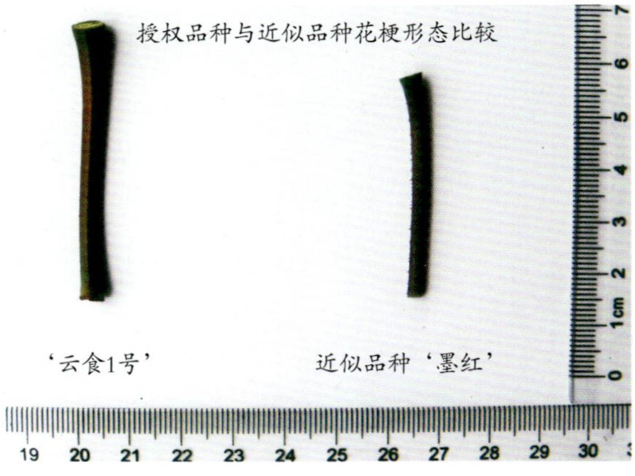

'云食1号'　　近似品种'墨红'

恋人

（蔷薇属）

联系人：田连通
联系方式：0871-65891176、13518743690　国家：中国

申请日：2014年12月6日
申请号：20140232
品种权号：20180014
授权日：2018年6月15日
授权公告号：国家林业和草原局公告（2018年第11号）
授权公告日：2018年7月5日
品种权人：云南锦苑花卉产业股份有限公司
培育人：倪功、曹荣根、田连通、白云评、乔丽婷、何琼、阳明祥

品种特征特性：‘恋人’为蔷薇科蔷薇属植物，是云南锦苑花卉产业股份有限公司于2011年5月在青龙基地通过‘朝霞’（母本）×‘情调’（父本）进行单交培育的实生株系经优选，反复扦插繁殖而得到。

‘恋人’为常绿灌木，植株高60～80cm。皮刺密度（3～4级）中级，叶为暗绿色，叶上表面光泽度弱。顶端小叶数3～5片，顶端小叶尖部锐尖型，基部为椭圆形。花蕾为卵形，属重瓣，大花型品种。侧枝生长中等每平方米年产量120～140枝，瓶插期10～12天。

‘恋人’与对照品种‘大桃红’花色对照：‘恋人’花瓣正面红紫色（RHS：RED PURPLE GROUP 58-B），花瓣背面红紫色RHS：RED PURPLE GROUP 58-C）；而对照品种‘大桃红’花瓣正面红紫色（RHS：RED PURPLE GROUP N57-A），花瓣背面红紫色（RHS：RED PURPLE GROUP N57-C）。

‘恋人’适宜于云南省滇中等亚热带地区栽培，也适合温室栽培。

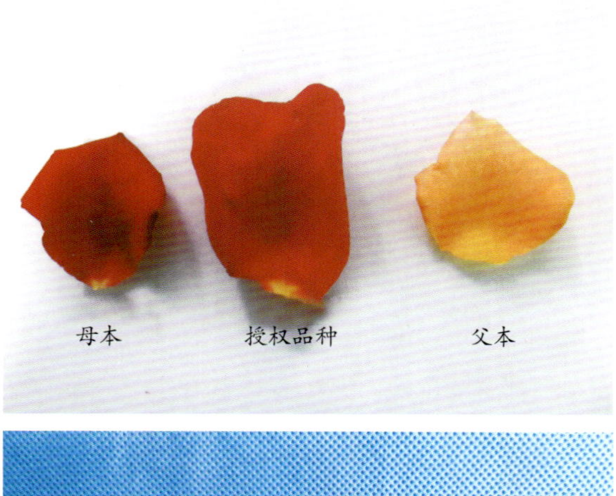

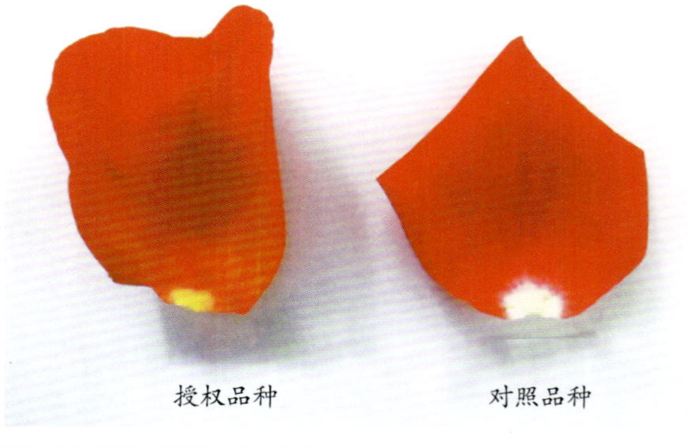

海华沙 1（Hiawatha 1）

（槭属）

联系人：王晓原
联系方式：021-32505588　国家：美国

申请日： 2015年3月5日
申请号： 20150034
品种权号： 20180015
授权日： 2018年6月15日
授权公告号： 国家林业和草原局公告（2018年第11号）
授权公告日： 2018年7月5日
品种权人： 杰·弗兰克·施密特父子有限公司（J. Frank Schmidt & Son Co.）
培育人： 基思·沃伦（Keith S.Warren）

品种特征特性： 目前，与'海华沙1'（Hiawatha 1）最近似的品种是糖槭品种'绿山'。该品种具有深绿色叶片，非常有光泽并有蜡质的外观，叶片较厚，质地呈厚纸质且叶片表面具有明显皱缩。

2003年培育者在堪萨斯州的Hiawatha市采集了大量糖槭种子种植于苗圃中，2005年发现一株特异的植株，叶片异常深绿且叶片较厚。2005年8月16日，培育者使用T型芽接将该品种嫁接至糖槭砧木上，并种植于俄勒冈州Boring的JFS苗圃的测试区域中。2006年的生长季培育者对这批嫁接的植株进行了观察和评估，发现这批嫁接的植株叶片颜色和质地与母树基本相同。2006—2007年，培育者又以前一年嫁接繁育的无性后代作为接穗供体，嫁接繁育了一批新的植株种植于JFS苗圃的生产区域。2008年，经过3年的观察和评估，证明该品种在生产区域中所表现出来的特征与在测试区域中表现出来的特征相同。2008年12月9日JFS苗圃因其具有独特的深绿色、有光泽表面富含蜡质的叶片和良好的整体形态决定对该品种进行生产性繁殖，并将其命名'海华沙1'。

'海华沙 1'（Hiawatha 1）的叶片颜色和叶片形态特征的对比照片

皇锦杉

（红豆杉属）

联系人：曹基武
联系方式：13755035779　国家：中国

申请日： 2015年5月11日
申请号： 20150088
品种权号： 20180016
授权日： 2018年6月15日
授权公告号： 国家林业和草原局公告（2018年第11号）
授权公告日： 2018年7月5日
品种权人： 中南林业科技大学、新宁县基伟红豆杉种植专业合作社
培育人： 曹基武、刘春林、彭继庆、董旭杰、杨涛、曹基伟

品种特征特性：‘皇锦杉’为红豆杉科红豆杉属南方红豆杉的种子实生变异新品种。

2008年6月，选育人在普通南方红豆杉播种小苗（种子源自湖南省低山山地）苗圃中发现1株全株叶子黄白色的变异植株。经追踪观察，一直到秋季都呈现稳定的黄白色。翌年选留移栽后，经过5年观察，生长正常，变异特征稳定。

从2013年开始，在这株母株树上采集枝条，选用南方红豆杉作砧木进行嫁接，并采用扦插繁育，已繁育一批小苗，目前长势良好，并保持原有特性。

‘皇锦杉’为常绿乔木，全株树枝和树叶常年黄白色，树形宽卵形；树皮灰褐色，叶条形，排成二列，着生在小枝不同平面上；长1.8～2.5cm，宽2～4mm，上面中脉不明显，下面有两条黄白色或灰黄色的气孔带。生长缓慢，未见开花结实。

可作园林景观树、庭院树、风景林和四旁树种植。适宜种植在秦岭和淮河以南地区。

‘皇锦杉’　　南方红豆杉

炎欢3号

（木通属）

联系人：蔡志红
联系方式：0731-84692279　国家：中国

申请日： 2015年5月30日
申请号： 20150099
品种权号： 20180017
授权日： 2018年6月15日
授权公告号： 国家林业和草原局公告（2018年第11号）
授权公告日： 2018年7月5日
品种权人： 长沙炎农生物科技有限公司
培育人： 王中炎、彭俊彩、蔡金术、王中兵、蔡志红

品种特征特性：'炎欢3号'是由长沙炎农生物科技有限公司采用多代实生选种的方法，从野生三叶木通的实生后代中选育而成的，研究期限为1994—2014年，历时20年。2008—2009年，通过对物候期、生长结果状况等系统观测，筛选出c'626等38个优株。2012年起，高接优株的品比试验园开始大量结果，经过系统测试，确定了包括c'626在内的3个性状突出且早中晚熟配套的优良株系。为便于c'626的商业开发，为其定名为'炎欢3号'。

'炎欢3号'果形美观，果皮淡紫色，果面光洁；果实硕大，平均单果重350g左右；果肉为乳白色，口感细腻甘甜，平均可溶性固形物含量25.0%左右，最高可达30%以上；种子较少，籽、肉极易分离。果实的可食率达22.8%以上。成熟期为10月下旬至11月上旬，为晚熟品种。

'炎欢3号'对夏季高温和冬季低温均具有良好的耐受力，因此，从我国南方到北方黄河流域以南的山区、丘陵地区或低海拔平原地区均属适栽区域。土层深厚、疏松肥沃、有机质含量高、排灌良好的地区对植株生长更为有利。

'炎欢3号'

'炎欢3号'

瑞普0306d（Ruipe0306d）

（蔷薇属）

联系人：汉克·德·格罗特
联系方式：+31-206436516　国家：荷兰

申请日：2015年8月28日
申请号：20150166
品种权号：20180018
授权日：2018年6月15日
授权公告号：国家林业和草原局公告（2018年第11号）
授权公告日：2018年7月5日
品种权人：迪瑞特知识产权公司（De Ruiter Intellectual Property B.V.）
培育人：汉克·德·格罗特（H.C.A. de Groot）

品种特征特性：'瑞普0306d'（Ruipe0306d）是以编号p-99-0146为母本、'瑞艺0461'（Ruiy0461）为父本杂交得到的优良单株为母本，与'瑞让023a'（Ruira023a）为父本，进行杂交，经过扦插苗的不断选育后而得到的具有优良商品性状的盆栽月季品种。

'瑞普0306d'属于盆栽月季；生长类型为矮化型、半直立到中等开张，植株高；嫩枝有花青素有着色，嫩枝花青苷显色程度为弱；皮刺数量为少到中、颜色为偏红色；叶片大小为中到大，第一次开花之时上表面深绿色、光泽强；小叶片叶缘波状曲线为极弱到弱；顶端小叶卵圆形，叶尖呈渐尖；无开花侧枝，花蕾纵切面宽椭圆形；花型为重瓣；花瓣数量为极多；花径为中；花无香味，花萼边缘延伸程度为无或极弱；花瓣无边缘缺裂，花瓣呈倒心形；花瓣内侧主要颜色为2种，主要颜色是RHS 27C到RHS 27B，内侧第二种颜色为RHS 8C；花瓣内侧基部无斑点，外部雄蕊花丝主要颜色为黄色。

'瑞普0306d'适宜在温室光照充足条件下栽培生产。冬季采用拟光灯延长光照时间；突出的特点是适合在高海拔地区种植和繁殖，优秀性状保持稳定。

'瑞普0306d'（Ruipe0306d）
植株器官典型标本

近似品种'瑞普0306c'（Ruipe0306c）
植株器官典型标本

瑞普0306b（Ruipe0306b）

（蔷薇属）

联系人：汉克·德·格罗特
联系方式：+31-206436516 国家：荷兰

申请日： 2015年8月28日
申请号： 20150167
品种权号： 20180019
授权日： 2018年6月15日
授权公告号： 国家林业和草原局公告（2018年第11号）
授权公告日： 2018年7月5日
品种权人： 迪瑞特知识产权公司（De Ruiter Intellectual Property B.V.）
培育人： 汉克·德·格罗特（H.C.A. de Groot）

品种特征特性： ‘瑞普0306b’（Ruipe0306b）是以编号p-99-0146为母本、‘瑞艺0461’（Ruiy0461）为父本杂交得到的优良单株为母本，与‘瑞让023a’（Ruira023a）为父本，进行杂交，经过扦插苗的不断选育后而得到的具有优良商品性状的盆栽月季品种。

‘瑞普0306b’属于盆栽月季；生长类型为矮化型、半直立到中等开张，植株高；嫩枝有花青素有着色，嫩枝花青苷显色程度为弱；皮刺数量为少到中、颜色为偏红色；叶片大小为中到大，第一次开花之时上表面深绿色、光泽强；小叶片叶缘波状曲线为极弱到弱；顶端小叶卵圆形，叶尖呈渐尖；无开花侧枝，花蕾纵切面宽椭圆形；花型为重瓣；花瓣数量为极多；花径为中；花无香味，花萼边缘延伸程度为无或极弱；花瓣无边缘缺裂，花瓣呈倒心形；花瓣内侧主要颜色为2种，主要颜色是RHS 27C到RHS 27B，内侧第二种颜色为RHS 8C；花瓣内侧基部无斑点，外部雄蕊花丝主要颜色为黄色。

‘瑞普0306b’适宜在温室光照充足条件下栽培生产。冬季采用拟光灯延长光照时间；突出的特点是适合在高海拔地区种植和繁殖，优秀性状保持稳定。

‘瑞普0306b’（Ruipe0306b）植株器官典型标本

近似品种‘瑞普0306c’（Ruipe0306c）植株器官典型标本

瑞姆普莱0002（Ruimpl0002）

（蔷薇属）

联系人：汉克·德·格罗特
联系方式：+31-206436517　国家：荷兰

申请日：2015年10月14日
申请号：20150220
品种权号：20180027
授权日：2018年6月15日
授权公告号：国家林业和草原局公告（2018年第11号）
授权公告日：2018年7月5日
品种权人：迪瑞特知识产权公司（De Ruiter Intellectual Property B.V.）
培育人：汉克·德·格罗特（H.C.A. de Groot）

品种特征特性：'瑞姆普莱0002'（Ruimpl0002）是'瑞德244a'（Ruid244a）的芽变品种，经过扦插苗的不断选育后而得到的具有优良商品性状的盆栽月季品种。

'瑞姆普莱0002'属于盆栽月季；生长类型为矮化型、生长习性为半开张，植株高；嫩枝有花青素无着色；皮刺数量为中、颜色为偏紫色；叶片大小为小到中，第一次开花之时为暗绿色；叶片上表面光泽极强；小叶片叶缘波状曲线为中；顶端小叶卵圆形，叶尖呈渐尖，顶端小叶基部形状为钝形；有开花侧枝，开花侧枝数量为中，花蕾纵切面卵圆形，花型为重瓣；花瓣数量为中到多；花径为中；花无香味，花萼边缘延伸程度为较弱；花瓣无边缘缺裂，花瓣呈倒心形；花瓣长度为短、宽度为窄；花瓣内侧、内侧主要颜色为1种，且均匀，主要颜色是RHS 57A；花瓣内侧基部有斑点，斑点大小为大到极大、颜色为白色，外部雄蕊花丝主要颜色为淡黄色。

'瑞姆普莱0002'适宜在温室光照充足的条件下栽培生产。冬季采用拟光灯延长光照时间；突出的特点是适合在高海拔地区种植和繁殖，优秀性状保持稳定。

'瑞姆普莱0002'（Ruimpl0002）
植株器官典型标本

近似品种'瑞德244a'（Ruid244a）
植株器官典型标本

瑞普赫0105a（Ruiph0105a）

（蔷薇属）

联系人：汉克·德·格罗特
联系方式：+31-206436518 国家：荷兰

申请日： 2015年9月6日
申请号： 20150177
品种权号： 20180021
授权日： 2018年6月15日
授权公告号： 国家林业和草原局公告（2018年第11号）
授权公告日： 2018年7月5日
品种权人： 迪瑞特知识产权公司（De Ruiter Intellectual Property B.V.）
培育人： 汉克·德·格罗特（H.C.A. de Groot）

品种特征特性： ‘瑞普赫0105a’（Ruiph0105a）是以编号p-98-0274为母本、‘瑞泽1135’（Ruiz1135）为父本杂交得到的优良单株为母本，以‘波尔21’（Poulra21）为母本、‘瑞博091a’（Ruib091a）为父本杂交得到的优良单株为父本，进行杂交，经过扦插苗的不断选育后而得到的具有优良商品性状的盆栽月季品种。

‘瑞普赫0105a’属于盆栽月季；生长类型为矮化型、生长习性为中等开张；嫩枝有花青素有着色，嫩枝花青苷显色程度为弱；皮刺数量为少、颜色为偏黄色；叶片大小为小到中，第一次开花之时上表面颜色为绿色、光泽为极弱到弱；小叶片叶缘波状曲线为弱；顶端小叶椭圆形，叶尖呈锐尖，基部钝形；无开花侧枝，开花侧枝花数量少，花蕾纵切面椭圆形。花型为重瓣；花瓣数量为少到中；花径为小；花无香味，花萼边缘延伸程度为弱；花瓣无边缘缺裂，花瓣呈圆形；花瓣内侧主要颜色为1种，为RHS 57C，花瓣内侧基部有斑点，斑点很大、白色；外部雄蕊花丝主要颜色为淡黄色。

‘瑞普赫0105a’适宜在温室光照充足的条件下栽培生产。冬季采用拟光灯延长光照时间；突出的特点是适合在高海拔地区种植和繁殖，优秀性状保持稳定。

‘瑞普赫0105a’（Ruiph0105a）
植株器官典型标本

近似品种‘瑞德244a’（Ruid244a）
植株器官典型标本

瑞普赫0132a（Ruiph0132a）

（蔷薇属）

联系人：汉克·德·格罗特
联系方式：+31-206436519　国家：荷兰

申请日： 2015年9月6日
申请号： 20150178
品种权号： 20180022
授权日： 2018年6月15日
授权公告号： 国家林业和草原局公告（2018年第11号）
授权公告日： 2018年7月5日
品种权人： 迪瑞特知识产权公司（De Ruiter Intellectual Property B.V.）
培育人： 汉克·德·格罗特（H.C.A. de Groot）

品种特征特性： ‘瑞普赫0132a’（Ruiph0132a）是以‘瑞普0026a’（Ruipe0026a）为母本、‘科派德’（Korpedia）为父本，进行杂交，经过扦插苗的不断选育后而得到的具有优良商品性状的盆栽月季品种。

‘瑞普赫0132a’属于盆栽月季；生长类型为矮化型、生长习性为半直立；嫩枝有花青素有着色，嫩枝花青苷显色程度为极弱；皮刺数量为中、颜色为偏红色；叶片大，第一次开花之时上表面颜色为绿色到深绿色、光泽为强到弱；小叶片叶缘波状曲线为弱；顶端小叶卵圆形，叶尖呈渐尖；无开花侧枝，开花侧枝花数量少，花蕾纵切面为宽中卵圆形；花型为重瓣；花瓣数量为极多；花径大；无香，花萼边缘延伸程度为无或极弱；花瓣边缘缺裂为弱，花瓣呈倒卵形；花瓣内侧主要颜色为1种，为RHS 27D；花瓣内侧基部无斑点，外部雄蕊花丝主要颜色为淡黄色。

‘瑞普赫0132a’适宜在温室光照充足的条件下栽培生产。冬季采用拟光灯延长光照时间；突出的特点是适合在高海拔地区种植和繁殖，优秀性状保持稳定。

‘瑞普赫0132a’（Ruiph0132a）
植株器官典型标本

近似品种‘瑞普0306c’（Ruipe0306c）
植株器官典型标本

瑞普赫0416A（Ruiph0416A）

（蔷薇属）

联系人：汉克·德·格罗特
联系方式：+31-206436520　国家：荷兰

申请日：2015年9月6日
申请号：20150179
品种权号：20180023
授权日：2018年6月15日
授权公告号：国家林业和草原局公告（2018年第11号）
授权公告日：2018年7月5日
品种权人：迪瑞特知识产权公司（De Ruiter Intellectual Property B.V.）
培育人：汉克·德·格罗特（H.C.A. de Groot）

品种特征特性：‘瑞普赫0416A’（Ruiph0416A）是以‘瑞德058a’为母本，以‘诺卡斯’（Noacas）为母本、‘坦安娜斯娃’（Tananaistrua）为父本杂交得到的植株作为父本进行杂交，经过扦插苗的不断选育后而得到的具有优良商品性状的盆栽月季品种。

‘瑞普赫0416A’属于盆栽月季；生长类型为矮化型、生长习性为半直立；嫩枝有花青素无着色；皮刺数量为无或极少、颜色为偏红色；叶片大小为小到中，第一次开花之时上表面颜色为绿到深绿、光泽为强；小叶片叶缘波状曲线为中；顶端小叶卵圆形，叶尖为尖；无开花侧枝，侧花枝数量少。花蕾纵切面椭圆形；花型为重瓣；花瓣数量为中；花径为大；花无香味，花萼边缘延伸程度为极弱到弱；花瓣边缘缺裂为弱到中、呈倒心形、大小为小到中；花瓣内侧主要颜色为1种，为RHS 46A；花瓣内侧基部有斑点、大小为极小；外部雄蕊花丝主要颜色为粉色。

‘瑞普赫0416A’适宜在温室光照充足的条件下栽培生产，冬季采用拟光灯延长光照时间；突出的特点是适合在高海拔地区种植和繁殖，优秀性状保持稳定。

‘瑞普赫0416a’（Ruiph0416a）
植株器官典型标本

近似品种‘瑞普0306b’（Ruipe0306b）
植株器官典型标本

瑞普赫0441a（Ruiph0441a）

（蔷薇属）

联系人：汉克·德·格罗特
联系方式：+31-206436521　国家：荷兰

申请日：2015年9月6日
申请号：20150181
品种权号：20180024
授权日：2018年6月15日
授权公告号：国家林业和草原局公告（2018年第11号）
授权公告日：2018年7月5日
品种权人：迪瑞特知识产权公司（De Ruiter Intellectual Property B.V.）
培育人：汉克·德·格罗特（H.C.A. de Groot）

品种特征特性：'瑞普赫0441a'（Ruiph0441a）是以'瑞普0344a'为母本、无名品种为父本进行杂交，经过扦插苗的不断选育后而得到的具有优良商品性状的盆栽月季品种。

'瑞普赫0441a'属于盆栽月季；生长类型为矮化型、生长习性为半直立到半开张；嫩枝有花青素有着色，嫩枝花青苷显色程度为极弱；皮刺数量为中、颜色为偏绿色；叶片大小为中，第一次开花之时上表面颜色为绿到深绿、光泽为中；小叶片叶缘波状曲线为弱；顶端小叶卵圆形，叶尖为渐尖；无开花侧侧枝，侧花枝数量为少。花蕾纵切面椭圆形；花型为重瓣；花瓣数量为中；花径为大；花无香味，花萼边缘延伸程度为弱；花瓣无边缘缺裂、呈倒卵圆形、大小为小到中；花瓣内侧主要颜色为2种，为RHS 65A到65C，第二种颜色为RHS 62D；花瓣内侧基部有斑点，极大、淡黄色；花瓣外侧主要颜色为RHS 56D；外部雄蕊花丝主要颜色为淡黄色。

'瑞普赫0441a'适宜在温室光照充足的条件下栽培生产，冬季采用拟光灯延长光照时间；突出的特点是适合在高海拔地区种植和繁殖，优秀性状保持稳定。

'瑞普赫0441a'（Ruiph0441a）
植株器官典型标本

近似品种'瑞普0344a'（Ruipe0344a）
植株器官典型标本

擎天

（紫薇）

联系人：孟宪旗
联系方式：13839932012　国家：中国

申请日： 2015年9月21日
申请号： 20150193
品种权号： 20180025
授权日： 2018年6月15日
授权公告号： 国家林业和草原局公告（2018年第11号）
授权公告日： 2018年7月5日
品种权人： 河南名品彩叶苗木股份有限公司
培育人： 王华明、石海燕、王秀娟、邵明丽、王华昭、袁向阳、崔晓琦、牛文梅、郑芳、贾涛、王丽青、祁峰、闫魁、孟庆明、曹倩、仪楠

品种特征特性： '擎天'系2008年6月2日从当年播种的紫薇实生苗中，发现其中一株主干直立性强、分枝少且分枝与主茎的夹角很小、树皮光滑、叶色浓绿、生长势强。2011年3月5日，将此变异植株扦插后，观察发现新植株仍表现原性状。以后几年进行大量扩繁，观察分析发现，所有苗木性状保持良好，相当稳定。

'擎天'系紫薇的实生变异，落叶乔木，株高10m以上，干性强，分枝少且分枝与主茎的夹角很小，树皮光滑，生长势强。其他性状与紫薇相同。

'擎天'喜光、喜肥、稍耐阴、喜温暖湿润气候、耐寒性强、耐旱耐湿、萌芽性强，生长中等，对SO_2、HF气体的抗性强，能吸入有害气体。

'擎天'在我国华东、华中、华南及西南地区都适宜生长。

瑞普德0210A（RUIPD0210A）

（蔷薇属）

联系人：汉克·德·格罗特
联系方式：+31-206436517　国家：荷兰

申请日： 2015年10月14日
申请号： 20150219
品种权号： 20180026
授权日： 2018年6月15日
授权公告号： 国家林业和草原局公告（2018年第11号）
授权公告日： 2018年7月5日
品种权人： 迪瑞特知识产权公司（De Ruiter Intellectual Property B.V.）
培育人： 汉克·德·格罗特（H.C.A. de Groot）

品种特征特性：‘瑞普德0210A’（RUIPD0210A）是2009年春季培育人以‘科特莱姆’（KORTEOLEM）为母本，以无名单株为母本、‘瑞艺0461’（Ruiy0461）为父本杂交得到的优良单株为父本，进行杂交，经过扦插苗的不断选育后而得到的具有优良商品性状的盆栽月季品种。

‘瑞普德0210A’属于盆栽月季；生长类型为矮化型、生长习性为直立到半直立；嫩枝无花青素有着色，嫩枝花青苷显色为中；皮刺数量为中、颜色为偏黄色；叶片小，第一次开花之时上表面颜色为浅绿色、光泽为强；小叶片叶缘波状曲线为弱；顶端小叶中椭圆形，叶尖为尖；无开花侧枝，开花侧枝花数量为少到中，花蕾纵切面为中卵形。花型为重瓣；花瓣数量为中；花径为小；花无香味，花萼边缘延伸程度为无或极弱；花瓣边缘缺裂为弱，花瓣呈倒椭圆形；花瓣内侧主要颜色为1种，为RHS 14B，花瓣内侧基部无斑点；外部雄蕊花丝主要颜色为黄。

‘瑞普德0210A’适宜在温室光照充足的条件下栽培生产，冬季采用拟光灯延长光照时间；突出的特点是适合在高海拔地区种植和繁殖，优秀性状保持稳定。

‘瑞普德0210A’（RUIPD0210A）
植株器官典型标本

近似品种‘瑞普格0187A’（RUIPG0187A）
植株器官典型标本

瑞普格0002A（RUIPG0002A）

（蔷薇属）

联系人：汉克·德·格罗特
联系方式：+31-206436517　国家：荷兰

申请日： 2015年9月6日
申请号： 20150175
品种权号： 20180020
授权日： 2018年6月15日
授权公告号： 国家林业和草原局公告（2018年第11号）
授权公告日： 2018年7月5日
品种权人： 迪瑞特知识产权公司（De Ruiter Intellectual Property B.V.）
培育人： 汉克·德·格罗特（H.C.A. de Groot）

品种特征特性：‘瑞普格0002A’（RUIPG0002A）是2006年春季培育人以无名单株为母本，‘波尔库斯’（Poulracos）为父本杂交得到的优秀单株为母本，以无名单株与‘瑞爱155a’（Ruia155a）为父本杂交得到的优秀单株为父本，进行杂交，经过扦插苗的不断选育后而得到的具有优良商品性状的盆栽月季品种。

‘瑞普格0002A’属于盆栽月季；矮化型、直立到半直立；嫩枝无花青素无着色；皮刺数量为中、颜色为偏黄色；叶片小，第一次开花之时上表面绿色到中、光泽为强；小叶片叶缘波状曲线为弱；顶端小叶卵圆形，叶尖为尖；无开花侧枝，开花侧枝花数量为少，花蕾纵切面阔卵形。花型为重瓣；花瓣数量多；花径为小到中；花无香味，花萼边缘延伸程度为极弱到弱；花瓣边缘缺裂为弱，花瓣呈倒卵形；花瓣边缘反卷程度为中；花瓣小；花瓣内侧主要颜色为1种，主要颜色是RHS 45A到46BC，花瓣内侧基部有斑点、斑点大小为中、颜色为白色；外部雄蕊花丝主要颜色为橙色。

‘瑞普格0002A’适宜在温室光照充足的条件下栽培生产。冬季采用拟光灯延长光照时间；突出的特点是适合在高海拔地区种植和繁殖，优秀性状保持稳定。

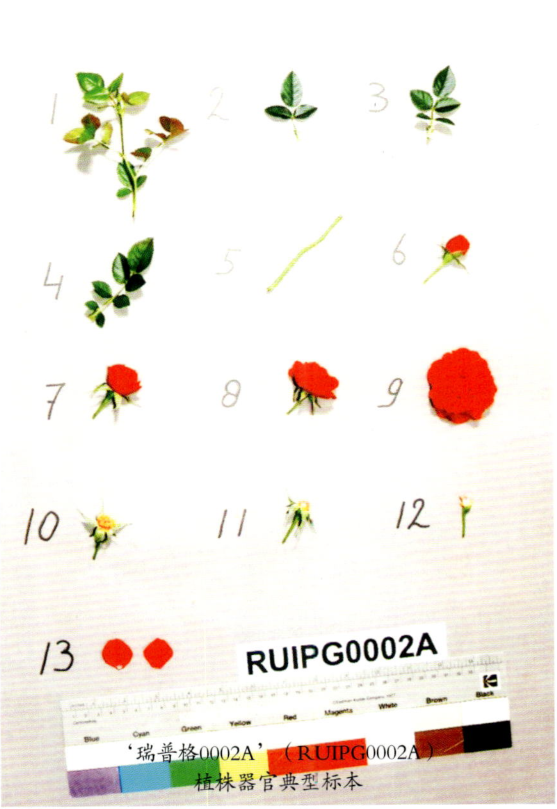

‘瑞普格0002A’（RUIPG0002A）
植株器官典型标本

近似品种‘瑞普赫0102a’（Ruiph0102a）
植株器官典型标本

瑞普吉0126A（RUIPJ0126A）

（蔷薇属）

联系人：汉克·德·格罗特
联系方式：+31-206436517　国家：荷兰

申请日：2015年10月14日
申请号：20150223
品种权号：20180028
授权日：2018年6月15日
授权公告号：国家林业和草原局公告（2018年第11号）
授权公告日：2018年7月5日
品种权人：迪瑞特知识产权公司（De Ruiter Intellectual Property B.V.）
培育人：汉克·德·格罗特（H.C.A. de Groot）

品种特征特性：'瑞普吉0126A'（RUIPJ0126A）是2009年春季培育人以'瑞尔072A'（RUIE072A）为母本，'瑞普0028A'（RUIPE0028A）为父本，进行杂交，经过扦插苗的不断选育后而得到的具有优良商品性状的盆栽月季品种。

'瑞普吉0126A'属于盆栽月季；生长类型为矮化型、生长习性为直立到半直立；嫩枝无花青素无着色；皮刺数量为中、颜色为偏紫色；叶片小，第一次开花之时上表面绿色到中到深、光泽为中到强；小叶片叶缘波状曲线为弱；顶端小叶中卵圆形，叶尖为尖；无开花侧枝，开花侧枝花数量少，花蕾纵切面阔卵形。花型为重瓣；花瓣数量为中；花径为小到中；花无香味，花萼边缘延伸程度为极弱到弱；花瓣边缘缺裂为弱，花瓣呈倒卵形；花瓣边缘反卷程度为极强；花瓣小；花瓣内侧主要颜色为1种，为RHS 57C，花瓣内侧基部有斑点，斑点大小为中、橙黄色；外部雄蕊花丝主要颜色为橙色。

'瑞普吉0126A'适宜在温室光照充足的条件下栽培生产，冬季采用拟光灯延长光照时间；突出的特点是适合在高海拔地区种植和繁殖，优秀性状保持稳定。

'瑞普吉0126A'（RUIPJ0126A）
植株器官典型标本

近似品种'瑞普0026A'（RUIPE0026A）
植株器官典型标本

桔月

（蔷薇属）

联系人：周燕
联系方式：13691126752　国家：中国

申请日： 2015年10月26日
申请号： 20150229
品种权号： 20180029
授权日： 2018年6月15日
授权公告号： 国家林业和草原局公告（2018年第11号）
授权公告日： 2018年7月5日
品种权人： 北京市园林科学研究院
培育人： 周燕、冯慧、巢阳、王茂良、丛日晨、卜燕华、李纳新、范莉娟

品种特征特性： ‘桔月’是以橘红色火焰（Orange Fire）为母本、‘月月粉’为父本杂交，经过扦插苗的不断选育后而得到的具有优良商品性状的矮生月季品种。

‘桔月’植株生长类型为矮生、叶小，复叶长6.8cm，宽5.6cm，叶上表面光泽强，花型为千重瓣，花径7～10cm，花俯视形状为圆形，花瓣大小为中、形状为心形，花瓣里面颜色数量为2种、顶部向基部渐浅、里面主色为RHS 52A、次色为RHS 55A，次色分布为基部，花瓣数为54～69枚，因植株为三倍体，花后不结实。

适宜北京及华北地区露地栽植，自根苗冬季无防寒措施条件下可忍受日最低气温-20℃。初花期在5月1日前后，适宜开花日均温为20℃，自然花期为5月初至11月下旬，夏季在日最高气温达45℃条件下极少开花；喜光，稍耐阴，在隐蔽条件下生长不良，花量急剧减少。每年惊蛰需人工灌溉返春水，霜降需灌冻水，在北京6～7月雨季到来之前的干热时期，需视土壤墒情人工灌溉。本品种抗病性中，可形成稳定持久的良好观赏效果。在全光雾插床扦插成活率达99%以上，在无刺蔷薇上嫁接成活率在50%左右。

‘桔月’

近似品种‘兴趣’

‘桔月’叶片正反面

近似品种‘兴趣’叶片正反面

翡翠

（蔷薇属）

联系人：李林

联系方式：13888299760　国家：中国

申请日： 2015年11月11日

申请号： 20150239

品种权号： 20180030

授权日： 2018年6月15日

授权公告号： 国家林业和草原局公告（2018年第11号）

授权公告日： 2018年7月5日

品种权人： 李林、云南省农业科学院花卉研究所

培育人： 王其刚、李林、张颢、唐开学、陈敏、晏慧君、张婷、周宁宁

品种特征特性： 2012年4月采用月季品种‘香淡粉’与‘春水绿波’杂交获得。经3年播种、嫁接、引种、栽培，观测此品种各性状优异、表现稳定。

‘翡翠’为直立窄灌木，植株高度达120cm，切枝长90～110cm。花单生于茎顶，花型为高心卷边杯状大花型，花径8～11cm，重瓣花，花瓣数56～73枚，花瓣宽圆形，花瓣边缘无刻缺，边缘波形强；复色花，花色为浅绿底粉红花边，花瓣正面中央为绿色、边缘粉红色，花瓣背面均为绿色；萼片延伸强度很强，花梗较长，表面有刺毛；叶片小叶数量5、7枚，大小中等，深绿色，尖端小叶卵圆形、叶尖渐尖型、边缘单锯齿、基部圆形；茎秆皮刺数量中等，有斜直刺、平直刺两种刺型，有少量密刺，刺基部棕红色、刺尖黄绿色；植株生长势强，萌枝能力强，抗病性较强，产量高，年产量达20枝/株，鲜切花瓶插期15～20天。

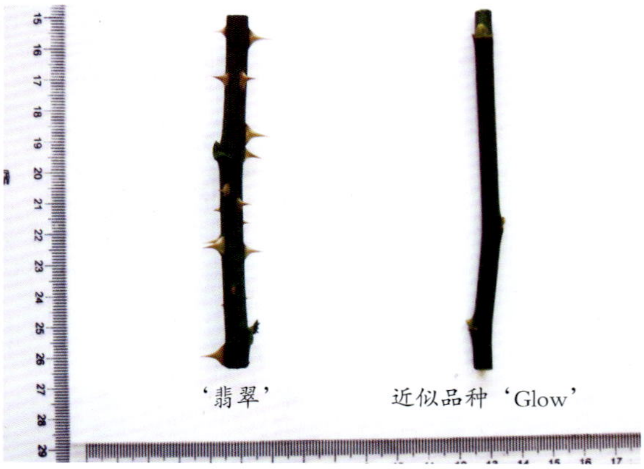

新叶1号

（核桃属）

联系人：王明
联系方式：0991-4644959　国家：中国

申请日： 2015年12月30日
申请号： 20160008
品种权号： 20180031
授权日： 2018年6月15日
授权公告号： 国家林业和草原局公告（2018年第11号）
授权公告日： 2018年7月5日
品种权人： 新疆林业科学院
培育人： 徐业勇、王宝庆、王明、巴图、巴哈提牙儿、杨红丽、吐尔逊江·买买提艾力、艾尼瓦尔·扎米尔、艾买尔·吐尔地

品种特征特性： ‘新叶1号’从核桃的农家实生类型中选出。培育时间为2011—2014年，该品种的繁育方法可采用芽接、枝接，成活率均大于90%。

‘新叶1号’树势强健，树姿较开张。成龄树主干灰白色而浅纵裂；奇数羽状复叶，小叶5～9片，长卵圆形，全缘，叶色绿色，羽状脉；一年生枝黄绿色，皮孔长椭圆形，黄白色，不规则分布；叶芽圆形，半离生。丰产性强，稳定，母树年产达到80kg以上。坚果卵圆形，平均横径3.1cm，纵径3.7cm，侧径3.2cm；壳表面不规则浅凹刻，近缝合线处凹刻较深，缝合线突出，缝合线结合不紧密，易开裂；果壳骨质，内褶壁退化，易取全仁。核仁充实饱满，仁色浅，味香甜，风味佳。该品种在新疆喀什地区，于3月底至4月初萌芽，4月上旬展叶，5月上旬雌花开放，果实9月中旬成熟，11月中下旬落叶。‘新叶1号’耐干旱、耐瘠薄能力较强。该品种仁色浅，饱满，味香甜不涩，极易出整仁，内褶壁退化，适合作为鲜食品种。

适宜在新疆环塔地区种植，栽培技术与核桃属其他栽培种相同。

‘新叶1号’树体

‘新叶1号’结果枝

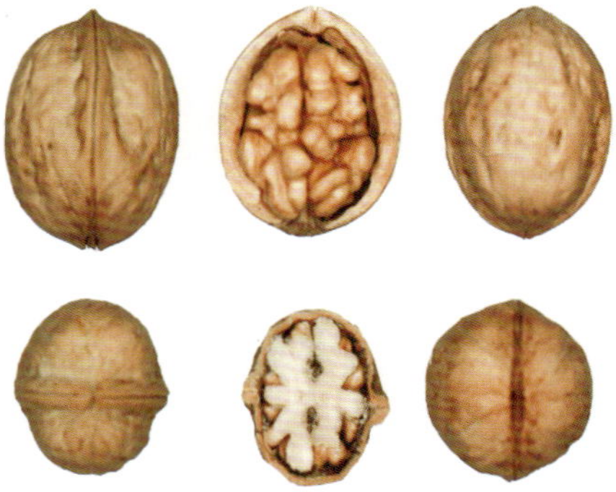

‘新叶1号’坚果

波浪

（胡枝子属）

联系人：杨晓红
联系方式：13520553365　国家：中国

申请日：2016年1月4日
申请号：20160010
品种权号：20180032
授权日：2018年6月15日
授权公告号：国家林业和草原局公告（2018年第11号）
授权公告日：2018年7月5日
品种权人：北京农学院
培育人：杨晓红、陈晓阳、解小娟、刘雯、刘克锋、冷平生、胡增辉

品种特征特性：‘波浪’是从北京房山窦店苗圃引种栽植的美国佐治亚州的二色胡枝子植株上经过混合采种，播种育苗后再进行田间单株选择，后经扦插扩繁而成。该品种经过连续3代扦插扩繁及植株性状观测，主要具备以下性状特征：

‘波浪’植株上绝大多数叶片边缘呈波状皱褶，叶面不平整。荚果果皮深灰褐色（grey-brown N199B），种子紫黑色（greyed-purple N187A）、近圆形，种子硬实率高达100%。花期在北京地区为8月下旬至9月中旬，比华北地区的二色胡枝子花期晚2～4周，比美国种源的二色胡枝子早1周左右。花色呈浅紫红色（red-purple N61C），旗瓣基部色斑与旗瓣色泽差异不太明显，花序密实，花序上能够同时开放的小花数较多，景观效果好。生物量与华北二色胡枝子、美国佐治亚州种源的二色胡枝子相同，不存在显著性差异。具备二色胡枝子的抗逆性。

‘波浪’与美国培育的‘Little Buddy’在花色、叶形上存在明显差异。

‘波浪’适合在华北地区道路边坡、山地、荒地等地栽植，能适应瘠薄土壤。6～7月取半木质化枝条进行扦插繁殖，可于秋季或翌年春季苗木萌动前移栽定植。

亚林柿砧2号

（柿）

联系人：龚榜初
联系方式：13868161885　国家：中国

申请日： 2016年2月1日
申请号： 20160035
品种权号： 20180033
授权日： 2018年6月15日
授权公告号： 国家林业和草原局公告（2018年第11号）
授权公告日： 2018年7月5日
品种权人： 中国林业科学研究院亚热带林业研究所
培育人： 龚榜初、江锡兵、徐阳、吴开云

品种特征特性：‘亚林柿砧2号’是2010—2015年，经多次砧木试验，在浙江、江西、福建、湖北等地采集多种砧木类型种子，嫁接‘富有’‘松本早生’‘太秋’‘早秋’等甜柿品种，在浙江、湖北、福建、云南等地进行种植，调查嫁接成活率、生长结果和产量品质情况，观测砧木的适应性，从中选出与甜柿嫁接亲和性好的优良砧木品种。

树势强，一年生枝条褐色，皮孔细密，皮孔椭圆形，叶长椭圆形，仅雌花。果重30g，近圆形，果实横切面圆形，果顶十字沟不明显，果顶圆，柿蒂平，方形，具有皱纹或断续的方形环纹，萼片4枚，扁三角形，半直立向上，成熟期11月下旬至12月上旬，晚熟。

适宜我国长江以南的广大南方种植，土壤酸性，北方地区适应性有待观测。

亚林柿砧1号

（柿）

联系人：龚榜初
联系方式：13868161885　国家：中国

申请日： 2016年2月1日
申请号： 20160037
品种权号： 20180034
授权日： 2018年6月15日
授权公告号： 国家林业和草原局公告（2018年第11号）
授权公告日： 2018年7月5日
品种权人： 中国林业科学研究院亚热带林业研究所
培育人： 龚榜初、徐阳、江锡兵、吴开云

品种特征特性：‘亚林柿砧1号’是1989—2012年，经多次砧木试验，在浙江、江西、福建、湖北等地采集多种砧木类型种子，嫁接‘富有’‘松本早生’‘太秋’‘早秋’等甜柿品种，在浙江、湖北、福建、云南等地进行种植，调查嫁接成活率、生长结果和产量品质情况，观测砧木的适应性，从中选出与甜柿嫁接亲和性好的优良砧木品种。

树势强，树体直立。一年生枝条灰褐色，皮目中等且分布均匀，长圆形，突出。冬芽三角形。叶椭圆形。全株雌花为主。果实近圆形，平均重45g，大小整齐。果面橙黄色。果皮细而光滑、具果粉、无网状花纹，无裂纹，无蒂隙，皮厚而韧。无纵沟，无缢痕，果顶十字沟不明显。果顶圆，脐微突，花柱遗迹点状突出。果柄短。柿蒂平坦或微凸，柿蒂中等大小，圆形，凸起处较光滑，绿色。萼片中等大，4枚，心形，直立向上，基部联合。相邻萼片的基部联合，边缘互相不重叠。果实横断面圆形。心室8个，种子6～8枚，种半圆形。10月底果实成熟。

适宜在我国长江以南的广大南方种植，土壤酸性，北方地区适应性有待观测。

‘牛眼柿’果实较小，柿蒂：平；萼片：三角形

‘亚林柿砧1号’果实小（明显大于对照）
柿蒂：凸；萼片：心形

紫金

（紫薇）

联系人：王鹏
联系方式：025-84347040　国家：中国

申请日： 2016年2月1日
申请号： 20160041
品种权号： 20180035
授权日： 2018年6月15日
授权公告号： 国家林业和草原局公告（2018年第11号）
授权公告日： 2018年7月5日
品种权人： 江苏省中国科学院植物研究所
培育人： 杨如同、王鹏、李林芳、李亚、王淑安、汪庆

品种特征特性：‘紫金’是千屈菜科紫薇属双子叶植物，是品种权人通过杂交育种的方式选育出的一个紫薇金叶系列新品种，后经过连续近4年的扦插繁殖、生物学观察发现这是一株稳定遗传的优良株系。

‘紫金’为灌木，3年生苗株高70～100cm，干皮灰色；嫩枝略带红色，小枝四棱明显，明显具翅；叶片长3.5～5cm，宽2.3～3.2cm，椭圆形，新叶黄绿色，成熟叶片橙黄至黄色；花芽长0.6～0.7cm，宽0.7～0.8cm，球形，花芽微红色，基部微绿色；花序长8.5cm，宽6.5cm，着花数6～11；花萼长0.85～0.95cm，棱较明显；花径为3.8～4.0cm，花紫色（68B），花瓣长1.0～1.2cm，宽1.3～1.5cm，花瓣边缘褶皱，瓣爪颜色与花瓣颜色一体，长0.7～0.9cm；果实椭圆形，长1.1～1.2cm，宽0.8～0.9cm，花期7～9月。

紫薇适栽区均可种植。

‘紫金’的花

对照品种‘金幌’的花

粉宁香

（紫薇）

联系人：王鹏
联系方式：025-84347040　国家：中国

申请日： 2016年2月1日
申请号： 20160042
品种权号： 20180036
授权日： 2018年6月15日
授权公告号： 国家林业和草原局公告（2018年第11号）
授权公告日： 2018年7月5日
品种权人： 江苏省中国科学院植物研究所
培育人： 王鹏、李亚、杨如同、李林芳、汪庆、王淑安

品种特征特性： '粉宁香'是千屈菜科紫薇属双子叶植物，为江苏省中国科学院植物研究所从以有香味的屋久岛紫薇（*Lagerstroemia fauriei*）品种'福香1号'为母本，以无香味的紫薇品种'美国大红花'为父本杂交产生的F_1代中选育的芳香紫薇新品种。

'粉宁香'为灌木，3年生苗株高100～130cm，冠幅60～100cm；嫩枝红褐色，小枝四棱明显，明显具翅；叶片长3.8～5.7cm，宽2.6～3.9cm，叶片多椭圆形；花序长达10.2～14.6cm，宽达10.1～13.4cm，着花数20～25枚；花瓣粉色（RHS 75B），花瓣长1.7～2.2cm，宽1.3～1.5cm，花瓣边缘褶皱，花期7～9月；果实椭圆形，果期8～11月。

适宜在江苏、湖北、安徽、江西等华东地区种植。

'粉宁香'（左）和对照品种'福香1号'（右）的叶片

'粉宁香'的花

红袖添香

（紫薇）

联系人：王鹏
联系方式：025-84347040　国家：中国

申请日：2016年2月1日
申请号：20160043
品种权号：20180037
授权日：2018年6月15日
授权公告号：国家林业和草原局公告（2018年第11号）
授权公告日：2018年7月5日
品种权人：江苏省中国科学院植物研究所
培育人：王鹏、李亚、杨如同、李林芳、汪庆、王淑安

品种特征特性：'红袖添香'是千屈菜科紫薇属双子叶植物，是江苏省中国科学院植物研究所培育的新一代芳香紫薇品种。它是从母本为有香味的屋久岛紫薇（*Lagerstroemia fauriei*）品种'福香1号'，父本为无香味的紫薇品种'美国大红花'为父本杂交产生的F_1后代中选育的新品种。

'红袖添香'为灌木，3年生苗株高100～130cm，冠幅90～110cm；嫩枝红褐色，小枝四棱明显，明显具翅；叶片长2.8～4.7cm，宽1.6～2.9cm，叶片多椭圆形；花序长达20.3～34.6cm，宽达18.1～23.4cm，着花数80～125枚；花瓣红色（RHS 73A），花瓣长1.5～2.3cm，宽1.4～1.6cm，花瓣边缘褶皱，花期7～9月；果实椭圆形，果期8～11月。

适宜在江苏、湖北、安徽、江西等华东地区种植。

'红袖添香'（左）和对照品种'福香1号'（右）的叶片

'红袖添香'的花

金帝1号

（文冠果）

联系人：张骅
联系方式：010-62338250　国家：中国

申请日： 2016年4月19日
申请号： 20160087
品种权号： 20180038
授权日： 2018年6月15日
授权公告号： 国家林业和草原局公告（2018年第11号）
授权公告日： 2018年7月5日
品种权人： 北京林业大学、辽宁思路文冠果业科技开发有限公司
培育人： 关文彬、王青、于震、李国军、王富国、王俊杰、周祎鸣、向秋虹

品种特征特性： 落叶乔木；新生枝微毛、红色，中粗枝型，小叶5～11对，膜质或纸质，阔披针形，两侧稍不对称，长2.5～6cm，宽1.2～2cm，顶端渐尖，基部楔形，叶缘锐锯齿，顶生小叶通常3深裂，腹面深绿色，无毛或中脉上有疏毛，背面鲜绿色，嫩时被茸毛和成束的星状毛，小叶柄极短，叶色绿，奇数羽状复叶，中等长度，复叶轴被茸毛；在辽宁建平4月上旬花芽萌动，5月初开花，先花后叶；果7月底至8月初成熟。

新生枝微毛、红色，短粗枝型，果短桃型，两性花比例高达50%以上，种子平均单粒重（风干）1.6g，最大可达2.1g，结果多、产量高。

瑞克德2057A（RUICD2057A）

（蔷薇属）

联系人：汉克·德·格罗特
联系方式：+31-206436517　国家：荷兰

申请日：2016年6月20日
申请号：20160122
品种权号：20180039
授权日：2018年6月15日
授权公告号：国家林业和草原局公告（2018年第11号）
授权公告日：2018年7月5日
品种权人：迪瑞特知识产权公司（De Ruiter Intellectual Property B.V.）
培育人：汉克·德·格罗特（H.C.A. de Groot）

品种特征特性：'瑞克德2057A'（RUICD2057A）是2005年春季培育人以'英特丽斯'（Interlis）与'派克珍妮'（Pekcoujenny）杂交得到的后代为母本，以'英特托珍'（Intertrojaan）父本进行杂交。

'瑞克德2057A'属于多头切花月季；植株高度为中到高；嫩枝有花青素有着色、着色程度为弱；皮刺数量为中、颜色为偏绿色；叶片大小为大到极大，第一次开花之时上表面颜色为中绿色、光泽为强；小叶片叶缘波状曲线为弱；顶端小叶卵圆形，叶基形状为圆形，叶尖为尖。花型为半重瓣；花瓣数量为少；花径为小到中；形状为不规则圆形，花侧视上部形状为平凸、侧视下部形状为平凸；花无香味，花萼边缘延伸程度为弱；花瓣边缘缺裂为弱，花瓣呈椭圆形；花瓣边缘反卷程度为弱、波状为弱、花瓣长度和宽度为极小；花瓣内侧主要颜色为1种，是RHS 0043A到 0044A，花瓣内侧基部有斑点，斑点大小为中、颜色为白色；花瓣外侧主要颜色为RHS 0057D至更浅；外部雄蕊花丝主要颜色为粉红。

'瑞克德2057A'适宜在温室光照充足的条件下栽培生产，冬季采用拟光灯延长光照时间；突出的特点是适合在高海拔地区种植和繁殖，优秀性状保持稳定。

'瑞克德2057A'（RUICD2057A）
植株器官典型标本

近似品种'瑞斯1708a'（Ruicel708a）
植株器官典型标本

中科紫金2号

（紫金牛属）

联系人：刘华
联系方式：18688448106　国家：中国

申请日： 2016年6月23日
申请号： 20160131
品种权号： 20180040
授权日： 2018年6月15日
授权公告号： 国家林业和草原局公告（2018年第11号）
授权公告日： 2018年7月5日
品种权人： 中国科学院华南植物园
培育人： 刘华、杨镇明、韦强、廖景平

品种特征特性：‘中科紫金2号’为矮小亚灌木，具匍匐根状茎，茎长可达40cm以上，茎圆柱形，嫩茎密被锈色鳞片。叶互生，浅绿色，倒卵形，顶端钝或渐尖，基部楔形，长7～9cm，宽2.5～3.5cm，边缘近全缘。伞形花序腋生，花瓣5，白色。果成熟时黑色，直径约7mm。花期4月上旬至6月下旬，果期5月下旬至翌年1月中旬。

‘中科紫金2号’与已知品种存在明显变异，主要变异见下表：

品种	叶形	叶大小	叶色	株型
‘小紫金牛’	倒卵形	叶小 叶边缘锯齿较多	深绿 （GREEN 139A）	匍匐下垂
‘中科紫金1号’	倒披针形	叶狭 长叶边缘锯齿稀疏	深绿 （GREEN 136A）	匍匐下垂
‘中科紫金2号’	倒卵形	叶宽大 叶缘全缘，无锯齿	浅绿 （GREEN 139B）	匍匐，茎尾端直立

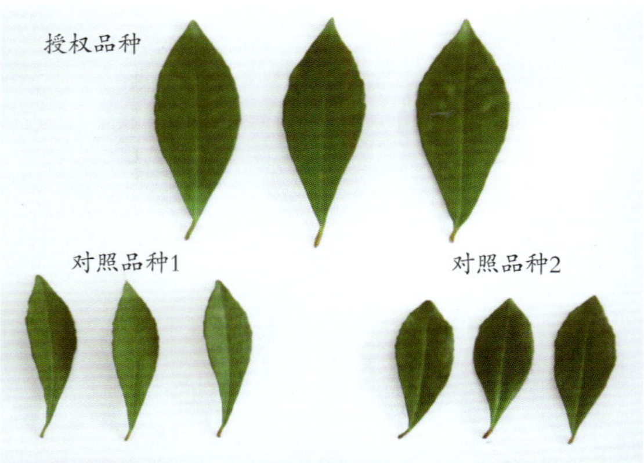

火焰

（紫薇属）

联系人：王佳
联系方式：13910229248 国家：中国

申请日： 2016年6月27日
申请号： 20160135
品种权号： 20180041
授权日： 2018年6月15日
授权公告号： 国家林业和草原局公告（2018年第11号）
授权公告日： 2018年7月5日
品种权人： 北京鲜花港投资发展中心、北京林业大学
培育人： 张启翔、赵飞、李国雷、席本野、赵宏博、刘海鹏、徐婉、蔡明、潘会堂、程堂仁、王佳

品种特征特性：‘火焰’是2012—2015年在北京林业大学小汤山资源圃利用紫薇品种‘Dallas Red’与‘Velma’s Royal Delight’杂交所得的杂种后代（‘Dallas Red’×‘Velma’s Royal Delight’）。

半直立植株。枝干直立或斜伸。2年生苗株高约124cm，冠幅128cm。干皮灰褐色。小枝四棱明显，微具翅。叶片椭圆形，长3.6cm，宽2.2cm。花萼长1.2cm，微具棱，无毛。花蕾长，圆锥形，红色，缝合线弱凸起，无附属物，顶端无凸起。花序长18cm，宽16cm，每花序着花数35～45朵。花径4.2cm。花单色，花瓣主要颜色为红色（RHS 53B）。花瓣长1.3cm，宽1.4cm，花瓣边缘皱褶明显，瓣爪与花瓣同色，瓣爪长0.7cm。花期7～9月。果实椭圆形，长1.4cm，宽1.3cm，果期9～11月。

‘火焰’同对照品种‘Dallas Red’‘Dynamite’主要差异见下表：

性状	‘火焰’	‘Dallas Red’	‘Dynamite’
植物生长习性	半直立	直立	直立
花颜色	红 RHS 53B	紫红 RHS 60C	—
叶片大小	小	—	中

眷恋

（紫薇属）

联系人：王佳
联系方式：13611048989　国家：中国

申请日： 2016年6月27日
申请号： 20160136
品种权号： 20180042
授权日： 2018年6月15日
授权公告号： 国家林业和草原局公告（2018年第11号）
授权公告日： 2018年7月5日
品种权人： 北京林业大学
培育人： 张启翔、徐婉、张亚东、蔡明、陈之琳、石俊、潘会堂、程堂仁、王佳

品种特征特性：‘眷恋’是2012—2015年在北京林业大学小汤山资源圃利用紫薇品种‘Dallas Red’与‘Velma’s Royal Delight’杂交所得的杂种后代（‘Dallas Red’×‘Velma’s Royal Delight’）。

直立植株。2年生苗株高约1.31m，冠幅121cm。干皮灰褐色。小枝四棱明显，微具翅。叶片椭圆形，长4.4cm，宽2.6cm。花萼长1.1cm，花萼棱明显，无毛。花芽长，红色，圆锥形，缝合线中等凸起，无附属物，顶端凸起。花序长18cm，宽12cm，每花序着花数30～35朵，花径3.5cm。花单色，花瓣主要颜色为红色（RHS 54A）。花瓣长1.1cm，宽1.3cm，花瓣边缘皱褶明显，瓣爪与花瓣上部主要颜色同色，瓣爪长0.5cm。花期7～9月。果实椭圆形，长1.0cm，宽0.9cm，果期9～11月。

‘眷恋’同对照品种‘Dallas Red’‘粉蝴蝶’主要差异见下表：

性状	‘眷恋’	‘Dallas Red’	‘粉蝴蝶’
花颜色	RHS 54A	紫红 RHS 60C	—
花芽形状	圆锥形	圆柱形	球形
花芽颜色	红	—	绿和红
瓣爪长度	短	—	长

娇篮

（紫薇属）

联系人：王佳
联系方式：13611048989　国家：中国

申请日： 2016年6月27日
申请号： 20160137
品种权号： 20180043
授权日： 2018年6月15日
授权公告号： 国家林业和草原局公告（2018年第11号）
授权公告日： 2018年7月5日
品种权人： 北京林业大学
培育人： 张启翔、徐婉、豆苏含、蔡明、陈之琳、石俊、潘会堂、程堂仁、王佳

品种特征特性：'娇篮'是2012–2015年在北京林业大学小汤山资源圃利用紫薇品种'Dallas Red'与'Velma's Royal Delight'杂交所得的杂种后代（'Dallas Red'×'Velma's Royal Delight'）。

植株平展。2年生苗株高约78cm，冠幅98cm。干皮褐色。小枝四棱明显，微具翅。叶片椭圆形，长3.5cm，宽2.1cm。花萼长0.9cm，微具棱，无毛。花芽圆锥形，颜色红，长度和宽度均为中，缝合线弱凸起，顶端无凸起。花序长18cm，宽15cm，每花序着花数30～50朵，花径3.6cm。花单色，颜色为红色（RHS 53D）。花瓣长1.0cm，宽1.1cm，花瓣边缘皱褶明显，瓣爪与花瓣同色（RHS 53D），瓣爪长0.7cm。花期7～9月。果实椭圆形，长1.1cm，宽0.9cm，果期9～11月。

'娇篮'与对照品种'Dallas Red''Gamad I'的主要差异见下表：

性状	'娇篮'	'Dallas Red'	'Gamad I'
植株：生长习性	平展	直立	—
花：单色花颜色或复色花主色	红 RHS 53D	紫红 RHS 60C	—
花芽：长度	中	—	短
花芽：宽度	中	—	窄

灵梦

（紫薇属）

联系人：王佳
联系方式：13611048989　国家：中国

申请日：2016年6月27日
申请号：20160138
品种权号：20180044
授权日：2018年6月15日
授权公告号：国家林业和草原局公告（2018年第11号）
授权公告日：2018年7月5日
品种权人：北京林业大学
培育人：张启翔、徐婉、蔡明、陈之琳、石俊、潘会堂、程堂仁、王佳、潘隆应、陈海强、朱媛

品种特征特性：'灵梦'是2012—2015年在北京林业大学小汤山资源圃利用紫薇品种'Dallas Red'与'Velma's Royal Delight'杂交所得的杂种后代（'Dallas Red'×'Velma's Royal Delight'）。

直立型灌木。2年生苗株高约112cm，冠幅131cm。干皮灰褐色。小枝四棱明显，微具翅。叶片椭圆形，长3.4cm，宽2.3cm。花萼长1.1cm，花萼棱明显，无毛。花芽红色，长度中，球形，缝合线中等凸起，顶端凸起。花序长15cm，宽11cm，每花序着花数30～35朵，花径3.8cm。花复色，主色为红色（RHS 53D），副色为（RHS NN155C）。花瓣长0.9cm，宽1.3cm，花瓣边缘皱褶明显，瓣爪与花瓣主色同色，瓣爪长0.6cm。花期7～9月。果实椭圆形，长0.9cm，宽1.0cm，果期9～11月。

'灵梦'同对照品种'Dallas Red''六月飞雪'主要差异见下表：

性状	'灵梦'	'Dallas Red'	'六月飞雪'
花：复色	是	否	是
花：主色	红（RHS 53D）	紫红（RHS 60C）	紫红（RHS 58B）
瓣爪长度	短	—	长

芭蕾玉姿

苹果属（除水果外）

联系人：朱元娣
联系方式：010−62733995、13522333670　国家：中国

申请日：2016年6月29日
申请号：20160142
品种权号：20180045
授权日：2018年6月15日
授权公告号：国家林业和草原局公告（2018年第11号）
授权公告日：2018年7月5日
品种权人：中国农业大学、北京中农富通园艺有限公司
培育人：朱元娣、张文、张天柱、李光晨

品种特征特性：‘芭蕾玉姿’是从‘舞姿’（*Malus domestica* ‘Telamon’）自然授粉的实生后代中选出的观果观花的海棠新品种。

植株树势为强，树形为帚形，枝条颜色为棕红色，花序类型为伞形花序，花苞颜色为浅粉，花型为单瓣，花瓣直径为中，花形状为平，花瓣形状为卵形，排列方式为重叠，花瓣脉为突出，花瓣正面边缘颜色为NN155C、中心颜色为50D、正面底色为NN155B、背面颜色为73D，开展叶片颜色为绿色，叶片长宽比为大，叶柄长度为中，叶片叶耳为有时有、叶缘形态为锯齿状、姿态为波状，叶面光泽为中、上表面绿色为深绿、无花青素着色，叶片脱落前主色为黄，叶片长度为长、宽度为中，植株着果量为中，果实大小为大、形状为扁椭球形。花萼宿存，果梗长度为中，果粉为弱，果实光泽度为弱，果实主色为绿，果肉颜色为白，果实挂果期为中，始花期为中。

‘芭蕾玉姿’

‘芭蕾玉姿’　‘舞姿’

‘芭蕾玉姿’　‘舞姿’

金秀丽

（槭属）

联系人：叶喜阳
联系方式：13386520838、0571-63893893　国家：中国

申请日：2016年7月19日
申请号：20160170
品种权号：20180046
授权日：2018年6月15日
授权公告号：国家林业和草原局公告（2018年第11号）
授权公告日：2018年7月5日
品种权人：临安市林之源园艺场、叶喜阳
培育人：叶喜阳、陈一锋、申亚梅、蔡国炎、王齐瑞

品种特征特性：'金秀丽'为槭树科槭属秀丽槭的芽变类型。由临安林之源园艺场选育。2003年10月种子采集于浙江省临安市清凉峰国家级自然保护区龙塘山，2004年3月播种于林之源园艺场，2005年11月在实生苗发现1株黄色枝干苗。结果发现，该变异类型枝干光滑，黄色，并且春季嫩叶深红色，冬季落叶时枝干金黄色。于2005年春季，将变异枝条进行嫁接，嫁接时以秀丽槭为砧木。当年起叶性状基本保持变异特征，之后经过多次反复嫁接与观察，并在临安林之源园艺场、浙江农林大学植物园、安吉刘家塘林场进行适应性栽培，其无性后代性状稳定，适应性与'寒缃'基本一致。根据其"黄色枝干"这一显著特征，将该品种暂定名为'金秀丽'。目前共繁殖嫁接苗2000多株。

'金秀丽'4月下旬枝干色彩

野香

（核桃属）

联系人：张美勇
联系方式：05388266650、13954896859　国家：中国

申请日： 2016年7月21日
申请号： 20160172
品种权号： 20180047
授权日： 2018年6月15日
授权公告号： 国家林业和草原局公告（2018年第11号）
授权公告日： 2018年7月5日
品种权人： 山东省果树研究所
培育人： 张美勇、王贵芳、相昆、徐颖、薛培生、李国田、姚元涛、王晓芳、张艳、宋礼毓、李治国

品种特征特性：‘野香’是由山东省果树所用野核桃与早实核桃‘香玲’‘丰辉’等人工杂交育成。该品种具有早实、无融合生殖率高，坚果中大，核仁光滑、乳白色、细香独特等特点。

该品种为落叶乔木，奇数羽状复叶，具有小叶7～11枚，顶叶圆形，全缘。雌花羽毛状，2～3个簇状生。果实圆形，黄绿色，果面有短而密的腺毛，果柄稍长，多为双果，坚果中大。

通过高接繁殖和无性繁殖，无性系群体内形态特征表现一致，叶、花、果的特异性状整齐一致， 且具有稳定性。用核桃和黑核桃作砧木嫁接亲和力强，接口愈合牢固。

幼树施氮肥为主，磷肥为辅。注意整形修剪，树形可采用主干疏层形。3年生以上开花结果期施肥应注意控氮、增磷、补钾，先抛再缩之法培养结果枝的效果明显。土壤黏重排水不良，会造成叶片发黄脱落，应及时排涝。

对气候和土壤条件的要求与其母本野核桃相同，耐干旱瘠薄，适于山地和丘陵地区种植。

‘野香’　　野核桃　　‘香玲’

野观

（核桃属）

联系人：张美勇
联系方式：05388266650、13954896859 国家：中国

申请日： 2016年7月21日
申请号： 20160173
品种权号： 20180048
授权日： 2018年6月15日
授权公告号： 国家林业和草原局公告（2018年第11号）
授权公告日： 2018年7月5日
品种权人： 山东省果树研究所
培育人： 张美勇、徐颖、相昆、王贵芳、李国田、薛培生、王晓芳、姚元涛、宋礼毓、张艳、李治国

品种特征特性： ‘野观’是由山东省果树所用野核桃与早实核桃香玲等人工杂交育成。植株树体矮小、枝条节间短，一年生枝节间长度2～4cm；奇数羽状复叶，长20cm左右，相邻互生小叶紧凑，具有小叶5～9枚；叶片黄绿色、叶面皱缩，椭圆形，无柄，叶尖微尖；顶叶大，全缘，长9cm左右，宽5cm左右。坚果长圆形，壳面光洁，单果重3～5g，壳厚0.5～0.7mm，易取整仁，出仁率75.6%。抗逆性强，是较好的核桃矮化砧木资源。

通过高接繁殖和无性繁殖，无性系群体内形态特征表现一致，叶、花、果的特异性状整齐一致，且具有稳定性。用核桃作砧木嫁接亲和力强，接口愈合牢固。

对气候和土壤条件的要求与其母本野核桃相同，耐干旱瘠薄，适于山地和丘陵地区种植。

9年生植株

当年生枝

野早

（核桃属）

联系人：张美勇

联系方式：05388266650、13954896859　国家：中国

申请日：2016年7月21日
申请号：20160174
品种权号：20180049
授权日：2018年6月15日
授权公告号：国家林业和草原局公告（2018年第11号）
授权公告日：2018年7月5日
品种权人：山东省果树研究所
培育人：张美勇、相昆、王贵芳、徐颖、李国田、薛培生、王晓芳、姚元涛、宋礼毓、张艳、李治国

品种特征特性：‘野早’是由山东省果树研究所用野核桃与早实核桃‘香玲’等人工杂交育成。该品种具有早实、无融合生殖率高，壳薄、露仁、生长势强、抗旱、耐瘠薄、果实成熟期早等特点，泰安地区果实8月中旬成熟。

该品种为落叶乔木，奇数羽状复叶，具有小叶7～11枚，顶端小叶倒卵圆形，全缘。雌花羽毛状，雄花少。果实椭圆形，黄绿色，果面有密而短的茸毛，果柄稍长，多为双果。

通过高接繁殖和无性繁殖，无性系群体内形态特征表现一致，叶、花、果的特异性状整齐一致，且具有稳定性。用核桃和黑核桃作砧木嫁接亲和力强，接口愈合牢固。

幼树施氮肥为主，磷肥为辅。注意整形修剪，树形可采用主干疏层形。3年生以上开花结果期施肥应注意控氮、增磷、补钾，先抛再缩之法培养结果枝的效果明显。土壤黏重排水不良，会造成叶片发黄脱落，应及时排涝。

对气候和土壤条件的要求与其母本野核桃相同，耐干旱瘠薄，适于山地和丘陵地区种植。

‘野早’　　野核桃　　‘香玲’

洪桉樟

（樟属）

联系人：杨子云
联系方式：13574587958　国家：中国

申请日： 2016年7月26日
申请号： 20160189
品种权号： 20180050
授权日： 2018年6月15日
授权公告号： 国家林业和草原局公告（2018年第11号）
授权公告日： 2018年7月5日
品种权人： 洪江市金土地生态农业有限责任公司
培育人： 郑钦方、汪冶、杨子云、肖聪颖、杨怡男

‘洪桉樟’

龙脑樟

品种特征特性： 常绿高大乔木；叶互生，先端通常尾尖至渐尖，革质，上面深绿色，光泽弱，下面通常浅白色，叶片揉碎后具强烈的桉油香气。圆锥花序腋生，总梗长2～6cm，第三轮雄蕊长约1.6mm，花丝近基部有一对具短柄心形腺体。

本品种鲜叶背面颜色为浅白色，叶端形态尾尖，叶片光泽度弱，总果柄长2.4～6cm，10片叶厚2.5mm；含挥发油达10%，其中含桉叶油醇46%以上。

‘洪桉樟’与近似种龙脑樟的性状差异如下表：

品种 / 种	鲜叶背面颜色	叶尖形态	叶片光泽度	10 片叶厚（不过中脉，mm）	总果柄长（cm）	挥发油（或脑）含量（%）	挥发油性质	桉叶油醇含量（%）
‘洪桉樟’	浅白色	尾尖	弱	2.5	2.4 ～ 6	10	桉油精	桉叶油醇含量 46 以上
龙脑樟	白色	骤凸	中	1.8	7 ～ 12	2	龙脑	龙脑含量 80 以上

亮彩

（绣球属）

联系人：唐宇丹
联系方式：13691193595　国家：中国

申请日：2016年8月2日
申请号：20160202
品种权号：20180051
授权日：2018年6月15日
授权公告号：国家林业和草原局公告（2018年第11号）
授权公告日：2018年7月5日
品种权人：中国科学院植物研究所、青岛中科景观植物产业化发展有限公司
培育人：唐宇丹、李霞、白红彤、法丹丹、张会金、安玉来、李慧、惠学娟、石雷、尤洪伟

品种特征特性：'亮彩'是自绣球八仙花变种山绣球的芽变枝条选育而成的新品种，主要特异性为：叶片复色，乳黄、浅黄、黄或灰绿嵌色，新叶主色黄或浅黄，整体颜色明亮。

半直立落叶灌木，生长势较强，冠形多近球形，较密集；当年生枝较粗壮、表面无毛、绿色、成熟枝条具有明显紫色、纵向皮孔，无扁化现象；叶片单叶对生，长卵圆形，复色、主色绿、次色乳黄、浅黄、黄和灰绿色，嵌色不规则分布，新叶主色黄色或浅黄色，仅中部绿色或无，上表面几无光泽、近平展，营养枝上叶片长15.5±1.05cm（13～17cm）、宽7.7±0.82cm（6～9cm），较肥大，生殖枝上叶片长6.1±0.93cm（5～9cm）、宽3.5±0.43cm（2.5～4cm），营养枝和生殖枝上的叶片大小差异较大，叶缘无裂片，叶片顶端渐尖，基部楔形至宽楔形，叶缘锯齿浅；花序盘状，雌花居中、非常显著，浅粉（碱性土壤）、蓝或蓝紫（中性或酸性土壤），不孕花1轮排列、萼片直径大小中等、常白色、单瓣、多4瓣、花瓣相切或浅相交，边缘无裂口；初花期6～7月，相对较晚。

该品种具有较强生长势，新叶颜色亮丽、美观，并具有较强的耐旱、抗寒、喜强光、耐荫蔽等特性，土壤pH适应宽泛，且随pH升高，雌花从蓝色至粉色变化，生长迅速，繁殖简单快速。是北方地区园林观赏植物新品种，适于在中国中东部和华北地区、欧洲和北美的生态环境相似区域栽培应用。

娟红

（紫薇）

联系人：许先练
联系方式：13562442901　国家：中国

申请日：2016年10月8日
申请号：20160273
品种权号：20180052
授权日：2018年6月15日
授权公告号：国家林业和草原局公告（2018年第11号）
授权公告日：2018年7月5日
品种权人：日照市春雨园艺场
培育人：许先练、范丰学、许春雷、许春雨

品种特征特性：‘娟红’为小乔木。树皮绿褐色；小枝四棱明显、翅短、被稀疏柔毛。单叶，交互对生，叶片小，卵圆形，绿色，叶缘无起伏，叶片背面被柔毛程度低。顶生圆锥花序，长10～30cm，花萼中等长度，微具棱，无毛；花朵大，紫红色，花瓣6，扇形，花瓣边缘明显褶皱，爪瓣紫红色，长度中等；雄蕊多数，瓣化无，其中6个雄蕊长，其余短，雌蕊花柱长，子房上位；花芽球形，长度和宽度中等，绿和红色，缝合线凸起中等，无附属物，顶端无凸起。花期长，从6月20日至10月10日达110天；花量大、密集，几乎覆盖住全部枝叶，遍布整个树冠。几乎不结果。

申请品种与近似品种‘多花粉’和‘湘韵’生状差异如下表：

品种	植株生活型	花芽形状	结果率	单色花颜色或复色花主色	花爪瓣颜色
‘娟红’	乔木	球形	几无	紫红	紫红
‘多花粉’	灌木	圆锥形	正常	—	—
‘湘韵’	—	圆锥形	—	粉红	粉红

‘娟红’紫薇在我国吉林以南、宁夏以东均可栽培。喜暖湿气候，喜光，喜肥，喜深厚肥沃的砂质壤土，耐干旱、低温、贫瘠，抗病虫能力强。还具有较强的抗污染能力，寿命长，生长快，树势大，萌芽力强。

紫云

（胡枝子属）

联系人：杨晓红
联系方式：13520553365　国家：中国

申请日：2016年10月10日
申请号：20160274
品种权号：20180053
授权日：2018年6月15日
授权公告号：国家林业和草原局公告（2018年第11号）
授权公告日：2018年7月5日
品种权人：北京农学院
培育人：杨晓红、陈晓阳

品种特征特性：‘紫云’是从北京房山窦店苗圃引种栽植的美国佐治亚州的二色胡枝子植株上经过混合采种，播种育苗后再进行田间单株选择，后经扦插扩繁而成。该品种经过连续3代扦插扩繁及植株性状观测，主要具备以下性状特征：

花色深紫红色（red-purple 71B），旗瓣基部有紫黑色色斑（violet 83A），而且有深色放射状斑纹可延伸到旗瓣边缘，残花深蓝紫色（violet-blue 89A），花序密实，景观效果好。花期在北京地区为9月上旬至10月初，比华北地区的二色胡枝子花期晚2～4周，比‘波浪’胡枝子晚1～2周。荚果果皮灰褐色（brown group N200B）。生物量与华北二色胡枝子、‘波浪’胡枝子相同，不存在显著性差异。具备二色胡枝子的抗逆性。

‘紫云’与‘波浪’、美国培育的‘Little Buddy’在花色上存在明显差异。

‘紫云’适合栽植在华北地区，能适应瘠薄土壤。6～7月取半木质化枝条进行扦插繁殖，也可利用春节平茬时去除的枝条进行扦插繁殖，于秋季或翌年春季苗木萌动前移栽定植。

花之都

（卫矛属）

联系人：薛金国
联系方式：13938912107　国家：中国

申请日：2016年10月11日
申请号：20160280
品种权号：20180054
授权日：2018年6月15日
授权公告号：国家林业和草原局公告（2018年第11号）
授权公告日：2018年7月5日
品种权人：花之都实业有限公司
培育人：杨凯亮、张小俊、徐国超、陈彦辉、孙秋刚、康凌霄、王璞、李艳华、薛璐、王栓虎、牛长峰、牛义安、苏跃栋、陈俊凯、王方方

品种特征特性：落叶乔木，枝条斜展，硬度较大，分枝角度较小，树冠紧凑。单叶对生，长卵形或长椭圆形，叶片大型，总长可达20cm以上，宽度可达5cm以上；顶端渐尖至尾尖，基部圆形或平截，叶缘具细锯齿；叶柄细长。聚伞或复聚伞花序，5出数，花盘扁平，全缘，花量少。蒴果，假种皮橘黄色，果瓣裂至中部，结实量少，一般只有普通丝绵木的1/6左右。萌芽期晚，一般在3月10日前后，比普通丝绵木晚20天左右。

‘花之都’与近似种丝绵木比较性状差异如下表：

品种	叶片大小	叶片形状	花量	结实量
‘花之都’	大	长卵形或长椭圆形	少	少
丝绵木	小	卵形或椭圆形	多	多

米槐1号

（槐属）

联系人：雷茂瑞
联系方式：13453938658　国家：中国

申请日：2016年10月14日
申请号：20160288
品种权号：20180055
授权日：2018年6月15日
授权公告号：国家林业和草原局公告（2018年第11号）
授权公告日：2018年7月5日
品种权人：雷茂端
培育人：雷茂端、雷迎波、雷亚第

品种特征特性：乔木，5年生树高达3.2m，树势强壮；树冠广卵形，树姿开张，干形弯曲；主干老皮灰褐色，嫩枝淡黄色；叶色淡黄，卵圆形；米穗圆锥形，大而紧凑，米粒麦粒形，色泽淡黄。结实早，当年栽植，部分植株结米，第三年100%植株结米；丰产性强，栽植第三年亩产达40kg，第五年亩产达140kg，且不分大小年；槐米品质优良，颗粒饱满，质地坚硬，色泽纯正；槐米千粒重2.1g，是目前发现的米槐中千粒重最高的树种；抗干旱、耐瘠薄性极强，可在干旱丘陵地区正常生长结实。树芽萌动期4月上旬，槐米采收期7月上中旬，比普通国槐早3～5天。

北纬38°以南的山地、丘陵、平川区域均可栽植。

蒙林钟柏

（圆柏属）

联系人：申秀枝
联系方式：13327101099　国家：中国

申请日： 2016年10月28日
申请号： 20160291
品种权号： 20180056
授权日： 2018年6月15日
授权公告号： 国家林业和草原局公告（2018年第11号）
授权公告日： 2018年7月5日
品种权人： 安文元
培育人： 安文元、张国盛、王林和、王文、张利俊、毛惠平、申秀枝

品种特征特性：‘蒙林钟柏’是从圆柏天然杂种F_1中选育的优良无性系。乔木，雌株；树形呈钟（圆柱）形；枝条浓密，生长速度快。侧枝主头伸展方向直立；一年生小枝数量多；当年生春梢为深绿色，冬季为绿色。叶二型，多刺叶少鳞叶；叶片颜色为绿色，刺形叶长度中等。球果近圆球形，两年成熟，紫色，有白粉，球果中等，含2～4粒种子。种子三角形；子叶2枚，出土，条形。

生长势强，须根发达，抗逆性，适应在半干旱及轻度盐碱地上栽植造林。是中国北方地区重要的城市绿化及城市林业树种。

蓝韵

（越橘属）

联系人：谭志强
联系方式：15843506107　国家：中国

申请日：2016年10月28日
申请号：20160293
品种权号：20180057
授权日：2018年6月15日
授权公告号：国家林业和草原局公告（2018年第11号）
授权公告日：2018年7月5日
品种权人：通化禾韵现代农业股份有限公司
培育人：殷秀岩、隋明义、陈亮、谭志强

品种特征特性：'蓝韵'是以'北蓝'为母本，'北土'为父本，2004年杂交获得种子。2005年通过播种、催芽等过程，培育出54株蓝莓苗。经过观察，到2009年发现有一株高度1.2m，枝叶茂盛、果粉厚、丰产且果实大、耐寒性也强。经过对此株进行组织培养繁殖，到2016年繁殖数达12万。

'蓝韵'与'北蓝'相比，叶柄红色，叶片边缘锯齿，叶背茸毛无或极少。通过多代组培和扦插繁殖，后代植株性状具有一致性和稳定性。

可在辽宁、吉林、黑龙江，土壤pH4.3～5.5、冬季绝对低温不低于−35℃(简易防寒)、无霜期125天以上、≥10℃年有效积温2300℃以上的地区引种试栽。

叶柄颜色对比照片：'北蓝'为浅红、'蓝韵'为红色

叶片边缘形状对比：'北蓝'为全缘、'蓝韵'为锯齿

火凤凰

（槭属）

联系人：寇新良
联系方式：13939690881　国家：中国

申请日：2016年11月5日
申请号：20160310
品种权号：20180058
授权日：2018年6月15日
授权公告号：国家林业和草原局公告（2018年第11号）
授权公告日：2018年7月5日
品种权人：河南名品彩叶苗木股份有限公司
培育人：王华明、王景旭、石海燕、饶放、王华昭、袁向阳、刘鹏辉、闫立静、寇新良、贾涛、周耀宗、谷梅红、魏奎娇、王丽青、张亚民、仪楠、任甸甸、李红喜、周苗

品种特征特性：2008年11月5日在河南名品彩叶苗木股份有限公司二分场播种的美国红枫育苗地里发现一株叶脉金黄色的变异植株，移栽到大田后，变异性状表现稳定。2014年取母树上的枝条进行嫁接、扦插繁殖，繁殖后代与母树性状表现一致。2015—2016年用各代混合枝条作材料，进行扩繁，观察分析表明所繁育的苗木没有再变异现象发生，生长健壮，性状保持稳定，表现良好。

‘火凤凰’系美国红枫的实生变异，落叶乔木，树干光滑，叶片春夏季绿色，秋季变红较早，颜色是RHS Red 44A，叶片变红后叶脉、叶柄黄色，颜色是RHS Yellow-orange 21A。

‘火凤凰’适应性较强，耐寒、耐旱、耐湿。酸性至中性的土壤使秋色更艳。对有害气体抗性强，尤其对氯气的吸收力强。我国的大部分地区均可栽培。

金玉露

（厚皮香属）

联系人：陈岗
联系方式：0571-28931966　国家：中国

申请日： 2016年11月14日
申请号： 20160317
品种权号： 20180059
授权日： 2018年6月15日
授权公告号： 国家林业和草原局公告（2018年第11号）
授权公告日： 2018年7月5日
品种权人： 浙江森禾种业股份有限公司
培育人： 郑勇平、王春、顾慧、陈岗、何琦、尹庆平、陈慧芳、张光泉、刘丹丹

品种特征特性：'金玉露'厚皮香为常绿小乔木，全株无毛；树皮平滑；小枝灰褐色。叶革质或薄革质，通常聚生于枝端，边全缘。花两性或单性，通常生于当年生无叶的小枝上或生于叶腋；两性花花瓣淡黄白色。果实圆球形；种子肾形，成熟时肉质假种皮红色。花期5～7月，果期8～10月。

'金玉露'初展叶正面橙黄色，背面黄绿色；对照品种初展叶红色，背面浅红色。

'金玉露'在厚皮香的自然分布区域均适于种植，主要分布区域为我国华东、华中、华南及西南地区，如安徽、浙江、江西、福建、广东、广西、湖北等地，为中下层林木苗木。菲律宾、马来西亚等东南亚国家及日本也有分布。

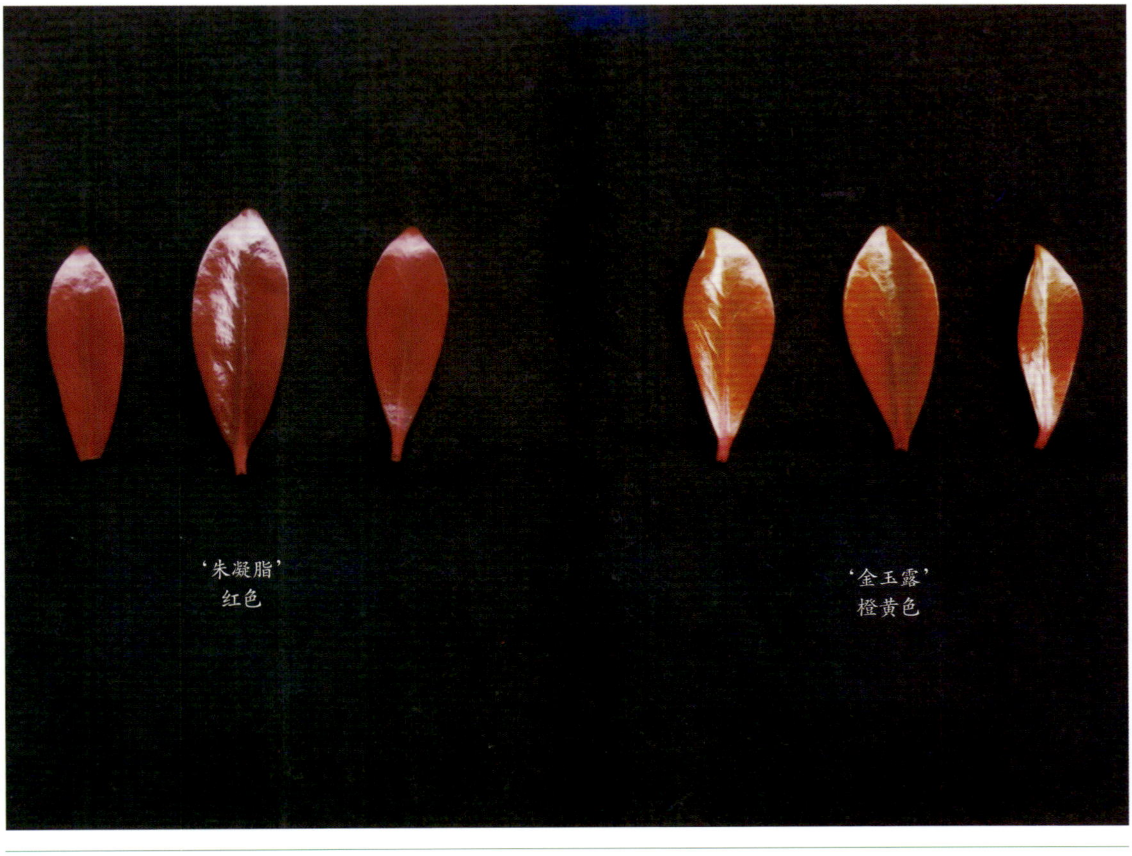

宁农杞4号

（枸杞属）

联系人：王亚军
联系方式：13995102924　国家：中国

申请日：2016年11月17日
申请号：20160318
品种权号：20180060
授权日：2018年6月15日
授权公告号：国家林业和草原局公告（2018年第11号）
授权公告日：2018年7月5日
品种权人：宁夏农林科学院枸杞工程技术研究所
培育人：王亚军、安巍、梁晓婕、曹有龙、李越鲲、尹跃、张曦燕、赵建华、石志刚、张波、巫鹏举

品种特征特性：属软架型，枝条软条型；当年生枝条灰褐色，具浅色条纹，无棘刺，多年生枝深灰色；结果枝较长，嫩梢尖端小叶收缩向上；叶披针形，叶面平展，深绿色，叶尖渐尖，叶片较大；花深紫色，多为5瓣花，偶有6瓣花，花瓣具3条明显脉纹，中脉深紫色，延伸至花筒基部，且颜色较深；花冠筒裂片钝尖，花萼深紫色，3裂，花冠筒内壁淡黄色，花丝近基部茸毛密布；成熟果实为圆形，果色鲜黄色，果味甜，果实较大，千粒重1080g；根系的根基位置密布毛根。

‘宁农杞4号’对环境要求不严，在年平均气温4.5～12.7℃、≥10℃年有效积温2000～4400℃、年日照时数≥2500h、土壤疏松、有机质含量0.5%以上、活土层≥30cm、地下水位≤1.2m、土壤含盐量≤0.2%、pH≤9.0、灌排便利的砂壤土或壤土上生长良好。具有上述条件的区域有宁夏、青海、甘肃、新疆、内蒙古等枸杞传统产区。

‘宁农杞4号’——花萼深紫色,花丝近基部茸毛密布

‘宁农杞4号’——宽披针形,叶尖渐尖

宁农杞5号

（枸杞属）

联系人：王亚军
联系方式：13995102924　国家：中国

申请日： 2016年11月17日
申请号： 20160319
品种权号： 20180061
授权日： 2018年6月15日
授权公告号： 国家林业和草原局公告（2018年第11号）
授权公告日： 2018年7月5日
品种权人： 宁夏农林科学院枸杞工程技术研究所
培育人： 安巍、王亚军、曹有龙、梁晓婕、尹跃、石志刚、赵建华、张曦燕、罗青、万如、刘兰英、李彦龙、樊云芳

品种特征特性：‘宁农杞5号’属于落叶灌木，是从航天诱变群体中选育的黄果枸杞新优系。

‘宁农杞5号’属硬架型，萌蘖能力强；枝条多棘刺，多年生枝灰褐色；节间较短，为1.58cm；嫩梢黄绿色，具腋生芽；叶长窄披针形，叶面平展，小叶形，叶长2.38cm，叶宽0.72cm，叶尖渐尖；花淡紫色，花瓣具3条明显脉纹，中脉淡紫色，且延伸至花边花瓣的2/3；花冠和花药较小，不散粉；花冠筒筒形，花萼淡黄绿色，萼片卵形，3裂；成熟果果实为圆形，果色鲜黄色，果味甜，鲜果千粒重540g。

‘宁农杞5号’对环境要求不严，在年平均气温4.5～12.7℃，≥10℃年有效积温2000～4400℃，年日照时数≥2500h，土壤疏松，有机质含量0.5%以上，活土层≥30cm，地下水位≤1.2m，土壤含盐量≤0.2%，pH≤9.0，灌排便利的砂壤土或壤土上生长良好。具有上述条件的区域有宁夏、青海、甘肃、新疆、内蒙古等枸杞传统产区。

财缘

（木犀属）

联系人：段一凡
联系方式：15105168046　国家：中国

申请日： 2016年11月16日
申请号： 20160321
品种权号： 20180062
授权日： 2018年6月15日
授权公告号： 国家林业和草原局公告（2018年第11号）
授权公告日： 2018年7月5日
品种权人： 南京林业大学、林富春
培育人： 段一凡、林富春、王贤荣、林晖、伊贤贵、王华辰、李涌福、陈林

品种特征特性： 常绿小乔木，树高2～4m，树冠球形；树皮灰色，皮孔明显。叶厚革质，对生，宽椭圆形或近卵形，长6～8cm，宽2～4cm，先端短尖，具针刺状尖头；叶近全缘，偶有稀锯齿；侧脉7～9对。花白色，4瓣，清香，簇生于叶腋；每腋内有花6～12朵；苞片长2～3mm，具短尖头，被柔毛；花梗长5～10mm，无毛；花萼长约1mm，具大小不等裂片；花冠管短，仅长1.5～2mm，裂片长4～5mm；雄蕊着生于花冠管上部，长2.5～3mm，花药与花丝几等长，药隔延伸成一明显的小尖头；雌蕊败育，呈圆锥状，长约1mm。果未见。

'财缘'与相近品种'Ninth & Polk'有显著差异，具体比较如下表：

品种	幼叶叶色	成熟叶片叶缘
'财缘'	紫红色	近全缘
'Ninth & Polk'	浅黄绿色	锯齿明显

润丰1号

（榆属）

联系人：刘易超
联系方式：15830991106　国家：中国

申请日：2016年11月29日
申请号：20160384
品种权号：20180063
授权日：2018年6月15日
授权公告号：国家林业和草原局公告（2018年第11号）
授权公告日：2018年7月5日
品种权人：河北润丰林业科技有限公司、辛集市美人榆农副产品有限公司
培育人：刘易超、陈丽英、樊彦聪、黄印朋、黄印冉、冯树香、闫淑芳

品种特征特性：落叶乔木；树冠卵圆形；幼树树皮中度粗糙，少有不规则纵裂；枝条较稀疏，平展，浅褐色；一年生枝稀被毛；芽顶端较尖，半紧贴于枝条，褐色；叶片卵形，大，纸质，新叶绿色，叶端渐尖，叶缘具重锯齿，叶片上表面有硬毛，下表面疏被柔毛，叶基部轻度偏斜，叶柄长度短，叶柄疏被毛，叶片波浪形褶皱，不平整。

‘润丰1号’可以在我国东北、西北、华北、华南等广大地区的低山、平原、丘陵及沿海地带种植。白榆能够自然生长的地区，‘润丰1号’均可以生长。

‘润丰1号’可以采用嫁接等无性繁殖方法繁殖。

‘润丰1号’叶片大且褶皱，表面质地粗糙，滞尘能力强，做园林绿化景观树，生态及观赏价值高。

‘润丰1号’与‘阳光男孩’2年生树干对比（左：润丰1号；右：阳光男孩）

‘润丰1号’3年生植株形态

润丰2号

（榆属）

联系人：刘易超
联系方式：15830991106　国家：中国

申请日：2016年11月29日
申请号：20160385
品种权号：20180064
授权日：2018年6月15日
授权公告号：国家林业和草原局公告（2018年第11号）
授权公告日：2018年7月5日
品种权人：河北润丰林业科技有限公司、辛集市美人榆农副产品有限公司
培育人：刘易超、樊彦聪、陈丽英、黄印朋、黄印冉、闫淑芳、冯树香

品种特征特性：该品种为落叶乔木；树冠卵圆形；幼树树皮光滑，近无裂；枝条较密集，斜上伸展，灰白色；一年生枝无毛；芽顶端尖，不紧贴于枝条，褐色；叶片卵形，近革质，新叶绿色，叶端渐尖，叶缘锯齿具重锯齿，叶片上表面无硬毛，下表面无柔毛，叶基部轻度偏斜，叶柄长度中等，无毛。

‘润丰2号’可以在我国东北、西北、华北、华南等广大地区的低山、平原、丘陵及沿海地带种植。白榆能够自然生长的地区，‘润丰2号’均可以生长。

‘润丰2号’可以采用嫁接等无性繁殖方法繁殖。

‘润丰2号’树皮光滑，主干通直，叶片近革质，观赏价值较高，可做行道树和园林绿化景观树应用。

‘润丰2号’5年生原林

‘润丰2号’与‘阳刚’当年生枝条叶片对比
（左：阳刚；右：润丰2号）

开口笑

（文冠果）

联系人：孟凡志
联系方式：13953806629 国家：中国

申请日：2016年12月6日
申请号：20160391
品种权号：20180065
授权日：2018年6月15日
授权公告号：国家林业和草原局公告（2018年第11号）
授权公告日：2018年7月5日
品种权人：山东农业大学、山东沃奇农业开发有限公司
培育人：孟凡志、李守科、臧德奎、刘国兴、郭先锋、王利、郭广智、陈仁鹏、郑书友、朱亮庆

品种特征特性：落叶小乔木，高达5m，小枝粗壮，褐色，无毛，顶芽和侧芽有覆瓦状排列的芽鳞。叶连柄长15～18cm；小叶19片，扭曲明显，膜质或纸质，披针形，两侧稍不对称，长2.5～6cm，宽1.2～2cm，顶端渐尖，基部楔形，边缘有锐利锯齿。花序先叶抽出，两性花的花序顶生，雄花序腋生，长12～20cm，直立，总花梗短，基部常有残存芽鳞；花瓣白色，基部紫红色；蒴果长达7cm，果实先端尖；种子长达1.5cm，黑色而有光泽，种皮自然开裂。花期4月，果期7月。

‘开口笑’与近似品种‘森淼文冠果1号’比较性状差异如下表：

品种 / 种	果实	种子	小叶片
‘开口笑’	先端尖	自然开裂，露出白色种仁	扭曲明显
‘森淼文冠果1号’	扁平，先端钝	不开裂	无扭曲

迎春

（柳属）

联系人：王保松
联系方式：025-52745080　国家：中国

申请日： 2016年12月14日
申请号： 20160398
品种权号： 20180066
授权日： 2018年6月15日
授权公告号： 国家林业和草原局公告（2018年第11号）
授权公告日： 2018年7月5日
品种权人： 江苏省林业科学研究院
培育人： 王保松、陈庆生、施士争、何旭东、王伟伟、郑纪伟、涂忠虞、潘明建

品种特征特性：'迎春'为灌木，雄株，干直立，主梢中上部枝红色，主梢花芽红色，着生花芽较密，枝梢（顶端10cm）密被毛，枝梢（顶端10cm）叶芽密被毛，叶芽红色；叶长10.6～14.3cm，叶宽2.9～3.7cm，叶互生，最宽处在叶片中部以上，基部楔形，基部有腺点，叶披针形，叶缘深锯齿，叶正面墨绿，叶上表面被毛，叶下表面及叶脉密被柔毛；叶柄长1.1～1.4cm，上表面淡绿色。主要特异性表现在：①枝条被毛较少；②叶宽披针形，亲本椭圆形和近圆形；③叶基楔形，新本近心形；④花芽黄绿色，亲本紫红色；⑤花芽吐芽在落叶前，亲本在落叶后。

我国长江、黄河流域及华东和华北地区均可栽培。

喜洋洋

（柳属）

联系人：王保松
联系方式：025-52745080　国家：中国

申请日：2016年12月14日
申请号：20160399
品种权号：20180067
授权日：2018年6月15日
授权公告号：国家林业和草原局公告（2018年第11号）
授权公告日：2018年7月5日
品种权人：江苏省林业科学研究院
培育人：陈庆生、王保松、施士争、何旭东、王伟伟、郑纪伟、涂忠虞、潘明建

品种特征特性：'喜洋洋'为灌木，雄株，发芽时间早；干直立，主梢中上部枝紫红，主梢花芽红色，着生花芽密集；叶互生，披针形，叶长10.8～14.6cm，叶宽1.4～1.6cm，叶长宽比6.8～9.1，最宽处在叶中部以下，基部楔形，基部无腺点，叶缘锯齿细密；叶柄长0.8～1.1cm，上表面红绿色；托叶披针形，托叶长0.6～1.2cm。

与母本相比主要特异性表现在以下3个方面：①性别雄株，母本雌株；②枝条颜色紫红，母本为黄绿；③花芽鲜红，且密集，母本暗红，稀疏。

我国长江、黄河流域及华东和华北均可栽培。

'喜洋洋'

对照母本

雪绒花

（柳属）

联系人：王保松
联系方式：025-52745080　国家：中国

申请日： 2016年12月14日
申请号： 20160400
品种权号： 20180068
授权日： 2018年6月15日
授权公告号： 国家林业和草原局公告（2018年第11号）
授权公告日： 2018年7月5日
品种权人： 江苏省林业科学研究院
培育人： 王保松、何旭东、陈庆生、施士争、王伟伟、王红玲、涂忠虞、潘明建

品种特征特性：‘雪绒花’是通过种间人工杂交，经无性系测定选育出的观赏品种。2002年春利用二色柳（P294）为母本，黄花柳（P594）为父本进行杂交并获得种子，同年播种育苗，2004年繁育成无性系，保存在江苏省林业科学研究院柳树种质资源圃，2011年年在江苏省林业科学研究院沿海造林试验站开展观赏柳树的对比试验，2015年继续繁殖和观测。其生长优良，枝条紫红，花芽大，观赏价值较突出，没有严重的病虫害，经4年的无性繁殖性状稳定遗传，且与亲本有较大差异。

‘雪绒花’为灌木，雄株；叶长11.1～13.4cm，叶宽3.3～3.5cm，叶长/宽3.4～4.0，互生，最宽处位置在叶近中部，基部楔形，叶长卵形，叶缘中等锯齿，叶正面暗绿色，叶上、下表面均被毛多；叶柄长0.7～1.0cm，叶柄上表面颜色黄绿色。与亲本相比主要特异性表现在4个方面：①叶形：长卵形，母本为长披针形，父本为近圆形；②叶基部形状：楔形，母本为窄楔形，父本为近心形；③叶长：介于父母本之间；④叶宽：介于父母本之间。

我国长江、黄河流域及华东、华北地区均可栽培。

瑞雪

（柳属）

联系人：王保松
联系方式：025-52745080　国家：中国

申请日：2016年12月14日
申请号：20170001
品种权号：20180069
授权日：2018年6月15日
授权公告号：国家林业和草原局公告（2018年第11号）
授权公告日：2018年7月5日
品种权人：江苏省林业科学研究院
培育人：王保松、王伟伟、何旭东、陈庆生、周洁、姜开朋、涂忠虞、潘明建

品种特征特性：'瑞雪'是通过种间人工杂交，经无性系测定选育出的观赏品种。2005年春利用二色柳（P294）为母本，钻石柳（P716）为父本进行杂交并获得种子，同年播种育苗，2004年繁育成无性系，保存在江苏省林业科学研究院柳树种质资源圃，2011年在江苏省林业科学研究院沿海造林试验站开展观赏柳树的对比试验，2015年继续繁殖和观测。其生长好，枝条紫红，花芽大，观赏价值较突出，没有严重的病虫害，经多年的无性繁殖性状稳定遗传，且与亲本有较大差异。

灌木，雄株，主梢中上部枝红色，主梢花芽红色，花芽密集；叶长11.8～15.9cm，叶宽1.2～1.6cm，叶长/宽8.4～12.3，互生，最宽处在叶片上部近中部，基部楔形（不对称），叶长披针形，叶缘细锯齿；叶柄长0.7～1.0cm，叶柄上表面红绿色；托叶披针形，托叶长0.5～1.5cm。主要特异性表现在4个方面：①性别：雄，母本P294为雌，父本P716为雄；②叶形：长披针形，母本为长披针形，父本为短披针形；③叶柄长度：长，母本中等，父本长；④叶柄上表面颜色：红绿色，母本红色，父本黄绿色。

我国长江、黄河流域及华东和华北地区均可栽培。

紫嫣

（柳属）

联系人：王保松
联系方式：025-52745080　国家：中国

申请日：2016年12月14日
申请号：20170002
品种权号：20180070
授权日：2018年6月15日
授权公告号：国家林业和草原局公告（2018年第11号）
授权公告日：2018年7月5日
品种权人：江苏省林业科学研究院
培育人：王保松、施士争、何旭东、陈庆生、教忠意、王伟伟、涂忠虞、潘明建

品种特征特性：‘紫嫣’是通过人工杂交育种，经无性系测定选育出的观赏品种。2005年春利用P61为母本、P585为父本进行杂交，并获得种子，同年播种育苗，2004年繁育成无性系，保存在江苏省林业科学研究院柳树种质资源圃，2011年在江苏省林业科学研究院沿海造林试验站开展观赏柳树的对比试验，2015年继续繁殖和观测。其生长好，枝条紫红，花芽大，观赏价值较突出，没有严重的病虫害，经多年的无性繁殖性状稳定遗传，且形态特征与亲本有较大差异。

灌木，雄株，主梢中上部枝红褐色，主梢花芽红色，枝梢（顶端10cm）叶芽红色；叶长9.0～11.1cm，叶宽2.6～3.2cm，叶长/宽3.3～4.0，互生，最宽处位置，基部圆形，叶长卵形，叶缘有深锯齿，叶正面暗绿色，叶上、下表面被毛；叶柄长1.1～1.3，叶柄上表面红褐色；无托叶。与亲本相比主要特异性表现在4个方面：①枝条阳面颜色：红褐色，母本为黄绿，父本为红色；②叶片形状：长卵形，母本为长披针形，父本为近圆形；③叶片长度：长，母本长，父本短。④叶基部形状：楔形，母本为楔形，父本为近心形。

我国长江、黄河流域及华东和华北地区均可栽培。

仑山1号

（紫薇属）

联系人：邱国金
联系方式：0511-87290856、13505293068　国家：中国

申请日： 2016年12月9日
申请号： 20170007
品种权号： 20180071
授权日： 2018年6月15日
授权公告号： 国家林业和草原局公告（2018年第11号）
授权公告日： 2018年7月5日
品种权人： 江苏农林职业技术学院
培育人： 邱国金、钱杨升、蒋小庚、胡卫霞、戴文

品种特征特性： ‘仑山1号’是江苏省句容市仑山花木场1株紫薇实生苗的自然变异，其显著特征是春季幼叶紫红色，花深粉色，果7～8裂，少6裂；从2011年6月至2016年3月进行的硬枝扦插，苗木生长良好，特异性状稳定；2016年3月的嫁接苗，生长良好，特异性状稳定。与对照品种‘红叶’紫薇（*Lagerstroemia indica* ‘Pink Velour’）相比，‘仑山1号’显著特征是春季幼叶紫红色，花深粉色，果7～8裂，稀6裂；而‘红叶’紫薇叶色与之相似，花深红色，果6裂。

‘仑山1号’与普通紫薇对气候、土壤立地环境的要求基本相同，但生长力，抗逆、抗旱、抗寒和抗病虫（白粉病、天牛）性较强，适生范围广。春季露地栽植株行距1m×1.5m，30cm耕深整地前先施基肥，幼苗移植时要求苗木分级、分区栽植。移植后要立即浇透水，3～5天后浇第二次水，以后依土壤墒情浇灌。在生长后期（8月底）应减少灌溉。.

花色比较——‘红叶’紫薇（左侧）和‘仑山1号’（右侧）

海滨梦幻

（乌桕属）

联系人：隋德宗
联系方式：025-52745800-6201　国家：中国

申请日： 2016年12月15日
申请号： 20170008
品种权号： 20180072
授权日： 2018年6月15日
授权公告号： 国家林业和草原局公告（2018年第11号）
授权公告日： 2018年7月5日
品种权人： 江苏省林业科学研究院
培育人： 教忠意、隋德宗、王保松、窦全琴、陈庆生、王伟伟、郑纪伟

品种特征特性： 2010年江苏省林业科学研究院开展乌桕种质资源的系统收集保存和筛选工作。课题组在江苏及山东、安徽等地收集乌桕种源65份，158个家系，播种在位于江苏省盐城市大丰区的江苏省林科院沿海造林试验站，共获得实生苗7万多株。2012年开展优良观赏乌桕单株的筛选工作，在众多实生乌桕种源苗中发现1株树冠开阔、小枝下垂、秋季叶色呈现暗紫色的优良单株。经连续2年跟踪观测，均在11月初叶片变为暗紫色后至11月下旬落叶前不变色。2015年开始进行嫁接繁殖试验，获得一批嫁接苗，其无性系苗木的生长和形态特征与母株保持一致，秋叶颜色与变色期与母株相同，表现出较好的遗传稳定性。

‘海滨梦幻’秋季叶色深紫色，小枝灰绿色，叶小，叶尖尾尖；对照品种‘紫燕’秋叶紫红色，叶尖为渐尖。对照品种‘紫玛瑙’当年生枝灰褐色，秋季叶色紫色，叶尖渐尖，当年生枝皮孔密度密。

在乌桕自然分布的区域均能生长，推荐适宜栽培区为长江流域及淮河流域江苏、安徽、湖北、四川、湖南及河南、山东等地。

海滨紫晶

（乌桕属）

联系人：隋德宗
联系方式：025-52745800-6201　国家：中国

申请日：2016年12月15日
申请号：20170009
品种权号：20180073
授权日：2018年6月15日
授权公告号：国家林业和草原局公告（2018年第11号）
授权公告日：2018年7月5日
品种权人：江苏省林业科学研究院
培育人：隋德宗、王保松、窦全琴、陈庆生、王伟伟、吴纲、教忠意、姜开朋

品种特征特性：乔木，各部均无毛而具乳状汁液；枝广展，具皮孔。叶互生，叶片菱状卵形，长5～7cm，宽5～7cm，基部阔楔形，侧脉6～7对，叶柄纤细，长2～5cm。花单性，雌雄同株，总状花序。蒴果梨状球形，成熟时黑色，直径1～2cm。具3种子，种子扁球形，黑色，长约8mm，宽6～7mm，外被白色、蜡质的假种皮。花期4～8月。

‘海滨紫晶’当年生枝颜色为灰绿色，叶片菱形，叶基宽楔形，叶尖为长尾尖。对照品种‘紫燕’叶片菱形，叶基楔形，叶尖为渐尖；‘紫玛瑙’当年生小枝颜色为灰褐色，皮孔密，叶片形状为心形，叶基心形。

在乌桕自然分布的区域均能生长，推荐适宜栽培区为长江流域及淮河流域的江苏、安徽、湖北、四川、湖南及河南、山东等地。

海滨晚霞

（乌桕属）

联系人：隋德宗
联系方式：025-52745800-6201　国家：中国

申请日：2016年12月15日
申请号：20170010
品种权号：20180074
授权日：2018年6月15日
授权公告号：国家林业和草原局公告（2018年第11号）
授权公告日：2018年7月5日
品种权人：江苏省林业科学研究院
培育人：隋德宗、王保松、陈庆生、教忠意、王伟伟、郑纪伟

品种特征特性：乔木，各部均无毛而具乳状汁液；枝广展，具皮孔。叶互生，叶片菱形，长6～8cm，宽6～8cm，基部阔楔形，侧脉6对，叶柄纤细，长3～6cm。花单性，雌雄同株，总状花序。蒴果梨状球形，成熟时黑色，直径1～2cm。具3种子，种子扁球形，黑色，长约8mm，宽6～7mm，外被白色、蜡质的假种皮。花期4～8月。

‘海滨晚霞’叶菱形，复色，主色黄，嵌色橙红，小枝阳面颜色红褐色，春季叶色为绿色。对照品种‘秋皇1号’小枝阳面颜色绿色，秋叶颜色非复色，叶尖长尾尖；对照品种‘黄金甲’小枝阳面颜色黄绿色，春叶颜色黄绿色。

在乌桕自然分布的区域均能生长，推荐适宜栽培区为长江流域及淮河流域的江苏、安徽、湖北、四川、湖南及河南、山东等地。

海滨绯红

（乌桕属）

联系人：隋德宗
联系方式：025-52745800-6201　国家：中国

申请日：2016年12月15日
申请号：20170011
品种权号：20180075
授权日：2018年6月15日
授权公告号：国家林业和草原局公告（2018年第11号）
授权公告日：2018年7月5日
品种权人：江苏省林业科学研究院
培育人：陈庆生、隋德宗、王保松、王伟伟、教忠意、姜开朋

品种特征特性：乔木，各部均无毛而具乳状汁液；枝广展，具皮孔。叶互生，叶片菱形，长5～7cm，宽5～7cm，基部阔楔形，侧脉6～7对，叶柄纤细，长3～6cm。花单性，雌雄同株，总状花序。蒴果梨状球形，成熟时黑色，直径1～2cm。具3种子，种子扁球形，黑色，长约8mm，宽6～7mm，外被白色、蜡质的假种皮。花期4～8月。

‘海滨绯红’秋叶正面为鲜红色，反面淡红色，当年生枝灰绿色，叶基楔形，叶尖为短尾尖，春季叶色绿色。对照品种‘秋艳1号’当年生枝灰色，叶基宽楔形，叶尖为突尖；对照品种‘红翡翠’当年生枝红褐色，春叶颜色橘红色。

在乌桕自然分布的区域均能生长，推荐适宜栽培区为长江流域及淮河流域江苏、安徽、湖北、四川、湖南及河南、山东等地。

川硕

（核桃属）

联系人：罗建勋
联系方式：13668178375　国家：中国

申请日： 2016年12月28日
申请号： 20170027
品种权号： 20180076
授权日： 2018年6月15日
授权公告号： 国家林业和草原局公告（2018年第11号）
授权公告日： 2018年7月5日
品种权人： 四川省林业科学研究院、四川伊可农业技术开发有限公司
培育人： 罗建勋、王准、宋鹏、刘芙蓉、钟明润、张志国、杨马进

品种特征特性：‘川硕’树势强，树冠呈伞形，主干呈灰色浅纵裂；一年生枝灰白色，皮孔为白色圆点形；奇数羽状复叶，小叶7～11片；开花类型为雄先型，果实9月中旬成熟。青果重145.46g，横径6.51cm，纵径6.46cm，侧径6.42cm，青皮厚度0.92cm，坚果鲜重37.46g。坚果近圆形，果大，单果重26.82g，横径4.24cm，纵径4.69cm，侧径4.60cm。壳面较光滑，缝合线略凸，结合紧密，壳厚0.17cm，横隔膜纸质，易取全仁或半仁，内种皮黄色，种仁较充实饱满，仁重13.12g，出仁率达48.92%，风味香。该品种在四川成都平原地区于3月中旬萌芽，3月下旬展叶，3月下旬雄花开放，4月上旬雌花开放，果实9月中旬成熟，11月中下旬落叶。‘川硕’枝叶繁茂，果大，丰产稳产性好，可作为特色经济林树种；耐高温高湿、耐干旱贫瘠，病虫害少，适应性强，嫁接亲和力好，适宜在四川省海拔300～1200m的盆地和低山丘陵区栽培。

亚林柿砧6号

（柿）

联系人：龚榜初
联系方式：13868161885　国家：中国

申请日： 2017年1月3日
申请号： 20170035
品种权号： 20180077
授权日： 2018年6月15日
授权公告号： 国家林业和草原局公告（2018年第11号）
授权公告日： 2018年7月5日
品种权人： 中国林业科学研究院亚热带林业研究所
培育人： 龚榜初、吴开云、徐阳、江锡兵

品种特征特性： 树势强，树姿自然圆头形，一年生枝条灰褐色，皮目中等，长椭圆形，凸起，分布均匀。冬芽阔卵形，叶片椭圆形。果实圆球形，平均重22.6g，最大果重32.9g以上，大小较整齐。果面橙色，果皮细而光滑、少果粉，无裂纹，无蒂隙，皮厚而韧，无缢痕。果顶十字沟不明显。果顶平坦，脐部平微凹，花柱遗迹呈针尖状突出。果柄中长。萼片较大，萼片4枚分离，宽心形且先端突尖，萼片平展略翻翘。柿蒂中等，微凸起，圆形，具有柔和的环纹，绿色。果实横断面圆形。果肉橙黄，纤维细长且明显。髓小、成熟时实心，心室8～10个，种子5～8枚，种子饱满，半月形。果实10月中下旬成熟。

适宜我国长江以南的广大南方种植，土壤酸性，北方地区适应性有待观测。

亚林柿砧7号

（柿）

联系人：龚榜初
联系方式：13868161885　国家：中国

申请日：2017年1月3日
申请号：20170036
品种权号：20180078
授权日：2018年6月15日
授权公告号：国家林业和草原局公告（2018年第11号）
授权公告日：2018年7月5日
品种权人：中国林业科学研究院亚热带林业研究所
培育人：龚榜初、徐阳、吴开云、江锡兵、范金根、滕国新

品种特征特性：树势强，树姿自然圆头形，一年生枝条深褐色，皮目中等，长椭圆形，凸起，分布均匀。冬芽阔卵形，叶片倒卵形。果实圆球形，平均重31g，最大果重36g以上，大小较整齐。成熟时果面橙黄色，果皮细而光滑、少果粉，无裂纹，无蒂隙，皮厚而韧，无缢痕。果顶十字沟不明显。果顶平坦，花柱遗迹呈针尖状突出。萼片较大，萼片4枚相互交叠，心形且先端突尖，萼片平展略翻翘。柿蒂中等，平，圆形，具有柔和的环纹，黄绿色。果实横断面圆形。果肉橙黄，纤维细长且明显。髓心中等、成熟时实心，心室8～10个，种子6～8枚，种子饱满，卵形。果实11月中旬至12月上旬成熟。

适宜我国长江以南的广大南方种植，土壤酸性，北方地区适应性有待观测。

金槐J2

（槐属）

联系人：史艳财
联系方式：0773-3550103、15907876676　国家：中国

申请日：2017年1月10日
申请号：20170049
品种权号：20180079
授权日：2018年6月15日
授权公告号：国家林业和草原局公告（2018年第11号）
授权公告日：2018年7月5日
品种权人：广西壮族自治区中国科学院广西植物研究所
培育人：邹蓉、史艳财、唐健民、蒋运生、熊忠臣、韦记青

品种特征特性：落叶乔木，植株分枝密度中等，枝条伸展方向为平展，先端下垂，无枝刺；当年生枝夏季绿色，冬季为黄绿色，无被毛；托叶无宿存，羽状复叶，复叶叶柄基部膨大，纸质，两面无被毛，小叶呈长卵形，先端渐尖，小叶上表面春季为黄绿色；花序为复圆锥，花序轴无被毛；小花花萼为黄绿色，花冠单色；旗瓣为浅黄绿色，近圆形；雌蕊与雄蕊长度比<1；荚果肉质，不开裂，串珠状，经冬不落，无毛；种子1～6粒，距圆形，黑褐色；全年开1次花。

金槐J3

（槐属）

联系人：史艳财
联系方式：0773-3550103、15907876676　国家：中国

申请日： 2017年1月10日
申请号： 20170050
品种权号： 20180080
授权日： 2018年6月15日
授权公告号： 国家林业和草原局公告（2018年第11号）
授权公告日： 2018年7月5日
品种权人： 广西壮族自治区中国科学院广西植物研究所
培育人： 史艳财、唐健民、邹蓉、韦记青、蒋运生、熊忠臣、韦霄

品种特征特性： 落叶乔木，植株分枝密度中等，枝条伸展方向为斜展；无枝刺；当年生枝夏季绿色，冬季为绿色，无被毛；2年生枝皮孔部分连接；托叶无宿存；羽状复叶，复叶叶柄基部膨大，纸质，两面无被毛，小叶呈长卵形，先端渐尖，小叶上表面春季为黄绿色；花序为复圆锥，花序轴无被毛；小花花萼为黄绿色，花冠单色；旗瓣为浅黄绿色，近圆形；雌蕊与雄蕊长度比<1；荚果肉质，不开裂，串珠状，经冬不落，无毛；种子1～6粒，距圆形，黑褐色；开花时间早，全年开1次花。

'金槐J3'

国槐

鲁硕红

（枣属）

联系人：韩传明
联系方式：0531-88557840　国家：中国

申请日：2017年1月11日
申请号：20170052
品种权号：20180081
授权日：2018年6月15日
授权公告号：国家林业和草原局公告（2018年第11号）
授权公告日：2018年7月5日
品种权人：山东省林业科学研究院
培育人：王翠香、赵德田、韩传明、刘珍、孙超、孟晓烨、侯立群、王恩忠、张军武、赵登超、张万锋、韩振虎、刘孝美、陈新岭、任飞、朱文成

品种特征特性：‘鲁硕红’干性较强，树势较开张，生长势较强，树冠圆头。主干灰褐色，枣头枝红褐色。二次枝6～10节，呈“之”型，针刺退化。多年生枣股圆柱形，枣吊中长，平均长14.8cm，抽生枣吊3～5个，着生叶片7～13片。叶片大小中等，披针形，叶缘锐锯齿，叶尖渐尖，叶厚0.23mm，单叶重0.16g，纵径5.7cm，横径2.5cm，叶柄5.94mm。花量中，花昼开型，花冠直径5～6mm，蜜盘黄色。果实椭圆形，大小中等，平均单果重14.47g，最大23.16g，平均纵径36.38mm，横径31.95mm，果柄4.74mm。果实大小均匀，整齐度较高。成熟果实红色，果面光滑，果顶凹，深度中等，果点小，果点密度中等。果肉绿白色，粗细中，质地中等，可食率高，达96.7%。汁液中，风味甜，品质上。鲜果可溶性固形物平均31.5%，可滴定酸4.11g/kg，维生素C303.9mg/100g。果核倒卵形，硬化，较小，平均0.4g，含仁率中等，平均40%。果实8月上旬白熟期，8月中旬脆熟期，8月下旬成熟期，果实生长发育期80～85天。成熟期比‘佛指枣’早10～15天。嫁接后5年，平均株产鲜枣5.6kg，嫁接后10年，平均株产鲜枣29.8kg。早熟，早果性强，丰产、稳产，不易裂果。

‘鲁硕红’与近似品种性状差异见下表：

品种	果实形状	果皮	果顶形状	成熟期	发育期(天)	果核	叶尖
‘鲁硕红’	椭圆形	光滑	凹	8月下旬	80～85	倒卵形	渐尖
‘佛指枣’	倒卵圆形	粗糙	尖	9月中旬	100左右	纺锤形	钝尖

姹紫1号

（槐属）

联系人：庞彩红
联系方式：0531-88557908、15865267992 国家：中国

申请日： 2017年1月13日
申请号： 20170054
品种权号： 20180082
授权日： 2018年6月15日
授权公告号： 国家林业和草原局公告（2018年第11号）
授权公告日： 2018年7月5日
品种权人： 山东省林业科学研究院
培育人： 庞彩红、李双云、夏阳、臧真荣、姜福成、梁慧敏、杨勇、李自峰、王开芳、杨庆山、刘盛芳、付茵茵、周健、屈星、杨国良、魏海霞、屠永清

左：‘姹紫1号’，右：‘聊红槐’

品种特征特性：‘姹紫1号’是通过选择国槐古树优良单株，对其进行无性繁殖和栽培试验，在多年观测、对比、调查、测试的基础上，选育出的观赏国槐新品种。落叶乔木，树干微弯，枝条斜展；当年生枝条（夏季）绿色，茸毛不明显；奇数羽状复叶，小叶5～6对，长卵形或长椭圆形，先端渐尖，叶片较厚，革质，深绿色；复圆锥花序顶生，花萼裂片半开张，旗瓣近圆形，周边白色，中间黄色，翼瓣和龙骨瓣颜色为深粉晕；雄蕊10枚，近分离，荚果串珠状。

‘姹紫1号’与近似品种性状差异如下表：

品种	旗瓣	翼瓣与龙骨瓣	当年生枝条（夏季）	花萼裂片
‘姹紫 1 号’	白色	深粉晕	绿色，无茸毛	半开张
‘聊红槐’	淡浅粉色	紫红色	绿色，无茸毛	直立
‘嫣红 3 号’	白色	深粉晕	绿色，茸毛多	全开张

红粉1号

（槐属）

联系人：庞彩红
联系方式：0531-88557908、15865267992　国家：中国

申请日： 2017年1月13日
申请号： 20170056
品种权号： 20180083
授权日： 2018年6月15日
授权公告号： 国家林业和草原局公告（2018年第11号）
授权公告日： 2018年7月5日
品种权人： 山东省林业科学研究院
培育人： 庞彩红、夏阳、李双云、曹世杰、孙超、刘盛芳、杨勇、刘翠兰、张炳孝、王学文、梁慧敏、郭祁、周洪明、臧真荣、周健、王振猛、宫敬东

左：‘红粉1号’，右：‘聊红槐’

品种特征特性： ‘红粉1号’是通过选择国槐古树优良单株，对其进行无性繁殖和栽培试验，在多年观测、对比、调查、测试的基础上选育出的观赏国槐新品种。落叶乔木，树干微弯，枝条斜展；当年生枝条（夏季）浅绿色无茸毛；奇数羽状复叶，小叶5～8对，长卵形，先端渐尖，叶片U型上卷，绿色；复圆锥花序顶生，花萼裂片半开张，旗瓣近圆形，周边白色，中间黄色；翼瓣和龙骨瓣颜色为浅粉晕；雄蕊10枚，近分离，荚果串珠状。

‘红粉1号’与近似品种性状差异如下表：

品种	旗瓣	翼瓣与龙骨瓣	叶片	花萼裂片	当年生枝条（夏季）
‘红粉 1 号’	白色	浅粉晕	U 型上卷	半开张	浅绿色，无茸毛
‘聊红槐’	浅粉红色	紫红	平展或近平展	直立	绿色；无茸毛
‘红粉 2 号’	白色	粉晕	平展或近平展	半开张	浅绿色，无茸毛
‘红粉 3 号’	白色	浅粉晕	平展或近平展	半开张	浅绿色，被毛

红粉2号

（槐属）

联系人：庞彩红
联系方式：0531-88557908、15865267992　国家：中国

申请日： 2017年1月13日
申请号： 20170057
品种权号： 20180084
授权日： 2018年6月15日
授权公告号： 国家林业和草原局公告（2018年第11号）
授权公告日： 2018年7月5日
品种权人： 山东省林业科学研究院
培育人： 夏阳、庞彩红、李双云、詹伟、屈星、李自峰、刘盛芳、孙超、臧真荣、付茵茵、王明竹、刘桂民、亓玉昆、王学文、李庆华、王振猛、曲法

左：‘红粉2号’，右：‘聊红槐’

品种特征特性： ‘红粉2号’是通过选择国槐古树优良单株，对其进行无性繁殖和栽培试验，在多年观测、对比、调查、测试的基础上选育出的观赏国槐新品种。落叶乔木，树干较直，枝条斜展；当年生枝条（夏季）浅绿色，无茸毛，皮孔细长，冬季浅褐绿色；奇数羽状复叶，小叶5～6对，长卵形，先端渐尖，平展或近平展，绿色；复圆锥花序顶生，花萼裂片半开张，旗瓣近圆形，周边白色，花朵完全开放后平展，翼瓣和龙骨瓣颜色为粉晕；雄蕊10枚，近分离，荚果串珠状。

‘红粉2号’与近似品种性状差异如下表：

品种	旗瓣	翼瓣与龙骨瓣	当年生枝条（夏季）	花萼裂片	叶片
‘红粉 2 号’	白色	粉晕	浅绿色，无茸毛	半开张	平展或近平展
‘聊红槐’	浅粉红色	紫红色	绿色，无茸毛	直立	平展或近平展
‘红粉 1 号’	白色	浅粉晕	浅绿色，无茸毛	半开张	U 型上卷
‘红粉 3 号’	白色	浅粉晕	浅绿色，被毛	半开张	平展或近平展

红粉3号

（槐属）

联系人：庞彩红
联系方式：0531-88557908、15865267992　国家：中国

申请日：2017年1月13日
申请号：20170058
品种权号：20180085
授权日：2018年6月15日
授权公告号：国家林业和草原局公告（2018年第11号）
授权公告日：2018年7月5日
品种权人：山东省林业科学研究院
培育人：李双云、庞彩红、夏阳、梁慧敏、刘盛芳、王月海、杨勇、燕丽萍、臧真荣、詹伟、王明竹、王因花、刘桂民、张炳孝、姜福成、伊光灿

左：‘红粉3号’，右：‘聊红槐’

品种特征特性：‘红粉3号’是通过选择国槐古树优良单株，对其进行无性繁殖和栽培试验，在多年观测、对比、调查、测试的基础上选育出的观赏国槐新品种。落叶乔木，树干较直，枝条斜展；当年生枝条（夏季）浅绿色，被有白色茸毛，茸毛浓密，皮孔密集突出；奇数羽状复叶，小叶4～7对，长卵形，先端渐尖，平展或近平展，绿色；复圆锥花序顶生，花萼裂片半开张，旗瓣近圆形，周边白色，中间黄色，翼瓣和龙骨瓣颜色为浅粉晕；雄蕊10枚，近分离，荚果串珠状。

‘红粉3号’与近似品种性状差异如下表：

品种	旗瓣	翼瓣与龙骨瓣	当年生枝条（夏季）	花萼裂片	叶片
‘红粉 3 号’	白色	浅粉晕	浅绿色，茸毛多	半开张	平展或近平展
‘聊红槐’	浅粉红色	紫红色	绿色，无茸毛	直立	平展或近平展
‘红粉 1 号’	白色	浅粉晕	浅绿色，无茸毛	半开张	U 型上卷
‘红粉 2 号’	白色	粉晕	浅绿色，无茸毛	半开张	平展或近平展

红粉5号

（槐属）

联系人：庞彩红
联系方式：0531-88557748、15865267992　国家：中国

申请日： 2017年1月13日
申请号： 20170060
品种权号： 20180086
授权日： 2018年6月15日
授权公告号： 国家林业和草原局公告（2018年第11号）
授权公告日： 2018年7月5日
品种权人： 山东省林业科学研究院
培育人： 李双云、夏阳、庞彩红、赵海洲、祁树安、曹世杰、杨勇、刘翠兰、臧真荣、刘盛芳、王守国、王永平、李自峰、曲法、于丽颖、胡丁猛

左：‘聊红槐’，右：‘红粉5号’

品种特征特性： ‘红粉5号’是通过选择国槐古树优良单株，对其进行无性繁殖和栽培试验，在多年观测、对比、调查、测试的基础上选育出的观赏国槐新品种。落叶乔木，树干直，枝条斜展；当年生枝条（夏季）深绿色，茸毛不明显，皮孔较多，分布均匀；奇数羽状复叶，小叶5～7对，长椭圆形，叶片较厚，革质，深录色；复圆锥花序顶生，花萼裂片直立或半开张（不规则），旗瓣近圆形，周边白色，中间黄色，花朵完全开放后旗瓣平整，且大于一般花朵；翼瓣和龙骨瓣颜色为浅粉晕；雄蕊10枚，近分离，荚果串珠状。

‘红粉5号’与近似品种性状差异如下表：

品种	旗瓣	翼瓣与龙骨瓣	当年生枝条（夏季）	花萼裂片	叶片
‘红粉 5 号’	白色	浅粉晕	深绿色，无茸毛	不规则	平展或近平展
‘聊红槐’	浅粉红色	紫红色	绿色，无茸毛	直立	平展或近平展
‘红粉 1 号’	白色	浅粉晕	浅绿色，无茸毛	半开张	U 型上卷
‘红粉 3 号’	白色	浅粉晕	浅绿色，被毛	半开张	平展或近平展

华箭

（槐属）

联系人：李双云
联系方式：0531-88557940、13156119011　国家：中国

申请日： 2017年1月13日
申请号： 20170067
品种权号： 20180087
授权日： 2018年6月15日
授权公告号： 国家林业和草原局公告（2018年第11号）
授权公告日： 2018年7月5日
品种权人： 山东省林业科学研究院
培育人： 夏阳、李双云、庞彩红、梁慧敏、付茵茵、刘盛芳、臧真荣、白玉梅、杨勇、亓玉昆、刘成、吴俊杰、刘莉娟、吕一凡

品种特征特性： 落叶乔木，干直。树干皮孔密集，皮孔形状以横“一”字形多。枝条分枝密度中等，直立伸展；当年生枝夏冬均绿色；秋季枝条不被毛。奇数羽状复叶；小叶片对生或近对生，全缘，长卵圆形，先端渐尖，基部近圆形，稍偏斜，主脉内凹，侧脉近对称；小叶片春季上表面绿色。复圆锥花序顶生，旗瓣近圆形，周边白色，中间黄色，翼瓣和龙骨瓣颜色为深粉晕；雄蕊10枚，近分离，荚果串珠状。

‘华箭’槐与相似品种‘嫣红3号’槐差异如下表：

品种	枝条伸展方向	树干：皮孔
‘华箭’	直立	横“一”字形多
‘嫣红 3 号’	斜展	椭圆形

‘嫣红3号’

‘华箭’

华祥

（槐属）

联系人：李双云
联系方式：0531-88557748、13156119011　国家：中国

申请日： 2017年1月13日
申请号： 20170068
品种权号： 20180088
授权日： 2018年6月15日
授权公告号： 国家林业和草原局公告（2018年第11号）
授权公告日： 2018年7月5日
品种权人： 山东省林业科学研究院
培育人： 李双云、庞彩红、夏阳、刘盛芳、付茵茵、臧真荣、梁慧敏、王学文、孙太元、白玉梅、杨勇、毛秀红、刘成、周洪明、姜福成、刘莉娟、曲法、亓玉昆、吕一凡

品种特征特性： 落叶乔木。树干直。枝条分枝密度中等，直立伸展；当年生枝夏冬均绿色，稀被白色短柔毛。奇数羽状复叶；叶柄基部膨大，包裹着芽；小叶对生或近对生，全缘，长卵圆形，小叶片秋季表面姿态下卷，先端渐尖，具小尖头，基部近圆形，稍偏斜，上表面春季颜色绿色。复圆锥花序顶生，旗瓣近圆形，周边白色，中间黄色；雄蕊10枚，近分离，荚果串珠状。

‘华祥’与相似品种‘红粉1号’国槐差异如下表：

品种	小叶片表面姿态	翼瓣和龙骨瓣颜色	枝条伸展方向
‘华祥’	下卷	白色	直立
‘红粉1号’	U形上卷	浅粉晕	斜展

华月

（槐属）

联系人：李双云
联系方式：0531-88557940、13156119011　国家：中国

申请日： 2017年1月13日
申请号： 20170069
品种权号： 20180089
授权日： 2018年6月15日
授权公告号： 国家林业和草原局公告（2018年第11号）
授权公告日： 2018年7月5日
品种权人： 山东省林业科学研究院
培育人： 庞彩红、夏阳、李双云、付茵茵、刘翠兰、燕丽萍、刘盛芳、臧真荣、梁慧敏、王学文、姜福成、詹伟、毛秀红、孙兴华、宫敬东、王志明、亓玉昆

品种特征特性： 落叶乔木，树干微弯。植株分枝密度中等；枝条伸展方向斜展；当年生枝被毛，夏冬均绿色；无枝刺；托叶不宿存。奇数羽状复叶；叶柄基部膨大，复叶姿态沿叶轴向上对折；小叶片表面姿态U形上卷，对生或近对生，全缘，长卵圆形，先端渐尖，基部近圆形，稍偏斜，上表面春季颜色绿色。复圆锥花序顶生，旗瓣近圆形，周边白色，中间黄色，翼瓣和龙骨瓣颜色白色；雄蕊10枚，近分离；果皮肉质，不开裂；荚果串珠状。

‘华月’与相似品种‘红粉1号’‘华祥’国槐差异如下表：

品种	翼瓣和龙骨瓣颜色	小叶片表面姿态	复叶姿态
‘华月’	白色	U形上卷	沿叶轴向上对折
‘红粉1号’	浅粉晕	U形上卷	平展
‘华祥’	白色	下卷	平展

嫣红3号

（槐属）

联系人：庞彩红

联系方式：0531-88557908、15865267992　国家：中国

申请日：2017年1月13日
申请号：20170075
品种权号：20180090
授权日：2018年6月15日
授权公告号：国家林业和草原局公告（2018年第11号）
授权公告日：2018年7月5日
品种权人：山东省林业科学研究院
培育人：夏阳、李双云、庞彩红、梁慧敏、刘翠兰、刘盛芳、杨勇、燕丽萍、刘瑞梅、王守国、曹世杰、周洪明、杨庆山、亓玉昆、葛文华

品种特征特性：'嫣红3号'是通过选择国槐古树优良单株，对其进行无性繁殖和栽培试验，在多年观测、对比、调查、测试的基础上选育出的观赏国槐新品种。落叶乔木，树干直，枝条斜展；当年生枝（夏季）条绿色，被有白色茸毛，茸毛浓密，皮孔突出且密集；奇数羽状复叶，小叶4～6对，长卵形，先端渐尖，平展或近平展；绿色；复圆锥花序顶生，花序较短簇，花萼裂片全开张，旗瓣近圆形，周边白色，中间黄色，翼瓣和龙骨瓣颜色为深粉晕；雄蕊10枚，近分离，荚果串珠状；生长速度明显高于对照品种。

'嫣红3号'与近似品种性状差异如下表：

品种	旗瓣	翼瓣与龙骨瓣	花萼裂片	当年生枝条（夏季）
'嫣红3号'	白色	深粉晕	全开张	绿色，茸毛多
'聊红槐'	淡浅粉色	紫红色	直立	绿色，无茸毛
'红粉2号'	白色	粉晕	半开张	浅绿色，无茸毛

左：'嫣红3号'，右：'聊红槐'

紫玲珑

（乌桕属）

联系人：陈岗
联系方式：0571-28931966　国家：中国

申请日：2017年1月16日
申请号：20170079
品种权号：20180091
授权日：2018年6月15日
授权公告号：国家林业和草原局公告（2018年第11号）
授权公告日：2018年7月5日
品种权人：浙江森禾种业股份有限公司、浙江省林业科学研究院
培育人：郑勇平、王春、柳新红、顾慧、李因刚、尹庆平、陈岗、刘丹丹、杨家强、杨少宗、石从广

品种特征特性：落叶乔木，各部均无毛而具有乳汁。树皮暗灰色，有纵裂纹；枝扩展，具皮孔。花单性，雌雄同株，聚生成顶生、长6～12cm的总状花序。蒴果梨状球形，成熟时黑色；种子扁球形，黑色，外被白色、蜡质的假种皮。

'紫玲珑'叶片形状为菱形，叶尖形态为短尾尖，叶片长宽比例小于1，叶片大小为中，夏梢叶片着生密度为中；对照品种'紫玛瑙'叶片形状为心形，叶尖形态为渐尖，叶片长宽比例约等于1；对照品种'海滨紫晶'叶尖形态为长尾尖，叶片长宽比例大于1；对照品种'海滨梦幻'叶片大小为小，夏梢叶片着生密度为密。

'紫玲珑'在乌桕自然分布的区域均能生长，主要栽培区为长江流域及其以南各地，如浙江、湖北、四川、贵州、安徽、云南、江西、福建以及河南省的淮河流域地区。

东方

（南天竹属）

联系人：陈岗
联系方式：0571-28931966　国家：中国

申请日： 2017年1月16日
申请号： 20170080
品种权号： 20180092
授权日： 2018年6月15日
授权公告号： 国家林业和草原局公告（2018年第11号）
授权公告日： 2018年7月5日
品种权人： 浙江森禾种业股份有限公司
培育人： 郑勇平、王春、魏斌、王越、杨家强、盛冬、尹庆平、陈慧芳、杜三峰、陈岗、刘丹丹

品种特征特性： 常绿灌木，无根状茎。羽状复叶，叶互生，叶轴具关节，小叶全缘，无托叶。圆锥花序顶生或腋生；花两性，3数，具小苞片；萼片多数，螺旋状排列；花瓣6，较萼片大，基部无蜜腺；雄蕊6，1轮，与花瓣对生。

'东方'株形紧凑，叶的姿态呈斜下，秋季叶色呈绿色；对照品种株型直立，叶的姿态呈斜上，秋季叶色呈橙红色。

'东方'在南天竹的自然分布区域均适于种植，适宜种植主要在华东、华中、华北、华南及西南地区，包括江苏、浙江、安徽、江西、山东、河北、河南、湖北、湖南、陕西、四川、贵州、云南、广西、广东等地。同时，在日本、印度等地也可进行种植。

喜槐1号

（槐属）

联系人：孙成义
联系方式：0543-3600063、15006969758　国家：中国

申请日：2017年1月18日
申请号：20170084
品种权号：20180093
授权日：2018年6月15日
授权公告号：国家林业和草原局公告（2018年第11号）
授权公告日：2018年7月5日
品种权人：中喜生态产业股份有限公司
培育人：张洪欣、张洪勋、孙成义、郭延海、李康

品种特征特性：落叶乔木，树干直，分枝密度中等，侧枝斜展；幼龄期树干具环状平行横纹，皮孔线形；当年生枝夏季绿色，冬季深绿色。羽状复叶长15～25cm，叶基部膨大，托叶不宿存；小叶9～15片，长卵形，长2.5～7.5cm，宽1.5～5cm，顶端渐尖，基部阔楔形，上表面绿色，下面灰白色。复圆锥花序顶生，花序轴无被毛，花萼黄绿色；花冠白色至淡黄绿色，旗瓣近圆形，浅黄绿色，雌蕊和雄蕊近等长。荚果肉质，串珠状，长度中等，不裂；种子1～15粒，矩圆形。花果期6～11月。

‘喜槐1号’与近似品种‘青云1号’性状差异如下表：

品种	干皮（幼龄期）光滑程度	树干（幼龄期）皮孔形状
‘喜槐 1 号’	环状平行横纹	线形
‘青云 1 号’	光滑	椭圆至圆形

喜槐2号

（槐属）

联系人：孙成义
联系方式：0543-3600063、15006969758　国家：中国

申请日： 2017年1月18日
申请号： 20170085
品种权号： 20180094
授权日： 2018年6月15日
授权公告号： 国家林业和草原局公告（2018年第11号）
授权公告日： 2018年7月5日
品种权人： 中喜生态产业股份有限公司
培育人： 张洪欣、张洪勋、孙成义、郭延海、李康

品种特征特性： 落叶乔木，树干直，侧枝斜展，当年生枝夏季绿色，冬季深绿色，树干幼龄期皮孔密集且大。羽状复叶长15～25cm，叶基部膨大；小叶9～15片，长卵形，长2.5～7.5cm，宽1.5～5cm，顶端渐尖，基部阔楔形，上表面绿色。复圆锥花序顶生，花序轴无被毛；萼钟状，黄绿色，花冠淡黄绿色，旗瓣近圆形，浅黄绿色，雌蕊与雄蕊近等长。荚果肉质，串珠状，长度中等，不裂；种子1～15粒，矩圆形。花果期6～11月。

‘喜槐2号’与近似品种‘青云1号’性状差异如下表：

品种	树干（幼龄期）皮孔密度	树干（幼龄期）皮孔大小
‘喜槐2号’	密集	大
‘青云1号’	稀疏	中

‘喜槐2号’

‘青云1号’

喜柳2号

（柳属）

联系人：朱元娣
联系方式：0543-3600063、15006969758　国家：中国

申请日：2017年1月18日
申请号：20170086
品种权号：20180095
授权日：2018年6月15日
授权公告号：国家林业和草原局公告（2018年第11号）
授权公告日：2018年7月5日
品种权人：中喜生态产业股份有限公司
培育人：张洪欣、张洪勋、孙成义、郭延海、李康

品种特征特性：‘喜柳2号’具有春季枝条阳面颜色为黄色、生长期墨绿色、枝梢皮孔数量少、叶片最宽处近于叶中部、抗病虫害能力强等优良性状，适宜做园林、四旁绿化、插花原材料树种。

落叶灌木，雌株，发芽时间极早，落叶晚，主梢中上部阳面颜色为黄色，皮孔少；枝梢顶部叶芽颜色浅绿，多被毛，叶片最宽处位置在叶片近中部；先花后叶，花银白色。叶互生，披针形，边缘有细锯齿，背面有毛。

‘喜柳2号’与近似品种‘簸箕柳’性状差异如下表：

品种	枝条阳面颜色	枝梢皮孔数量	叶片最宽处位置
‘喜柳 2 号’	黄色	少	近中部
‘簸箕柳’	红褐色	中等	中部以上

‘喜柳2号’在普通‘簸箕柳’生长区域都可栽植。

苏柳1701

（柳属）

联系人：王保松
联系方式：025-52745080　国家：中国

申请日： 2017年2月6日
申请号： 20170092
品种权号： 20180096
授权日： 2018年6月15日
授权公告号： 国家林业和草原局公告（2018年第11号）
授权公告日： 2018年7月5日
品种权人： 江苏省林业科学研究院
培育人： 王保松、何旭东、王伟伟、郑纪伟、涂忠虞、教忠意、隋德宗、姜开朋

品种特征特性：‘苏柳1701’为灌木，雌株，生物量大，干微弯曲，主梢中上部枝深紫红色；叶长11.9～15.3cm，叶宽0.9～1.3cm，叶长宽比10.7～14.0，叶互生，最宽处在叶片近中部，基部楔形，无腺点，叶线形，叶缘细锯齿，叶正面中等绿色；叶柄长0.8～1.0cm，叶柄上表面黄绿色；托叶耳形，长0.5～0.6cm。

与母本相比主要特异性表现在：①叶片宽度中等，母本较窄；②叶柄上表面黄绿色，母本为红色；③托叶为耳形，母本为披针形。

我国长江、黄河流域及华东、华北、西北地区均可栽培。

苏柳1702

（柳属）

联系人：王保松
联系方式：025-52745080　国家：中国

申请日：2017年2月6日
申请号：20170093
品种权号：20180097
授权日：2018年6月15日
授权公告号：国家林业和草原局公告（2018年第11号）
授权公告日：2018年7月5日
品种权人：江苏省林业科学研究院
培育人：何旭东、王保松、王伟伟、郑纪伟、涂忠虞、张敏、周洁、张珏

品种特征特性：'苏柳1702'为灌木，雌株，生物量大，干弯曲，主梢中上部枝红褐色；叶长10.9～14.1cm，叶宽1.4～1.8cm，叶长宽比7.4～10.1，叶互生，最宽处在叶片近中部，基部楔形，基部无腺点，叶长披针形，叶缘细锯齿，叶正面中等绿色；叶柄长1.4～1.9cm，叶柄上表面黄绿色；托叶耳形，长0.8～1.1cm。

与母本相比主要特异性表现在：①叶片宽度中等，母本叶片窄；②叶柄较长，母本短；③叶柄上表面黄绿色，母本为红色。

我国长江、黄河流域及华东、华北、西北地区均可栽培。

苏柳1703

（柳属）

联系人：王保松
联系方式：025-52745080　国家：中国

申请日：2017年2月6日
申请号：20170094
品种权号：20180098
授权日：2018年6月15日
授权公告号：国家林业和草原局公告（2018年第11号）
授权公告日：2018年7月5日
品种权人：江苏省林业科学研究院
培育人：施士争、王保松、何旭东、王红玲、黄瑞芳、张钰、王伟伟、涂忠虞

品种特征特性：‘苏柳1703’是利用‘簸箕柳’与银柳种间人工杂交的方法选育的高生物量灌木柳新品种，母本为‘簸箕柳’，采自江苏如皋；父本为银柳，采自日本。

‘苏柳1703’为灌木，雌株，生物量大，干直立，主梢中上部枝黄绿色；叶长11.5～17.0cm，叶宽1.3～2.1cm，叶长/宽6.4～10.0，叶互生，最宽处在叶片近中部，基部窄楔形，基部无腺点，叶长披针形，叶缘具细锯齿，叶正面中等绿色，叶上表面被毛少，叶下表面及叶脉被柔毛；叶柄长1.3～2.1cm，叶柄上表面红色；托叶披针形，有锯齿，长2.1～2.5cm。

与母本相比主要特异性表现在：①叶片基部窄楔形，母本楔形；②叶柄上表面颜色为红色，母本为黄绿色。

我国长江、黄河流域及华东、华北、西北地区均可栽培。

对照母本

‘苏柳1703’

‘苏柳1703’

对照母本

苏柳1704

（柳属）

联系人：王保松
联系方式：025-52745080　国家：中国

申请日：2017年2月6日
申请号：20170095
品种权号：20180099
授权日：2018年6月15日
授权公告号：国家林业和草原局公告（2018年第11号）
授权公告日：2018年7月5日
品种权人：江苏省林业科学研究院
培育人：王保松、施士争、王伟伟、隋德宗、涂忠虞、王红玲、黄瑞芳、姜开朋

品种特征特性：‘苏柳1704’是利用二色柳与毛枝柳种间人工杂交的方法选育的高生物量灌木柳新品种，母本为二色柳，采自山东临沭；父本为毛枝柳，采自北京。

‘苏柳1704’为灌木，雌株，生物量大，干直，主干中上部为红褐色，干基部为浅紫红色；叶长7.8～11.3cm，叶宽0.9～1.3cm，叶长/宽6.0～10.8，叶互生，最宽处在叶片近中部，基部楔形，基部无腺点，叶长披针形，叶缘具很稀疏的细锯齿，叶正面中等绿色，叶上表面被毛少，叶下表面及叶脉被柔毛；叶柄长0.8～1.6cm，叶柄上表面肉色；托叶披针形，长1.0～1.8cm。与母本相比主要特异性表现在：①枝条阳面颜色为红褐色，母本为黄绿色；②叶缘锯齿为很稀疏的细锯齿，母本锯齿密集；③叶柄上表面颜色为红绿色，母本为红色；④托叶长度中等，母本短。

我国长江、黄河流域及华东、华北、西北地区均可栽培。

‘苏柳1704’

对照母本

苏柳1705

（柳属）

联系人：王保松
联系方式：025-52745080　国家：中国

申请日： 2017年2月6日
申请号： 20170096
品种权号： 20180100
授权日： 2018年6月15日
授权公告号： 国家林业和草原局公告（2018年第11号）
授权公告日： 2018年7月5日
品种权人： 江苏省林业科学研究院
培育人： 王保松、施士争、何旭东、王伟伟、隋德宗、教忠意、涂忠虞、潘明建

品种特征特性： ‘苏柳1705’是利用‘簸箕柳’与杞柳种间人工杂交的方法选育的高生物量灌木柳新品种，其中母本为‘簸箕柳’，采自江苏如皋；父本为杞柳，采自哈尔滨。

‘苏柳1705’为灌木，雄株，生物量大，较耐盐；干直立，黄绿色；叶长14.3～17.5cm，叶宽1.4～2.2cm，叶长宽比7.8～10.2，叶互生，最宽处在叶片近中部，基部楔形，叶基无腺点，叶长披针形，叶缘细锯齿，叶下表面被粉；叶柄长1.6～2.0cm，叶柄上表面淡红色；托叶披针形，有锯齿，长2.7～3.0cm。与母本相比主要特异性表现在：①性别为雄，母本为雌；②叶柄上表面颜色为淡红色，母本为黄绿色；③花芽颜色为黄绿，母本为红色。

我国长江、黄河流域及华东、华北、西北地区均可栽培。

‘苏柳1705’

对照母本

中核3号

（核桃属）

联系人：曹尚银
联系方式：13937192127　国家：中国

申请日：2017年2月8日
申请号：20170099
品种权号：20180101
授权日：2018年6月15日
授权公告号：国家林业和草原局公告（2018年第11号）
授权公告日：2018年7月5日
品种权人：中国农业科学院郑州果树研究所
培育人：曹尚银、李好先、张杰、牛娟、赵弟广、张富红

品种特征特性：‘中核3号’是选择特异性状的核桃优系选育而成。

‘中核3号’植株矮、树姿为开张、树冠形状为圆锥形、树干颜色为灰。成枝力为弱，二次枝为无。侧生小叶形状为椭圆形，小叶数为少，叶缘为全缘，顶生小叶为大。混合芽纵切面形状为圆形，雌雄花异熟性为雌先型，雌花始花树龄为早、雌花花期为早，雄花花期为中，花期数为1、雌花数量为中、柱头颜色为浅黄。连续结果能力为强、果实成熟期为中、成熟时总苞开裂情况为开裂、结实性为强、结实状态为簇生、果面茸毛为多，坚果沿缝合线纵切面形状为圆形，垂直于缝合线纵切面形状为圆形，横切面形状为圆形，基部形状为扁圆形、顶部形状为方形，顶尖凸出程度为平，脊数为2、脊分布为上2/3，脊突出程度为凸、脊宽度为窄，脊旁凹槽深度为浅，核壳表面沟纹深度为浅，核壳颜色为黄色，核壳完整度为完整，单果重为重，隔膜厚度为极薄，内褶壁特点为革质，核仁皮色为浅黄色，出仁率为极高，取仁难度为易，核壳厚度为纸皮，隔膜质地为膜质，核仁粗蛋白含量为高，核仁粗脂肪含量为中等。

在北方的大部分地区均可种植栽培。

中核4号

（核桃属）

联系人：曹尚银
联系方式：13937192127　国家：中国

申请日： 2017年2月8日
申请号： 20170100
品种权号： 20180102
授权日： 2018年6月15日
授权公告号： 国家林业和草原局公告（2018年第11号）
授权公告日： 2018年7月5日
品种权人： 中国农业科学院郑州果树研究所
培育人： 曹尚银、李好先、张杰、牛娟、赵弟广、张富红

品种特征特性： 自然生长树冠圆头形，树姿开张；一年生枝条灰绿色，多年生树干灰褐色，皮目小且稀，平均母枝生果枝数2.59个，结果母枝平均长11.3cm，粗0.95cm，结果枝平均长6.8cm，粗0.69cm，节间长2.2cm；先端叶片较大，长卵圆形，平均长17.8cm，宽12.1cm，颜色浓绿，小叶5～9片，长椭圆形；雌先型；雄花花量大。果实椭圆形，果壳极薄，浅黄色，缝合线松较窄而平，壳厚0.30mm。果基较平，果顶微尖，平均坚果重7.6g，三径平均3.35cm，内褶壁膜质，横隔膜膜质，易取整仁。出仁率92.1%，核仁充实饱满，仁淡黄色，无斑点，纹理不明显，核仁香而不涩。在河南省郑州市8月中下旬成熟，比‘绿波’早熟10～12天；在河南省济源市3月下旬萌芽，雌花盛开于4月13日至4月底，雄花盛开期为4月25～27日，8月20日果实成熟，11月下旬开始落叶，全年生育期约240天。

在北方的大部分地区均可种植栽培。该品种对土壤要求不严，在黏壤土、壤土、砂壤土上栽培，均表现出优良的生长结果习性。在丘陵、山地或河滩、平原均能正常生长，在土壤肥沃、水分充足的条件下栽植较好。

中核香

（核桃属）

联系人：曹尚银
联系方式：13937192127　国家：中国

申请日： 2017年2月8日
申请号： 20170101
品种权号： 20180103
授权日： 2018年6月15日
授权公告号： 国家林业和草原局公告（2018年第11号）
授权公告日： 2018年7月5日
品种权人： 中国农业科学院郑州果树研究所
培育人： 曹尚银、李好先、张杰、牛娟、赵弟广、张富红

品种特征特性： ‘中核香’是选择特异性状的核桃优系选育而成。

‘中核香’植株矮、树姿为开张、树冠形状为半球形、树干颜色为灰。成枝力为强，二次枝为无。侧生小叶形状为椭圆形，小叶数为少，叶缘为全缘，顶生小叶为大。混合芽纵切面形状为圆形，雌雄花异熟性为雌先型，雌花始花树龄为中、雌花花期为早，雄花花期为中，花期数为1、雌花数量为少、柱头颜色为浅黄。青果连续结果能力为弱、果实成熟期为中、成熟时总苞开裂情况为开裂、结实性为强、结实状态为单生、果面茸毛为多。坚果沿缝合线纵切面形状为卵圆形，垂直于缝合线纵切面形状为长椭圆形，横切面形状为扁圆形，基部形状为圆形、顶部形状为方形，顶尖突出程度为平，脊数为2、脊分布为上2/3，脊突出程度为凸、脊宽度为窄，脊旁凹槽深度为浅，核壳表面沟纹深度为浅，核壳表面刻窝为少，核壳颜色为黄色，核壳完整度为完整，单果重为中，隔膜厚度为薄，内褶壁特点为骨质，核仁皮色为浅黄色，出仁率为高，取仁难度为易，核壳厚度为薄壳，隔膜质地为膜质，核仁粗蛋白含量为高，核仁粗脂肪含量为中等。

在北方的大部分地区均可种植栽培。

中石榴1号

（石榴属）

联系人：曹尚银
联系方式：13937192127　国家：中国

申请日：2017年2月8日
申请号：20170103
品种权号：20180104
授权日：2018年6月15日
授权公告号：国家林业和草原局公告（2018年第11号）
授权公告日：2018年7月5日
品种权人：中国农业科学院郑州果树研究所
培育人：曹尚银、李好先、张杰、牛娟、赵弟广

品种特征特性：小乔木，树姿半开张，树势中庸，枝条柔软但较突尼斯软籽石榴枝条稍直立。成枝力中等。幼树针刺稍多，成年树针刺不发达，树干青褐色，纵裂浅，多年生枝青灰色，皮孔稀而少，一年生枝条绿色，上有红色细纵条纹。叶片深绿色，大而肥厚，长椭圆形。叶基广楔形，叶尖渐尖，全缘无锯齿，叶面光滑，叶脉淡绿色。叶柄0.35cm，红色，有茸毛。雌雄同花，单瓣，红色，花萼开张，能多次开花结果。以中、长果枝结果为主，花量大，完全花率约35%，自然坐果率70%以上。果个较大；平均单果重475g；最大果重714g。该品系外观漂亮，果实圆球形，果皮光洁明亮，果面浓红色，红色着色率可达95%以上，裂果不明显。籽粒紫红色，汁多味甘甜，出汁率87.8%，核仁特软（硬度2.9kg/cm^2）可食用。可溶性固形物含量15.3%以上。

中石榴2号

（石榴属）

联系人：曹尚银
联系方式：13937192127　国家：中国

申请日： 2017年2月8日
申请号： 20170104
品种权号： 20180105
授权日： 2018年6月15日
授权公告号： 国家林业和草原局公告（2018年第11号）
授权公告日： 2018年7月5日
品种权人： 中国农业科学院郑州果树研究所
培育人： 曹尚银、李好先、张杰、牛娟、赵弟广

品种特征特性： 小乔木，树姿半开张，树势强健。幼树针刺稍多，成年树针刺不发达，树干青褐色，多年生枝青灰色，皮孔稀而少，一年生枝条绿色，阳面紫红色。成枝力较强。叶片深绿色，长椭圆形，大而肥厚，平均叶长8.3cm，宽2.4cm。叶柄红色，长3.3mm，基部绿色；成叶叶色浓绿，幼叶叶色绿色，叶面光滑，有光泽，叶尖渐尖，叶全缘，叶柄茸毛中等。叶芽大，圆锥形，贴伏，红褐色，茸毛较多。顶花芽呈圆锥形，中大，鳞片较松，茸毛较多。雌雄同花，单瓣，每瓣1轮（花瓣数5～7），花蕾红色，花冠直径4.3cm，花瓣圆形，红色，开花整齐，花期较长，为23天。幼树以中、长果枝结果为主，成龄树中、长、短果枝均可结果，花量大，完全花率约36.2%，自然坐果率80%以上。

‘中石榴2号’

近似品种‘突尼斯软籽’

国油12

（山茶属）

联系人：王湘南
联系方式：13677351847　国家：中国

申请日：2017年2月10日
申请号：20170105
品种权号：20180106
授权日：2018年6月15日
授权公告号：国家林业和草原局公告（2018年第11号）
授权公告日：2018年7月5日
品种权人：湖南省林业科学研究院
培育人：王湘南、陈永忠、王瑞、彭邵锋、陈隆升、马力、许彦明、唐炜

品种特征特性：‘国油12’树冠圆头形，叶革质，椭圆形，边缘有细锯齿或钝齿，叶尖渐尖，叶长5.0～7.0cm，叶宽2.5～4.0cm；花白色，顶生、腋生，单生、双生或多生，花瓣7～10枚，长圆形，先端内凹，瓣尖或外侧略带红，花期10月下旬至翌年1月；蒴果扁圆形，红或黄红色，果径4.4cm，果高4.2cm，单果均重45g，重的可达60g，每果种子2～7粒，鲜果出鲜籽率42.3%，干籽含油率33.1%，果熟期10月下旬。其果大型、红色鲜艳，结果量大，经济性状优良，特异特征明显，遗传性状稳定。

‘国油12’适宜种植于湖南省各油茶产区，南方油茶各中心产区，pH为4.0～6.0、土层深厚、土壤厚度为60～100cm或以上的微酸性红黄壤的山地丘陵等旱地。

国油13

（山茶属）

联系人：王湘南
联系方式：13677351847　国家：中国

申请日：2017年2月10日
申请号：20170106
品种权号：20180107
授权日：2018年6月15日
授权公告号：国家林业和草原局公告（2018年第11号）
授权公告日：2018年7月5日
品种权人：湖南省林业科学院
培育人：陈永忠、王湘南、彭邵锋、陈隆升、王瑞、马力、许彦明、唐炜

品种特征特性：'国油13'树形紧凑，圆头形，生长旺盛；叶绿色，革质，椭圆形，背面较光滑，叶长3.6～5.8cm，叶宽1.8～2.8cm；花白色，花径6～9cm，花瓣5～7枚，倒心形，花柱2～4浅裂；蒴果卵圆形，红或黄红色，棱明显，果径4.2cm，果高4.8cm，单果重40g，最重可达57g，每果种子2～7粒，种子270粒/kg，鲜果出鲜籽率52.6%，干籽含油率34%；花期11月至翌年1月，果熟期10月下旬；果大籽大，果皮薄色泽鲜艳，特异特征明显，遗传性状稳定，具新品种的特异性、一致性和稳定性。

'国油13'适宜种植于湖南省各油茶产区，南方油茶各中心产区，pH为4.0～6.0、土层深厚、土壤厚度为60～100cm或以上的微酸性红黄壤的山地丘陵等旱地。

国油14

（山茶属）

联系人：王湘南
联系方式：13677351847　国家：中国

申请日：2017年2月10日
申请号：20170107
品种权号：20180108
授权日：2018年6月15日
授权公告号：国家林业和草原局公告（2018年第11号）
授权公告日：2018年7月5日
品种权人：湖南省林业科学院
培育人：陈隆升、王湘南、陈永忠、彭邵锋、马力、王瑞、许彦明、唐炜

品种特征特性：‘国油14’属于普通油茶中的霜降类型，其亲本来自湖南省林业科学院油茶种质资源圃选择育种中优良单株。与国内外同类品种对比，该品种树冠较紧凑，叶革质，长椭圆形，边缘有细锯齿或钝齿，叶尖渐尖，叶长5.0～7.2cm，叶宽2.0～3.2cm；花白色，顶生、腋生，单生、双生，花瓣5～8枚，长圆形或倒心形，先端内凹，花期10月下旬至翌年1月；蒴果扁圆形，红或黄红色，果径4.8cm，果高4.3cm，单果均重46g，大的可达65g/个，每果种子3～11粒，鲜果出鲜籽率46.1%，干籽含油率34.6%，果熟期10月下旬。其果大型，红色鲜艳，株形较直立高大，适应性强，遗传性状稳定。

‘国油14’适宜种植于湖南省各油茶产区，南方油茶各中心产区，pH为4.0～6.0、土层深厚、土壤厚度为60～100cm或以上的微酸性红黄壤的山地丘陵等旱地。

国油15

（山茶属）

联系人：王湘南
联系方式：13677351847　国家：中国

申请日：2017年2月10日
申请号：20170108
品种权号：20180109
授权日：2018年6月15日
授权公告号：国家林业和草原局公告（2018年第11号）
授权公告日：2018年7月5日
品种权人：湖南省林业科学院
培育人：王湘南、陈永忠、王瑞、许彦明、马力、彭邵锋、陈隆升、唐炜、张震

品种特征特性：‘国油15’属普通油茶中霜降与寒露籽过渡类型，果熟期10月中下旬，亲本来自湖南省林业科学院油茶种质资源圃选择育种中优良单株。2010年以2年生苗造林于湖南长沙县路口镇油茶品种测试林基地，海拔80～100m，土壤为微酸性红壤。经连续多年观察研究，发现其生长旺，结果多，果皮鲜红，花白中略带玫红，叶绿色光亮，特征明显，是一款既可油用也可兼具观赏、经济性状优良的新品种。‘国油15’树形较矮化开张，树冠开心形；叶绿色光亮，革质，长椭圆形，边缘有细锯齿或钝齿，叶尖渐尖，叶长6.5～8.2cm，叶宽2.5～3.4cm；花白色，顶生、腋生，单生、双生或多生，花瓣5～7枚，长圆形，先端内凹，瓣尖或顶端略带红，花苞顶端略红，花期10月中下旬至12月，始花期稍早；蒴果卵圆形，红或黄红色，果径3.9cm，果高4.7cm，1～4心室，每果种子2～8粒，鲜果出鲜籽率43%，干籽含油率35%，果熟期10月中下旬略早熟。果实红色鲜艳，结果多，花白中略带玫红，叶色鲜绿，特异特征明显，遗传性状稳定。

‘国油15’适宜种植于湖南省各油茶产区，南方油茶各中心产区，pH为4.0～6.0、土层深厚、土壤厚度为60～100cm或以上的微酸性红黄壤的山地丘陵等旱地。

华光榆

（榆属）

联系人：朱建峰
联系方式：18611572609、010-62889343　国家：中国

申请日：2017年2月8日
申请号：20170112
品种权号：20180110
授权日：2018年6月15日
授权公告号：国家林业和草原局公告（2018年第11号）
授权公告日：2018年7月5日
品种权人：中国林业科学研究院
培育人：张华新、朱建峰、乔来秋、刘振晓、张庆国、杨秀艳、刘正祥、吴春红、邹祥峰

品种特征特性：'华光榆'为从白榆中选育出的新品种。

2012年在中国林业科学研究院山东东营白榆种质资源收集圃中发现一白榆株系，其大枝枝皮（3～4年生）光滑、呈黄绿色。2013年采集其穗条进行嫁接繁育。2014年用其穗条嫁接繁育出的无性系进行多点造林试验，并进行了为期3年（2014年3月至2017年3月）的生长性状观察。综合评价其与普通白榆及近似品种'阳光男孩'的形态特征、生长特性、抗逆性、抗病虫害性状等，筛选出白榆新品种'华光榆'。

'华光榆'幼树树皮或成年时大枝枝皮（1～8年生）光滑、呈黄绿色、树干有纵纹，景观效果好、生长速度快、观赏价值高、抗逆和抗病虫害能力强，是优良的园林绿化新品种。

'华光榆'与近似品种'阳光男孩'性状差异如下表：

品种	树皮颜色	树干纵纹
'华光榆'	黄绿	有
'阳光男孩'	灰白	无

'华光榆'

'阳光男孩'

华玉榆

（榆属）

联系人：朱建峰
联系方式：18611572609、010-62889343　国家：中国

申请日：2017年2月8日
申请号：20170113
品种权号：20180111
授权日：2018年6月15日
授权公告号：国家林业和草原局公告（2018年第11号）
授权公告日：2018年7月5日
品种权人：中国林业科学研究院
培育人：乔来秋、刘振晓、张华新、朱建峰、杨秀艳、刘正祥、张庆国、吴春红、邹祥峰

品种特征特性：'华玉榆'为从白榆中选育出的新品种。

2012年在中国林业科学研究院山东东营白榆种质资源收集圃中发现一白榆株系，其大枝枝皮（3～4年生）光滑、呈绿色。2013年采集其穗条进行嫁接繁育。2014年用其穗条嫁接繁育出的无性系进行多点造林试验，并进行了为期3年（2014年3月至2017年3月）的生长性状观察。综合评价其与普通实生白榆及近似品种'阳光男孩'的形态特征、生长特性、抗逆性、抗病虫害性状等，筛选出白榆新品种'华玉榆'。

'华玉榆'幼树树皮或成年时大枝枝皮（1～8年生）光滑、呈绿色、树皮枝痕明显，景观效果好、观赏价值高、抗逆和抗病虫害能力强，是优良的园林绿化新品种。

'华玉榆'与近似品种'阳光男孩'性状差异如下表：

品种	树皮颜色	树皮枝痕
'华玉榆'	绿	明显
'阳光男孩'	灰白	不明显

'华玉榆'

'阳光男孩'

华健榆

（榆属）

联系人：朱建峰
联系方式：010-62888900、15201681237　国家：中国

申请日：2017年2月8日
申请号：20170114
品种权号：20180112
授权日：2018年6月15日
授权公告号：国家林业和草原局公告（2018年第11号）
授权公告日：2018年7月5日
品种权人：中国林业科学研究院
培育人：张华新、朱建峰、乔来秋、刘振晓、徐化凌、杨秀艳、刘正祥、朱岩芳、邹祥峰

品种特征特性：'华健榆'是从白榆中选育出的新品种。

2012年在中国林业科学研究院山东东营白榆种质资源收集圃中发现一白榆株系，其树干直、树冠窄、分枝角度小、侧枝较细、具有明显主干、生长速度快。2013年采集其穗条进行嫁接繁育。2014年用其穗条嫁接繁育出的无性系进行多点造林试验，并进行了为期3年（2014年3月至2017年3月）的生长性状观察。综合评价其与普通实生白榆及近似品种'阳刚'的形态特征、生长特性、抗逆性、抗病虫害性状等，筛选出白榆新品种'华健榆'。

'华健榆'树干直、枝下高较高、树冠窄、分枝角度小、侧枝较细、具有明显主干、生长速度快、观赏价值高、抗逆和抗病虫害能力强，是优良的道路绿化和速生用材新品种。

'华健榆'与近似品种'阳刚'的性状差异如下表：

品种	树皮开裂程度	树皮颜色
'华健榆'	深	褐
'阳刚'	浅	灰白

华冠榆

（榆属）

联系人：朱建峰
联系方式：010-62888900、15201681237　国家：中国

申请日：2017年2月8日
申请号：20170116
品种权号：20180113
授权日：2018年6月15日
授权公告号：国家林业和草原局公告（2018年第11号）
授权公告日：2018年7月5日
品种权人：中国林业科学研究院
培育人：朱建峰、张华新、乔来秋、刘振晓、何洪兵、杨秀艳、刘正祥、任坚毅、邹祥峰

品种特征特性：‘华冠榆’是从白榆中选育出的新品种。

2012年在中国林业科学研究院山东东营白榆种质资源收集圃中发现一白榆株系。2013年采集该单株穗条进行嫁接繁育。2014年用其穗条嫁接繁育出的无性系进行多点造林试验，并进行了为期3年（2014年3月至2017年3月）的生长性状观察。综合评价其与普通实生白榆及近似品种‘旭日榆’的形态特征、生长特性、抗逆性、抗病虫害性状等，筛选出白榆新品种‘华冠榆’。

‘华冠榆’树冠枝条少、枝条上着生小枝条长度短、疏朗美观，观赏价值高、抗逆和抗病虫害能力强，是优良的园林绿化新品种。

‘华冠榆’与近似品种‘旭日’的性状差异如下：

品种	树干颜色	枝条上着生小枝条长度
‘华冠榆’	灰白	短
‘旭日’	褐	长

‘华冠榆’

‘旭日’

宁农杞10号

（枸杞属）

联系人：张波
联系方式：13995102924　国家：中国

申请日： 2017年2月23日
申请号： 20170120
品种权号： 20180114
授权日： 2018年6月15日
授权公告号： 国家林业和草原局公告（2018年第11号）
授权公告日： 2018年7月5日
品种权人： 宁夏农林科学院枸杞工程技术研究所
培育人： 曹有龙、罗青、张波、李彦龙、戴国礼、焦恩宁、赵建华、尹跃、安巍、王亚军、闫亚美

品种特征特性： 株形直立，树势弱，生长缓慢，自然成枝力弱，多年生枝条颜色灰褐色，一年生枝褐色，嫩枝绿色，节间距短。成熟叶片小，窄披针形，叶柄短，叶脉绿色。花小且少，花冠紫色，4～5裂，深裂至喉部，花冠喉部黄绿色，花萼浅裂，花丝弯曲，花药偏黄且不开裂，花开后干枯脱落。

‘宁农杞10号’作为基础性研究材料，在移栽大田前对温度、光照要求较高，适宜于温室拱棚内移栽，移栽大田后，其保存区环境与枸杞适生区相同。

‘宁杞1号’

‘宁农杞10号’

‘宁杞1号’　‘宁农杞10号’

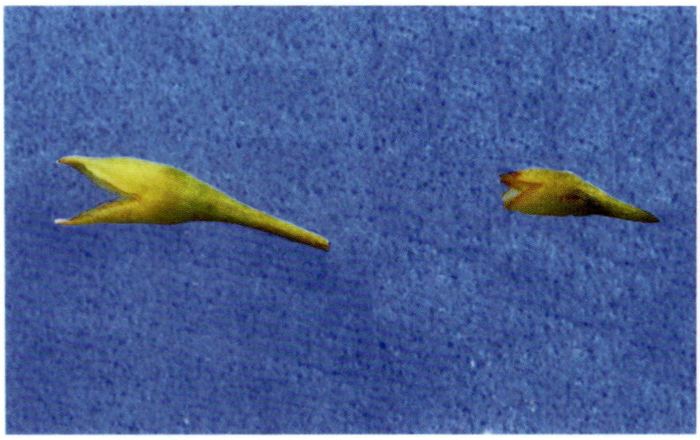

‘宁杞1号’　‘宁农杞10号’

‘宁杞1号’　‘宁农杞10号’

彩霞

（紫薇）

联系人：王晓明
联系方式：13974938264、0731-85313036　国家：中国

申请日：2017年3月10日
申请号：20170126
品种权号：20180115
授权日：2018年6月15日
授权公告号：国家林业和草原局公告（2018年第11号）
授权公告日：2018年7月5日
品种权人：湖南省林业科学院、长沙湘莹园林科技有限公司
培育人：乔中全、王晓明、曾慧杰、李永欣、蔡能、王湘莹

品种特征特性：'彩霞'为小乔木，枝条直立，干皮褐色、脱落；小枝四棱明显、柔毛密度低、翅较长；叶片椭圆形，叶背柔毛密度低，叶缘没有起伏，新叶紫红色，成熟叶暗灰绿色，叶长5.0～8.3cm、宽2.3～4.5cm；圆锥花序，花芽为圆锥形和深红色（RHS Deep Red 53A），花芽长0.77～0.89cm、宽0.62～0.67cm，花芽缝合线中度凸起、有顶端凸起；花萼棱明显、无柔毛、长0.92～1.03cm；花色强紫红色（RHS Strong Purplish Red 67A），花径3.30～3.73cm，花瓣边缘褶皱，瓣爪长0.47～0.58cm、颜色与花色一致；花期6～10月；蒴果椭圆形，长1.08～1.26cm，宽0.78～0.85cm，成熟时深褐色，果期10～11月。

'彩霞'耐干旱，较耐寒冷，在我国江苏、安徽、河南、四川等省份及以南的地区均可种植。其对土壤要求不严，但种植在肥沃、深厚、疏松的土壤中生长更健壮；喜光，略耐阴，忌涝，适宜在温暖湿润的气候条件下生长。

'彩霞'的花和花芽

'红叶'的花和花芽

'彩霞'的成熟叶片

'红叶'的成熟叶片

紫莹

（紫薇）

联系人：王晓明
联系方式：13974938264、0731-85313036　国家：中国

申请日：2017年3月10日
申请号：20170127
品种权号：20180116
授权日：2018年6月15日
授权公告号：国家林业和草原局公告（2018年第11号）
授权公告日：2018年7月5日
品种权人：湖南省林业科学院、长沙湘莹园林科技有限公司
培育人：王晓明、曾慧杰、乔中全、李永欣、蔡能、王湘莹

品种特征特性：‘紫莹’为小乔木，枝条直立，干皮褐色、脱落，小枝四棱明显、柔毛密度低、翅较长；叶片椭圆形，叶背柔毛密度低，叶缘没有起伏，嫩叶深红色；成熟叶紫红色，叶长4.5～5.6cm、宽2.7～3.3cm；圆锥花序，花芽圆柱形、深红色（RHS Deep Red53A）、长0.74～0.85cm、宽0.61～0.67cm、缝合线中度突起、有顶端突起；花萼棱明显、密被柔毛、长0.90～1.03cm；花色强红紫色（RHS Strong Reddish Purple N78B），花径2.04～3.45cm，花瓣边缘褶皱，瓣爪长0.57～0.69cm、颜色与花色一致；花期6～10月；蒴果圆形，长1.0～1.16cm，宽0.83～0.93cm，成熟时深褐色，果期10～11月。

‘紫莹’耐干旱，较耐寒冷，在我国江苏、安徽、河南、四川等省份及以南的地区均可种植。其对土壤要求不严，但种植在肥沃、深厚、疏松的土壤中生长更健壮；喜光，略耐阴，忌涝，适宜在温暖湿润的气候条件下生长。

‘紫莹’的花和花芽

‘Ebony Flame’的花和花芽

‘紫莹’的叶片

‘Ebony Flame’的叶片

超群

（野牡丹属）

联系人：倪建中
联系方式：13570578342 国家：中国

申请日：2017年3月20日
申请号：20170133
品种权号：20180117
授权日：2018年6月15日
授权公告号：国家林业和草原局公告（2018年第11号）
授权公告日：2018年7月5日
品种权人：广州市林业和园林科学研究院、中山大学
培育人：代色平、倪建中、李许文、刘文、阮琳、周仁超、贺漫媚、王伟

品种特征特性：'超群'是从♀毛稔（*Melastoma sanguineum*）×♂印度野牡丹（*M. malabathricum*）杂交子代实生苗中筛选出花大、叶厚宽大、适应性强等性状优异的品系。

常绿大灌木，高1.2～2.5m。茎、小枝、花梗及花萼被鳞片状糙伏毛，叶柄被平展的短粗毛。叶厚纸质，阔卵状披针形或卵圆形，顶端渐尖，长6～16.5cm，宽3～7cm，全缘，基出脉5。花瓣粉红色或紫红色，倒卵形，上部略偏斜，长4.8～5.3cm，宽4.5～5cm，花径10～12cm。蒴果坛状球形，与宿存萼贴生，密被鳞片状糙伏毛，果长1.5～1.8cm，果径1.6～1.8cm。花果期几乎全年，盛花期为5月底至6月中下旬。

该品种可在热带及亚热带地区广泛种植，其花大，花期长，花色艳丽，极具观赏价值，可种植于公园、庭院、机关学校、道路两边绿地、专类园等地。喜温暖湿润气候，喜光或半阴环境，栽培基质以疏松肥沃、富含腐殖质、排水良好的酸性壤土为宜，忌积水。

'超群'
对照品种

云彩

（野牡丹属）

联系人：倪建中
联系方式：13570578342　国家：中国

申请日： 2017年3月20日
申请号： 20170134
品种权号： 20180118
授权日： 2018年6月15日
授权公告号： 国家林业和草原局公告（2018年第11号）
授权公告日： 2018年7月5日
品种权人： 广州市林业和园林科学研究院、中山大学
培育人： 代色平、倪建中、李许文、阮琳、刘文、周仁超、贺漫媚、王伟

品种特征特性：‘云彩’是从♀毛稔（*Melastoma sanguineum*）×♂印度野牡丹（*M. malabathricum*）杂交子代实生苗中筛选出株形紧凑、枝叶更繁茂、花量更多、适应性强等性状优异的品系。

常绿大灌木，高1.2～2.5m。茎、小枝、叶柄、花梗、花萼及果被鳞片状糙伏毛。叶坚纸质，披针形，顶端渐尖，长4.5～13cm，宽1.5～4cm，全缘，基出脉5。花瓣粉红色或紫红色，倒卵形，上部略偏斜，长3.5～4cm，宽2.8～3.3cm，花径7～8cm。蒴果坛状球形，与宿存萼贴生，被零星鳞片状糙伏毛，果长1.5～1.7cm，果径1.1～1.3cm。花果期几乎全年，盛花期为5月底至6月下旬，或11月上中旬。

该品种可在热带及亚热带地区广泛种植，其株型美观，花量多，花期长，花色艳丽，极具观赏价值，可种植于公园、庭院、机关学校、道路两边绿地、专类园等地。喜温暖湿润气候，喜光或半阴环境，栽培基质以疏松肥沃、富含腐殖质、保水性好的酸性壤土为宜，忌积水。

‘云彩’

对照品种

天骄2号

（野牡丹属）

联系人：倪建中
联系方式：13570578342　国家：中国

申请日：2017年3月20日
申请号：20170136
品种权号：20180119
授权日：2018年6月15日
授权公告号：国家林业和草原局公告（2018年第11号）
授权公告日：2018年7月5日
品种权人：广州市林业和园林科学研究院
培育人：代色平、阮琳、刘文、倪建中、张继方、贺漫媚、李许文、王伟

品种特征特性：'天骄2号'是'天骄'后代中变异而来。'天骄'是由野牡丹♀（*Melastoma candidum*）×毛稔（*M. sanguineum*）杂交后代选育出来，2014年获得国家林业局新品种审定证书。

常绿灌木，株高可达1.2m，幼年株形紧凑，近球形，成年后近卵圆形。茎、叶柄、花梗及花萼上均被鳞片状糙伏毛。叶片细小优雅，纸质或薄革质，卵形、广卵形或披针形，顶端急尖，基部近圆形。花瓣浅紫色或玫瑰红色，倒卵形，花瓣边缘稍褶皱状，雄蕊瓣化，花径5～8cm，6月初花，盛花期为8月中下旬到9月中下旬。蒴果坛状球形，与宿存萼贴生，密被鳞片状糙伏毛，成熟时暗红色，果期9～11月。

'天骄2号'喜温暖湿润的气候，可在热带及亚热带地区广泛种植，在我国云南、广西、广东、福建、海南等地低海拔地带均可种植。主要采用无性扦插繁殖，以酸性（pH4.5～5.5）砂质壤土为宜，保持土层疏松、深厚、持水性好且不积水。

'天骄2号'

对照品种

幸福

（榉属）

联系人：邢文
联系方式：18229737095　国家：中国

申请日： 2017年3月1日
申请号： 20170143
品种权号： 20180120
授权日： 2018年6月15日
授权公告号： 国家林业和草原局公告（2018年第11号）
授权公告日： 2018年7月5日
品种权人： 中南林业科技大学
培育人： 胡希军、金晓玲、邢文、刘彩贤、张亚平、曾艳、刘晓玲

品种特征特性： ‘幸福’是从杭州市五星路8年生大叶榉行道树中发现的。以普通大叶榉为砧木，采用嫁接繁殖技术进行繁殖。获得1年生嫁接苗25株和2年生嫁接苗25株，经过2年观测，其秋色叶鲜黄色，变色早的主要特性都与母本相一致，表现出较好的遗传稳定性。

‘幸福’为落叶乔木，有秋色叶鲜黄色、变色早等特点。

在大叶榉树适合生长的地区均可栽培。丘陵、平原区均可栽植，具有较强的耐瘠薄和抗干旱能力。

‘幸福’母树

‘壮榉’

中石4号

（文冠果）

联系人：王利兵
联系方式：18600404677 国家：中国

申请日：2017年4月10日
申请号：20170188
品种权号：20180121
授权日：2018年6月15日
授权公告号：国家林业和草原局公告（2018年第11号）
授权公告日：2018年7月5日
品种权人：中国林业科学研究院林业研究所、彰武县德亚文冠果专业合作社
培育人：王利兵、崔德石、毕泉鑫、于海燕、崔天鹏

品种特征特性：'中石4号'是文冠果属植物，来自遴选的实生苗，两性花比例高，新梢表面有毛，种子千粒重较大。在2012年8月，我们利用芽接方法嫁接了15株，陆续观察了4年；并在2013年8月，从嫁接的15株上采集接穗，采用同样的嫁接方式嫁接了18株。通过嫁接繁殖，无性系群体内形态特征、生长特性表现一致，个体之间没有明显差异。通过多次嫁接繁殖，不同年龄的无性系子代，其形态特征和生长特性表现与母株相同，性状遗传稳定。

此品种适合在我国北方栽植。适生区为黄土母质的山地、丘陵、沙地，不适宜排水不良的低湿地、重盐碱地、多石的山地；土层50cm以上、坡度≤25°。

'中石4号'高比例两性花

'森森文冠果1号'高比例两性花

'中石4号'新梢有毛

'森森文冠果1号'新梢无毛

中石9号

（文冠果）

联系人：王利兵
联系方式：18600404677　国家：中国

申请日：2017年4月10日
申请号：20170189
品种权号：20180122
授权日：2018年6月15日
授权公告号：国家林业和草原局公告（2018年第11号）
授权公告日：2018年7月5日
品种权人：中国林业科学研究院林业研究所、彰武县德亚文冠果专业合作社
培育人：王利兵、崔德石、毕泉鑫、于海燕、崔天鹏

品种特征特性：‘中石9号’是文冠果属植物，来自遴选的实生苗，两性花比例高，新梢无毛，种子千粒重大，棱柱型果实。在2012年8月，利用芽接方法嫁接了15株，2013年8月，从上述15株上采集接穗，采用同样的嫁接方式嫁接了18株。近3年来对33株嫁接繁殖的无性系进行观察，无性系群体内形态特征、生长特性表现一致，个体之间没有明显差异；不同年龄的无性系子代，其形态特征和生长特性表现与母株相同，性状遗传稳定。

此品种适合在我国北方栽植。适生区为山地、丘陵或沙地，不宜在排水不良的低湿地、重盐碱地、多石的山地进行栽植。

‘中石9号’高比例两性花

‘森森文冠果1号’高比例两性花

‘中石9号’结实情况（棱柱型果实）

‘森森文冠果1号’结实情况

丽园珍珠1号

（枣属）

联系人：申连英
联系方式：13833061683　国家：中国

申请日： 2017年4月17日
申请号： 20170190
品种权号： 20180123
授权日： 2018年6月15日
授权公告号： 国家林业和草原局公告（2018年第11号）
授权公告日： 2018年7月5日
品种权人： 河北农业大学、河北禾木丽园农业科技股份有限公司
培育人： 申连英、毛永民、王晓玲、赵海峰、申宣科、赵伟

品种特征特性： ‘丽园珍珠1号’是‘冬枣’的自然实生后代，综合性状表现为酸枣。

该品种树势中庸，树姿半开张。枣头一次枝黄褐色，平均节间长3.21cm。二次枝针刺发达，长针刺长2.75cm，叶片深绿色。果实圆形，果肉白绿色，风味酸。平均单果重4.83g。脆熟期果实Vc含量567.28mg/100g，可溶性固形物28.44%，可食率为93.34%。果核椭圆形，有核尖。核出仁率14.75%，果实出仁率3%。9月初成熟。该品种丰产稳产，鲜食品质上等，较耐贮运，是优良鲜食酸枣品种，经济栽培价值大。

‘丽园珍珠1号’与‘丽园珍珠5号’相比品种特异性如下表：

品种	植株树姿	二次枝针刺	果核核尖
‘丽园珍珠 1 号’	半开张	发达	有
‘丽园珍珠 5 号’	开张	不发达	无

该品种适应性较强，耐旱、耐瘠薄，没有特殊病虫害，适合河北省中南部及气候相近地区栽植，适宜土壤为沙土、砂壤土、壤土等。

‘丽园珍珠1号’结果情况

‘丽园珍珠1号’脆熟期果实

‘丽园珍珠1号’完熟期果实

丽园珍珠2号

（枣属）

联系人：申连英
联系方式：13833061683　国家：中国

申请日： 2017年4月17日
申请号： 20170191
品种权号： 20180124
授权日： 2018年6月15日
授权公告号： 国家林业和草原局公告（2018年第11号）
授权公告日： 2018年7月5日
品种权人： 河北农业大学、河北禾木丽园农业科技股份有限公司
培育人： 申连英、毛永民、王晓玲、赵海峰、申宣科、赵伟

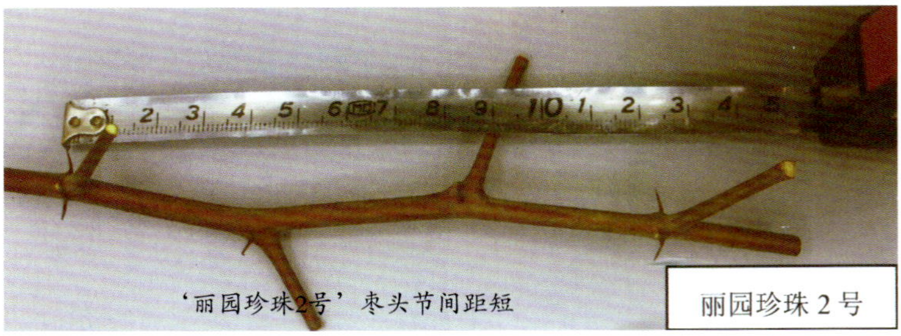

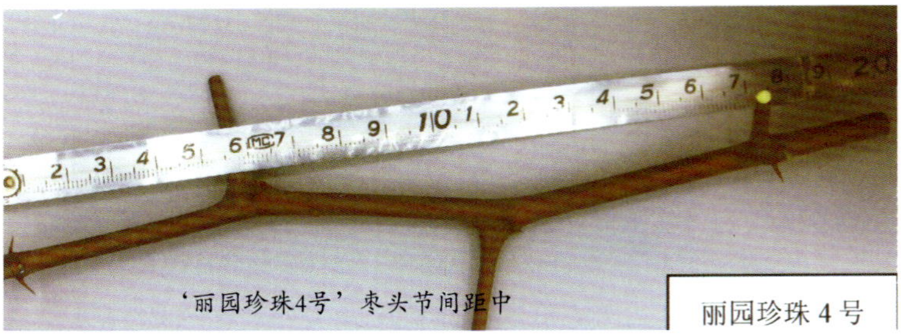

品种特征特性：‘丽园珍珠2号’，属鼠李科枣属酸枣种的自然实生后代，综合性状为酸枣。2010年4月采取邢台县优良酸枣类型种子，2011年播种于河北省邯郸市大名县育种园内。最初用于枣育种园的边行保护行，管理水平较低。2012—2014年进行了初步筛选。2015年4月高接该育种圃15年生冬枣树上，土壤为砂质壤土、肥力中等、常规管理。连续5年调查筛选出本品种。

‘丽园珍珠2号’树势中庸，枣头一次枝灰褐色，节间距短。叶片深绿色，披针形，叶尖凹尖。果实9月上旬成熟，圆形，大小整齐，果肉白绿色，致密细腻，风味极酸。核出仁率20.31%，果实出仁率13%，千仁重58.5g，可食率73.70%。适合仁用和果肉加工。

与相似品种‘丽园珍珠4号’比较的特异性如下表：

品种	枣头节间距	叶片形状	叶片叶尖形状
‘丽园珍珠 2 号’	短	披针形	凹尖
‘丽园珍珠 4 号’	中	椭圆形	钝尖

丽园珍珠3号

（枣属）

联系人：申连英
联系方式：13833061683　国家：中国

申请日：2017年4月17日
申请号：20170192
品种权号：20180125
授权日：2018年6月15日
授权公告号：国家林业和草原局公告（2018年第11号）
授权公告日：2018年7月5日
品种权人：河北农业大学、河北禾木丽园农业科技股份有限公司
培育人：申连英、王晓玲、毛永民、赵海峰、申宣科、赵伟

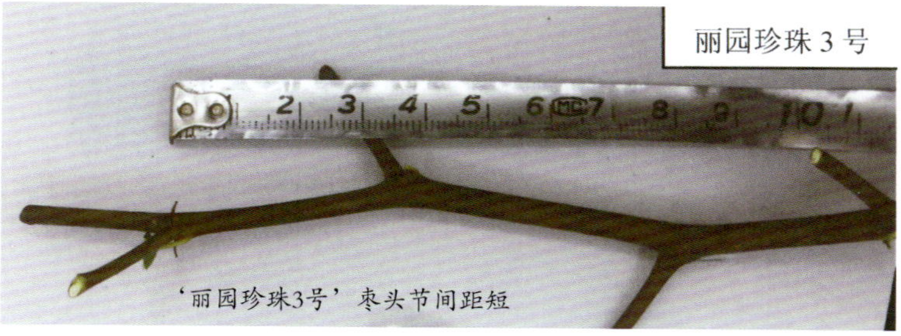

‘丽园珍珠3号’枣头节间距短

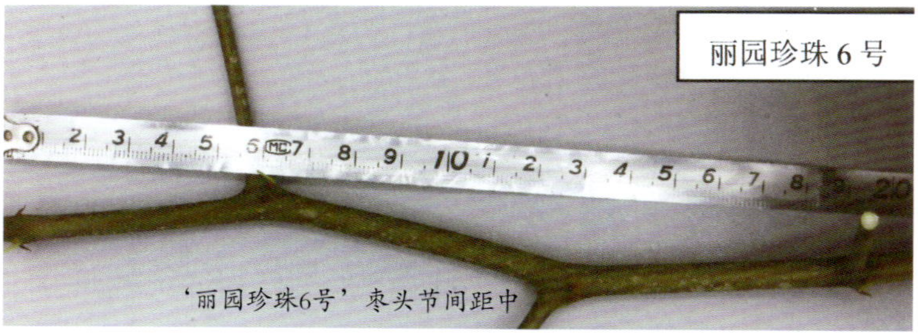

‘丽园珍珠6号’枣头节间距中

品种特征特性：‘丽园珍珠3号’为枣的自然实生后代，综合性状表现为酸枣。2000年10月采集山西太谷国家枣种质资源圃、河北黄骅冬枣园和河北农大枣中心种质资源圃等果实，取出种仁。2001年4月播种于河北省邢台市任县育种园内。2006—2008年初步筛选出该品种。2010年4月初将初选树移植到河北省邯郸市大名县育种园，2011年正常结果，之后连续6年调查表明本品种性状稳定。

‘丽园珍珠3号’树势中庸，枣头一次枝红褐色，节间距短，枣吊平均长9.50cm，叶片深绿色。果实9月上旬成熟，倒卵圆形。果实大小整齐，果肉白绿色，致密细腻，口感酥脆，风味酸。核出仁率28.99%，果实出仁率12.07%，千仁重73.75g，可食率78.44%，适合仁用和果肉加工。经济栽培价值较大。

‘丽园珍珠3号’与‘丽园珍珠6号’相比品种特异性如下表：

品种	枣头节间距	核形状	枣吊长度
‘丽园珍珠 3 号’	短	倒卵形	短
‘丽园珍珠 6 号’	中	椭圆形	中

丽园珍珠4号

（枣属）

联系人：申连英
联系方式：13833061683　国家：中国

申请日：2017年4月17日
申请号：20170193
品种权号：20180126
授权日：2018年6月15日
授权公告号：国家林业和草原局公告（2018年第11号）
授权公告日：2018年7月5日
品种权人：河北农业大学、河北禾木丽园农业科技股份有限公司
培育人：申连英、王晓玲、毛永民、赵海峰、申宣科、赵伟

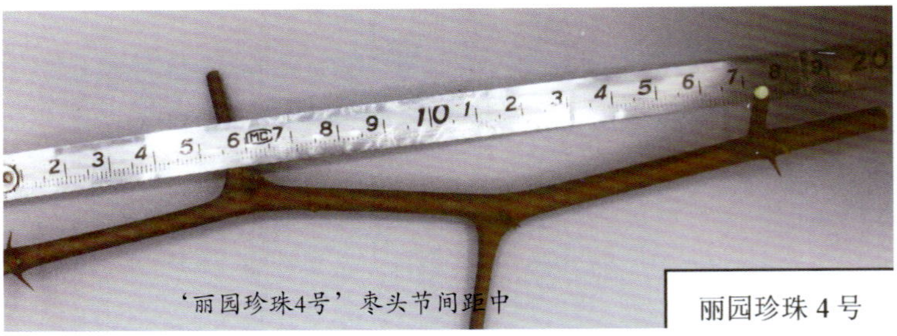

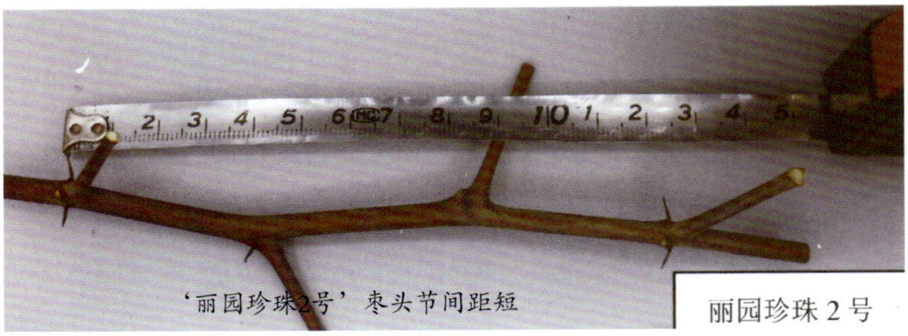

品种特征特性：‘丽园珍珠4号’，为冬枣的自然实生后代，综合性状表现为酸枣。2000年10月采集山西太谷国家枣种质资源圃、河北黄骅冬枣园和河北农大枣中心种质资源圃等果实，取出种仁。2001年4月播种于河北省邢台市任县枣园内。2006—2008年初步筛选出该品种。2010年4月初，将其移植到河北省邯郸市大名县育种园，土壤为砂质壤土，肥力中等，常规枣园管理，2011年正常结果，之后连续6年调查表明本品种性状稳定。

‘丽园珍珠4号’树势中庸，枣头一次枝红褐色，当年生一次枝节间平均长5.23cm，叶片绿色，椭圆形，叶尖钝尖。果实9月中旬成熟，圆形，大小整齐，果肉白绿色，致密细腻，口感酥脆，风味极酸，抗裂果。千仁重77.01g，核出仁率33%，果实出仁率11.43%，可食率为88.91%。

‘丽园珍珠4号’与‘丽园珍珠2号’相比品种特异性如下表：

品种	枣头节间距	叶片形状	叶片叶尖形状
‘丽园珍珠 4 号’	中	椭圆形	钝尖
‘丽园珍珠 2 号’	短	披针形	凹尖

丽园珍珠5号

（枣属）

联系人：林富荣
联系方式：010-62889633　国家：中国

申请日：2017年4月17日
申请号：20170194
品种权号：20180127
授权日：2018年6月15日
授权公告号：国家林业和草原局公告（2018年第11号）
授权公告日：2018年7月5日
品种权人：中国林业科学研究院林业研究所、河北农业大学
培育人：林富荣、郑勇奇、李斌、郭文英、黄平、申连英、毛永民、王晓玲

品种特征特性：'丽园珍珠5号'，为枣的自然实生后代，综合性状表现为酸枣。2000年10月采集山西太谷国家枣种质资源圃、河北黄骅冬枣园和河北农大枣中心种质资源圃等果实，取出种仁。2001年4月播种于河北省邢台市任县枣园内。2006—2008年初步筛选出该品种。2010年4月初将其移植到河北省大名县育种园，2011年正常结果，之后连续6年调查发现本品种性状稳定。

'丽园珍珠5号'树势中庸，树姿开张。枣头一次枝灰褐色，二次枝灰褐色，针刺不发达。果实9月中下旬成熟，圆形。果实大小整齐，果肉白绿色，致密细腻，口感酥脆，风味酸。果核椭圆形，无核尖。核出仁率23.68%，果实出仁率7%，千仁重54.21g，可食率为889.18%。

'丽园珍珠5号'与'丽园珍珠1号'相比品种特异性如下表：

品种	植株树姿	果核核尖	二次枝针刺
'丽园珍珠 5 号'	开张	无	不发达
'丽园珍珠 1 号'	半开张	有	发达

'丽园珍珠5号'树姿开张

'丽园珍珠1号'树姿半开张

丽园珍珠6号

（枣属）

联系人：林富荣
联系方式：010-62889633　国家：中国

申请日：2017年4月17日
申请号：20170195
品种权号：20180128
授权日：2018年6月15日
授权公告号：国家林业和草原局公告（2018年第11号）
授权公告日：2018年7月5日
品种权人：中国林业科学研究院林业研究所、河北农业大学
培育人：林富荣、郑勇奇、李斌、郭文英、黄平、申连英、毛永民、王晓玲

品种特征特性：‘丽园珍珠6号’，来源于枣的自然实生后代，综合性状表现为酸枣。2000年10月采集山西太谷国家枣种质资源圃、河北黄骅冬枣园和河北农大枣中心种质资源圃等果实，取出种仁。2001年4月播种于河北省邢台市任县育种园内。2006—2008年初步筛选出该品种。2010年4月初，将其移植到河北省邯郸市大名县育种园，土壤为砂质壤土，土壤肥力中等，常规枣园管理，2011年正常结果，之后连续6年调查发现本品种性状稳定。

‘丽园珍珠6号’树势中庸，枣头一次枝灰褐色，平均节间长5.23cm，二次枝红褐色，每股枣吊数2～6个，枣吊平均长19.00cm。果实9月下旬成熟，倒卵圆形。果肉白绿色，致密细腻，口感酥脆，风味极酸。果核椭圆形，平均核出仁率22.67%，果实出仁率5.06%，千仁重41.03g，可食率为88.69%。

‘丽园珍珠6号’与‘丽园珍珠3号’相比品种特异性如下表：

品种	枣头节间距	果核形状	枣吊长度
‘丽园珍珠 6 号’	中	椭圆形	中
‘丽园珍珠 3 号’	短	倒卵形	短

‘丽园珍珠3号’枣头节间距短　　‘丽园珍珠6号’枣头节间距中

秋风爽

（决明属）

联系人：李斌
联系方式：15311236206　国家：中国

申请日： 2017年5月3日
申请号： 20170202
品种权号： 20180129
授权日： 2018年6月15日
授权公告号： 国家林业和草原局公告（2018年第11号）
授权公告日： 2018年7月5日
品种权人： 中国林业科学研究院林业研究所
培育人： 李斌、郑勇奇、林富荣、郭文英、郑世楷、于淑兰

品种特征特性：‘秋风爽’是中国林业科学研究院林业研究所通过对国内外双荚决明树种的分布及研究概况进行调研分析，了解该树种的生物学特性、生态学特性、分类地位及地理分布基础上，采种育苗1万余株。在中国林业科学研究院院内育苗期间，观察发现了不同的变异，变异包括叶形、花期、叶子边缘颜色等。并选出几个变异明显的单株，开展扦插无性繁殖。观察其性状稳定性，经过三年3批的扦插繁殖和观察，选择出‘秋风爽’品种。

该品种花朵多，花期长。直立灌木，多分枝，无毛。叶长7～12cm，有小叶4～5对；叶柄长2.5～4cm；小叶椭圆形，叶缘金边明显。总状花序生于枝条顶端的叶腋间，常集成伞房花序状，花鲜黄色，直径约2cm；雄蕊10枚，7枚能育，3枚退化而无花药，能育雄蕊中有3枚特大，高出于花瓣，4枚较小，短于花瓣。荚果圆柱状，膜质，直或微曲，长10～17cm，直径0.4～0.6cm，缝线狭窄。花期9～12月；果期10月至翌年1月。

‘秋风爽’与相似品种双荚决明比较性状差异如下表：

种类	叶形	小叶对	叶缘金边
‘秋风爽’	椭圆形	4～5对，通常4对	明显
双荚决明	披针形	2～3对，通常3对	不明显

蒙树赤焰

（卫矛属）

联系人：刘洋
联系方式：18504717615　国家：中国

申请日：2017年5月4日
申请号：20170215
品种权号：20180130
授权日：2018年6月15日
授权公告号：国家林业和草原局公告（2018年第11号）
授权公告日：2018年7月5日
品种权人：内蒙古和盛生态科技研究院有限公司
培育人：赵泉胜、铁英、封卫平、刘洋、陈燕

品种特征特性：2013年10月品种权人在内蒙古自治区呼和浩特市发现一株果为深粉红色、叶片先端为尾尖、叶缘有锯齿且挂果量多的丝绵木变异株。2014年4月，采集该单株上的枝条为接穗，以普通丝绵木实生苗为砧木进行嫁接繁殖。经过多次嫁接，进行对比观察，发现其性状稳定，且与原种性状保持一致，定名为‘蒙树赤焰’。

该品种叶对生，卵状至卵状椭圆形，先端尾尖或长渐尖，基部圆钝，缘有细锯齿，叶柄细长、约为叶片长的1/2，秋季为紫红色，秋季落叶晚。二歧聚伞花序，腋生，有花3～7朵，黄绿色。蒴果深粉红色，种子淡黄色，有红色假种皮。挂果量多。

‘蒙树赤焰’与‘中峰长绿’性状差异如下表：

品种	果实颜色	叶尖形状	当年生枝条秋季颜色	挂果量
‘蒙树赤焰’	深粉红色	先端尾尖或长渐尖	紫褐色	多
‘中峰长绿’	粉红色	先端长渐尖	绿色	少

‘蒙树赤焰’

近似品种‘中峰长绿’秋季时叶和枝条的比较

‘蒙树赤焰’

近似品种‘中峰长绿’果实颜色的比较

丹霞升

（槭属）

联系人：丰震
联系方式：13854825296、0538-8242981　国家：中国

申请日：2017年5月5日
申请号：20170220
品种权号：20180131
授权日：2018年6月15日
授权公告号：国家林业和草原局公告（2018年第11号）
授权公告日：2018年7月5日
品种权人：山东农业大学
培育人：丰震、李承水、邢祥胜、王延玲、徐金莲、刘惠

品种特征特性：‘丹霞升’属于弗里曼槭（*Acer* × *freemanii*）。2005年春，从美国引进一批北美红槭的种子，播种育苗后，从实生苗中选出1株超级苗，连续3年的观测表明其表现优良，然后采用扦插繁殖的方式获得了30余株扦插苗。经无性系对比试验，该无性系具有特异性、一致性和稳定性。

该品种为落叶乔木，树干粗糙，皮孔粗大；树势旺盛，树型直立向上，冠形紧凑，呈椭圆形或圆形，开张优美。单叶对生，叶片掌状5裂，叶片较大，叶裂深，成熟叶上表面颜色中绿，冬季枝条颜色为暗红色，萌蘖力弱，抗病虫害能力强，扦插繁殖成活率高。在秋天转色期从树冠底部逐渐向上转红，叶片变红开始时间一般在10月中旬，该新品种受气候及环境影响不大，变色较稳定，落叶时间在11月中下旬，秋季叶色持续期较长，可达30天以上。

‘丹霞升’秋季变色后

‘秋火焰’

‘丹霞升’

彩蝶翻飞

（槭属）

联系人：丰震
联系方式：13695389830　国家：中国

申请日： 2017年5月5日
申请号： 20170221
品种权号： 20180132
授权日： 2018年6月15日
授权公告号： 国家林业和草原局公告（2018年第11号）
授权公告日： 2018年7月5日
品种权人： 山东农业大学
培育人： 丰震、王延玲、李承水、刘毓、刘国兴、李存华、钱见平、齐新玲、马立敏、吕传青

品种特征特性：'彩蝶翻飞'属于元宝枫。是在对元宝枫种质资源开展广泛调查研究的基础上，根据其叶色、叶形、叶柄、枝色、枝姿、冠型等多方面的变异情况，从山东产区选出11个优良单株，分单株采种、播种、育苗，形成11个自由授粉子代家系，从家系1中选出超级苗1～6号，经过嫁接繁殖形成1～6号无性系，经过无性系对比试验，培育出该品种。其主要性状特征为落叶乔木，树势旺盛，干通直，皮纵裂，浅棕色，主枝较直立，分枝角度中等，当年生枝紫红色，较柔软，枝梢下垂。叶片掌状5裂，长7.8±3.3cm，宽10.3±3.8cm，长宽比0.8，中裂片长宽比1.8，叶片纸质，波状叶缘，稍有上卷，叶基平截，叶柄柔软、弯曲、下垂导致叶片翻转。春季新梢的嫩叶紫红色，后转绿；秋季叶片橙红、红，秋叶变色期中，秋季叶色持续期中。

'红精灵'

'彩蝶翻飞'

风度翩翩

（槭属）

联系人：丰　震
联系方式：13695389830　国家：中国

申请日：2017年5月5日
申请号：20170222
品种权号：20180133
授权日：2018年6月15日
授权公告号：国家林业和草原局公告（2018年第11号）
授权公告日：2018年7月5日
品种权人：山东农业大学
培育人：丰震、刘毓、 刘媛、王延玲、李承水、李存华、刘国兴、王利、刘惠、徐金莲

品种特征特性：'风度翩翩' 属于元宝枫。是在对元宝枫种质资源开展广泛调查研究的基础上，根据其叶色、叶形、叶柄、枝色、枝姿、冠型等多方面的变异情况，从山东产区选出11个优良单株，分单株采种、播种、育苗，形成11个自由授粉子代家系，从家系1中选出超级苗1x～6号，经过嫁接繁殖形成1x～6号无性系，经过无性系对比试验，培育出该品种。

其主要性状特征为落叶乔木，树势中等，干较通直，皮纵裂，浅棕色，主枝较直立，分枝角度中等偏小，当年生枝黄褐色，枝条向上。叶片掌状5裂，长7.1±3.5cm，宽10.8±3.8cm，长宽比0.8，叶裂较深，裂片长宽比2.1，各裂片多无小裂，中裂片又有2小裂片，叶基截形、浅心形，叶柄长度中等。春季新梢的嫩叶紫红色，后转绿；秋季叶片紫红，秋季叶片橙红、红，秋叶变色期中，秋季叶色持续期中。

'东岳红霞'

'风度翩翩'

红精灵

（槭属）

联系人：丰震
联系方式：13695389830　国家：中国

申请日：2017年5月5日
申请号：20170223
品种权号：20180134
授权日：2018年6月15日
授权公告号：国家林业和草原局公告（2018年第11号）
授权公告日：2018年7月5日
品种权人：山东农业大学
培育人：丰震、刘毓、王延玲、李承水、刘媛、李存华、李文芳、张朋、程甜甜、乔谦、任红剑

品种特征特性：‘红精灵’属于元宝枫，是在对元宝枫种质资源开展广泛调查研究的基础上，根据其叶色、叶形、叶柄、枝色、枝姿、冠型等多方面的变异情况，从山东产区选出11个优良单株，分单株采种、播种、育苗，形成11个自由授粉子代家系，从家系1中选出超级苗1～7号，经过嫁接繁殖形成1～7号无性系，经过无性系对比试验，培育出该品种。

其主要性状特征为落叶乔木，树势旺盛，干通直，皮纵裂，浅棕色，主枝较直立，分枝角度中等，当年生枝灰褐、黄褐色，枝条斜向上。叶片掌状5裂，长7.8±4.3cm，宽11.2±3.1cm，长宽比0.7，中裂片长宽比1.7，各裂片较窄，裂片边缘波状，叶基截形、心形。春季新梢的嫩叶紫红色，后转绿；秋季叶片紫红为主，秋叶变色期中，秋季叶色持续期中。

齐鲁红

（槭属）

联系人：丰震
联系方式：13695389830　国家：中国

申请日：2017年5月5日
申请号：20170224
品种权号：20180135
授权日：2018年6月15日
授权公告号：国家林业和草原局公告（2018年第11号）
授权公告日：2018年7月5日
品种权人：山东农业大学
培育人：丰震、刘毓、王延玲、李承水、刘媛、李存华、徐超、安凯、杜晓茜、徐金莲

品种特征特性：‘齐鲁红’属于元宝枫。是在对元宝枫种质资源开展广泛调查研究的基础上，根据其叶色、叶形、叶柄、枝色、枝姿、冠型等多方面的变异情况，从山东产区选出11个优良单株，分单株采种、播种、育苗，形成11个自由授粉子代家系，从家系1中选出超级苗1x～3号，经过嫁接繁殖形成1x～3号无性系，经过无性系对比试验，培育出该品种。

其主要性状特征为落叶乔木，树势中等，干通直，皮纵裂，浅棕色，主枝较直立，分枝角度中等，当年生枝黄褐色，枝条斜向上。叶片掌状5裂，叶片稍小，长6.4±2.8cm，宽8.7±3.8cm，长宽比0.7，中裂片长宽比1.8，各裂片几无小裂，叶基截形、浅心形。春季新梢的嫩叶紫红色，后转绿；秋季叶片黄、橙红、红，秋叶变色期中，秋季叶色持续期中。

‘东岳红霞’

‘齐鲁红’

‘彩蝶翻飞’

‘齐鲁红’

黄淮4号杨

（杨属）

联系人：黄秦军
联系方式：13621032220　国家：中国

申请日：2017年5月8日
申请号：20170225
品种权号：20180136
授权日：2018年6月15日
授权公告号：国家林业和草原局公告（2018年第11号）
授权公告日：2018年7月5日
品种权人：中国林业科学研究院林业研究所
培育人：苏晓华、姜岳忠、黄秦军、董玉峰、王卫东

品种特征特性：‘黄淮4号杨’是以美洲黑杨种内聚合杂种河南65号杨为母本，父本为美洲黑杨种内杂种中荷1号杨，又名2025杨，属美洲黑杨种内杂种。该品种是中国林业科学研究院在21世纪初针对华北地区杨树主栽品种少、林分结构稳定性较差、杨树人工林生产力低下的实际情况，按照生态育种的原则，精心设计杂交组合，经过10多年生产力、抗逆性的综合评价研究，从参试无性系中选出短轮伐期速生杨纸浆材新品种。

该品种继承了父母本美洲黑杨速生、干通直圆满、适应性强等遗传特点。在年平均气温13℃，平均降水量580mm，无霜期200天左右的鲁西、鲁南地区雨养下生长良好，造林成活率高，没见冻害，且迄今无任何病虫害发生。在山东宁阳，8年生‘黄淮4号杨’胸径达17.94cm，树高达15.14m，分别超过对照‘中荷1号杨’5.72%和11.03%。超目前生产推广良种‘107杨’26.32%和19.04%，是我国华北平原地区短轮伐期纸浆材等工业用材林速生杨树优良新品种。

‘黄淮4号杨’大树形态

‘2025杨’树皮形态

‘黄淮4号杨’树皮形态

中雄1号杨

（杨属）

联系人：黄秦军
联系方式：13621032220　国家：中国

申请日： 2017年5月8日
申请号： 20170226
品种权号： 20180137
授权日： 2018年6月15日
授权公告号： 国家林业和草原局公告（2018年第11号）
授权公告日： 2018年7月5日
品种权人： 中国林业科学研究院林业研究所
培育人： 苏晓华、姜岳忠、黄秦军、董玉峰、王卫东

品种特征特性：‘中雄1号杨’为雄株，是以美洲黑杨种内聚合杂种河南65号杨为母本，美洲黑杨种内杂种中荷1号杨（又名2025杨）为父本。该品种是中国林业科学研究院林业研究所在21世纪初针对华北地区杨树主栽品种少、林分结构稳定性较差、杨树人工林生产力低下的实际情况，按照生态育种的原则，精心设计双亲多级聚合种内杂交组合，经过10余年多地点的生产力和抗性的综合评价研究，从参试无性系中选育出适合我国华北平原地区环保型短轮伐期速生杨树新品种。该品种继承了父母本美洲黑杨速生、干通直圆满、适应性强等遗传特性。在年平均气温13℃、平均降水量580mm、无霜期200天鲁西地区生长良好，造林成活率高，无叶部病害，也未见蛀干害虫危害。8年生‘中雄1号杨’胸径达18.81cm，树高达13.91m，分别超过对照‘中荷1号杨’10.88%和2.05%。超目前生产推广良种‘107杨’32.48%和9.40%，体现了优良速生特性和抗病虫性及强的立地适应能力。‘中雄1号杨’为不飞絮杨树，是优良的中、短轮伐期纸浆材、胶合板材杨树新品种，将成为我国华北平原地区杨树速生丰产林的换代新品种。

‘中雄1号杨’中上部树冠

‘中雄1号杨’树皮形态

中雄2号杨

（杨属）

联系人：黄秦军

联系方式：13621032220　国家：中国

申请日： 2017年5月8日

申请号： 20170227

品种权号： 20180138

授权日： 2018年6月15日

授权公告号： 国家林业和草原局公告（2018年第11号）

授权公告日： 2018年7月5日

品种权人： 中国林业科学研究院林业研究所

培育人： 苏晓华、姜岳忠、黄秦军、董玉峰、王卫东

品种特征特性：‘中雄2号杨’是以南斯拉夫引进的美洲黑杨50号杨，又名叫55号杨为母本，土耳其引进的美洲黑杨T26为父本，人工控制杂交所得的美洲黑杨种内杂交种。该品种是在21世纪初中国林业科学研究院林业研究所针对华北地区杨树主栽品种少、林分结构稳定性较差、杨树人工林生产力低下的实际情况，按照生态育种的地区专性选育原则，精心设计的种内杂交组合，通过10余年多地点的生产力、抗性、适应性测定，综合评价后选育出的适合我国华北平原地区环保型短轮伐期速生杨树纸浆材新品种。该品种继承了父母本美洲黑杨速生、干通直圆满、适应性强等遗传特点。在年平均气温13℃，平均降水量580mm，无霜期200天的鲁西、鲁南地区生长良好，造林成活率高，无叶部病害，也未见蛀干害虫危害。在山东宁阳，8年生‘中雄2号’杨胸径达17.85cm，树高达15.35m，分别超过对照‘中荷1号杨’5.21%和12.59%。超目前生产推广良种‘107杨’25.70%和20.71%，体现了优良速生特性和抗病虫性及较强的立地适应能力。‘中雄2号杨’为不飞絮杨树，将成为我国华北平原地区杨树速生丰产林的换代新品种。

‘中雄2号杨’中上部树冠

‘中雄2号杨’树皮形态

中雄3号杨

（杨属）

联系人：黄秦军
联系方式：13621032220　国家：中国

申请日：2017年5月8日
申请号：20170228
品种权号：20180139
授权日：2018年6月15日
授权公告号：国家林业和草原局公告（2018年第11号）
授权公告日：2018年7月5日
品种权人：中国林业科学研究院林业研究所
培育人：苏晓华、王胜东、黄秦军、蔄胜军、梁德军、丁昌俊

品种特征特性：‘中雄3号杨’是以美洲黑杨1/18为母本，马氏杨为父本，人工控制杂交所得的黑杨派与青杨派派间杂交种。该品种是21世纪初，中国林业科学研究院林业研究所针对我国东北地区天然林日渐枯竭、短轮伐期优良纸浆树种缺乏而精心设计杂交组合，按生态育种的地域专性选育原则，经过10多年多地点的生产力、抗性、适应性以及材性和生理生化测定，综合评价后选育出的适合我国东北南部平原地区种植生长的速生优良环保型短轮伐期速生杨树纸浆材新品种。该品种既继承了母本北方型美洲黑杨速生、适应性强等遗传特点，同时又具有父本马氏杨抗寒、抗病、易生根等优点。在年平均气温10℃、平均降水量500mm、无霜期190天左右的辽西地区生长良好，造林成活率高，年最低温-25℃下没有冻害，无叶部病害，也未见蛀干害虫危害。10年生‘中雄3号’杨树高达23.5m，胸径达38.13cm，超目前生产推广良种‘108杨’2.13%和4.38%，体现了优良速生特性和抗病虫性及强的立地适应能力。5年生‘中雄3号杨’纤维素含量45.24%，综纤维素含量81.12%，木素含量22.86%。‘中雄3号杨’为不飞絮杨树，将成为我国东北南部平原地区种植的杨树优良纸浆材新品种。

‘中雄3号杨’大树形态

‘中雄3号杨’树皮形态

中雄4号杨

（杨属）

联系人：黄秦军
联系方式：13621032220　国家：中国

申请日： 2017年5月8日
申请号： 20170229
品种权号： 20180140
授权日： 2018年6月15日
授权公告号： 国家林业和草原局公告（2018年第11号）
授权公告日： 2018年7月5日
品种权人： 中国林业科学研究院林业研究所
培育人： 苏晓华、王福森、李晶、黄秦军、丁昌俊、张伟溪

品种特征特性： ‘中雄4号杨’为雄株，是以山海关杨为母本，甜杨为父本室内人工杂交而成，属派间杂种。该品种是中国林业科学研究院在20世纪80年代末，针对我国东北林区天然林日渐枯竭、短轮伐期树种缺乏而精心设计杂交组合，经过近30年生产力、抗逆性的综合评价研究，选育出耐寒性强的环保型短轮伐期速生杨树新品种。该杂交组合新颖独特，既继承了母本北方型美洲黑杨山海关杨速生、适应性强等遗传特点，同时又具有父本甜杨抗寒性强的特性。在年平均气温2.6℃、平均降水量480mm、无霜期120天左右的黑龙江松嫩平原地区雨养下生长良好，造林成活率高，年最低温-35.2℃下没见冻害，且迄今无任何病虫害发生。在黑龙江省龙江、富裕、讷河、大庆砂壤土、黑土及草甸土条件下，‘中雄4号’杨生长优势显著，比当地主栽品种小黑杨材积生长量提高69%～152%，如在富裕林场13年生‘中雄4号杨’（树高17.11m，胸径20.53cm，材积0.2707cm^3）分别超对照小黑杨（树高15.84m，胸径14.77cm，材积0.1272cm^3）8.02%、38.99%及112.81%。‘中雄4号杨’为不飞絮杨树，是我国三北地区耐寒性强的环保型短轮伐期速生杨树优良新品种，可作为纸浆材等工业用材林、防护林及绿化树种。

‘中雄4号杨’大树形态

‘中雄4号杨’树皮形态

中雄5号杨

（杨属）

联系人：黄秦军
联系方式：13621032220　国家：中国

申请日：2017年5月8日
申请号：20170230
品种权号：20180141
授权日：2018年6月15日
授权公告号：国家林业和草原局公告（2018年第11号）
授权公告日：2018年7月5日
品种权人：中国林业科学研究院林业研究所
培育人：苏晓华、黄秦军、丁昌俊、张伟溪

品种特征特性：‘中雄5号杨’为雄株，是以为美洲黑杨种内聚合杂种河南65号杨为母本，以荷兰引进的欧洲黑杨为父本，人工控制授粉所得的黑杨派种间杂交种。该品种是中国林业科学研究院林业研究所针对我国京津冀地区环保型短轮伐期优良纸浆树种缺乏，按生态育种原则精心设计杂交组合，经过10多年生产力、抗性、适应性测定，综合评价后选育出的适合我国京津冀地区环保型短轮伐期速生杨纸浆材新品种。该品种既继承了母本北方型美洲黑杨速生、适应性强等遗传特点，同时又具有父本欧洲黑杨抗逆、抗病、窄冠等优点。在年平均气温10℃、平均降水500mm、无霜期190天左右的京津冀地区生长良好，造林成活率高，年最低温-16℃下没有冻害，无叶部病害，也未见蛀干害虫危害。在北京地区，5年生（造林密度2m×4m）‘中雄5号杨’树平均胸径达16.89cm，超目前生产推广良种‘108杨’2.36%，体现了优良速生特性和抗病虫性及强的立地适应能力。中雄5号杨为不飞絮杨树，将成为我国京津冀地区环保型工业用材优良杨树新品种。

‘中雄5号杨’大树形态

‘中雄5号杨’树皮形态

玉山鱼榧

（榧树属）

联系人：陈红星
联系方式：13857940406　国家：中国

申请日：2017年5月11日
申请号：20170232
品种权号：20180142
授权日：2018年6月15日
授权公告号：国家林业和草原局公告（2018年第11号）
授权公告日：2018年7月5日
品种权人：陈红星、张苏炯、喻卫武
培育人：陈红星、张苏炯、喻卫武、姚小华、马顺水、倪伟成

品种特征特性：'玉山鱼榧'是浙江省磐安县实生香榧中发现的一个优良类型。是在资源调查中发现优株，采用无性繁殖繁育后代。树冠尖塔形，树姿开张，树势旺盛。叶线状披针形，长1.9cm，宽0.25cm，厚0.06cm。开花期4月中旬，比普通香榧迟4～5天。成熟期9月中旬，较细榧迟7～10天。种实长倒卵状椭圆形，平均鲜单实质量10.8g，纵径3.74cm，横径2.28cm，种形指数1.65，假种皮厚0.35cm，鲜出核率36.39%，干出核率67.15%。种核长倒卵状椭圆形，表面有2～5只眼，纵径3.37cm，横径1.49cm，核形指数2.28，平均鲜单核质量3.9g，壳厚0.08cm，干出仁率66.55%。种仁长倒卵状椭圆形，饱满，实心，干单仁质量1.6g，含油率36.65%，总糖含量0.61%，蛋白质7.77%。

本品种与普通香榧（细榧）主要区别是：榧果、榧籽均为大型，单个质量都比细榧重；假种皮表面旋纹颗粒较多；种核表面有2～5只眼；种实出核率比细榧高；成熟期较细榧迟7～10天，9月中旬成熟；种仁含油率比细榧略低，炒制后品质稍硬，但风味又香又甜，商品性能好。

磐安长榧

（榧树属）

联系人：陈红星
联系方式：13857940406　国家：中国

申请日： 2017年5月11日
申请号： 20170235
品种权号： 20180143
授权日： 2018年6月15日
授权公告号： 国家林业和草原局公告（2018年第11号）
授权公告日： 2018年7月5日
品种权人： 陈红星、张苏炯、姚小华
培育人： 陈红星、张苏炯、姚小华、楼新良、叶很淼、张汝其

品种特征特性：‘磐安长榧’是浙江省磐安县嫁接起源香榧中发现的一个优良类型。是在资源调查中发现嫁接起源优株，采用无性繁殖繁育后代。树冠圆头形或半圆头形，树姿开张，树势较旺。叶线状披针形，一年生营养枝平均有叶20对。开花期4月中旬，成熟期9月上旬，与普通香榧相同。种实长倒卵状椭圆形，平均鲜单实质量7.3g，纵径3.66cm，横径1.73cm，种形指数2.14，假种皮厚0.32cm，鲜出核率38.67%，干出核率70.29%。种核长倒卵状椭圆形，纵径3.49cm，横径1.22cm，核形指数2.88，平均鲜单核质量2.8g，壳厚0.08cm，干出仁率70.03%。种仁长倒卵状椭圆形，干单仁质量1.2g，含油率42.79%，总糖含量1.66%，蛋白质10.9%。

‘磐安长榧’与普通香榧主要区别是：果（种实）形、核形均为长型，明显比细榧长；单个种实平均质量较细榧稍轻；假种皮、核壳比细榧薄，出核率、出仁率比细榧高；种仁质更加松脆、香味浓，品质更优。

‘磐安长榧’　　细榧

淀西灯火

（山茶属）

联系人：周和达
联系方式：18930295611　国家：中国

申请日： 2017年5月23日
申请号： 20170256
品种权号： 20180144
授权日： 2018年6月15日
授权公告号： 国家林业和草原局公告（2018年第11号）
授权公告日： 2018年7月5日
品种权人： 上海市园林科学规划研究院、上海星源农业实验场
培育人： 张斌、张冬梅、张浪、周和达、蔡军林、尹丽娟、有祥亮、罗玉兰、陈香波、姚惠明

品种特征特性： 本品种以‘玫瑰’连蕊茶为母本，连蕊茶杂交种‘春节’为父本，通过杂交获得。

常绿灌木，植株直立；顶芽单生；叶片近“十”字状排列，水平或上斜，中等厚度，椭圆形，深绿色，叶背无毛，光泽度弱，叶缘细齿状，叶基圆形，叶渐尖至窄短尾尖。花芽腋生和顶生；萼片卵形，黄绿或绿色；花嫩粉红色，泛紫色调，单瓣，小至中型花，花瓣厚度中，顶端微凹，全缘，扁圆形至圆形，有花脉；雄蕊环形或筒形排列，花丝基部连生，无瓣化，雌蕊3浅裂，始花期12月上旬，盛花期1月至翌年3月，4月进入末花期。

本品种适合于华南、和华东、华中等地区栽培。适宜气候温暖、潮湿，适宜的土壤为排水良好的酸性土壤。最适温度为5～25℃，冬季极端低温可忍耐-8℃；夏、秋季节气温不超过38℃，夏季应注意遮阴。

‘乳熊’

‘淀西灯火’

新潮头饰

（山茶属）

联系人：周和达
联系方式：18930295611　国家：中国

申请日：2017年5月23日
申请号：20170257
品种权号：20180145
授权日：2018年6月15日
授权公告号：国家林业和草原局公告（2018年第11号）
授权公告日：2018年7月5日
品种权人：上海市园林科学规划研究院、上海星源农业实验场
培育人：周和达、张冬梅、张浪、蔡军林、尹丽娟、有祥亮、罗玉兰、陈香波、张斌、姚惠明

品种特征特性：本品种以‘劳克’为母本，以‘汤姆大叔’偶见其花药的单株为父本，通过杂交获得的。

常绿灌木，生长直立，嫩芽绿色，顶芽单生，嫩枝黄褐色，叶片稠密，近十字状排列，中等厚度，叶背无毛，中等光泽，深绿色，叶缘细齿至粗齿状，叶基宽楔形，窄短尾尖，叶柄短；花芽腋生和顶生，萼片卵形，覆瓦状排列；小至中型花，完全重瓣型，花瓣顶端微凹，边缘全缘，倒卵形，无皱褶，花朵嫩粉红色，花瓣上部具不规则状白色斑块，雄蕊完全瓣化，单次开花，花期11月中旬至翌年4月。

本品种适合于华南、和华东、华中等地区栽培。适宜气候温暖、潮湿，适宜的土壤为排水良好的酸性土壤。最佳生长环境在冬、春季节为5～25℃，冬季极端低温可忍耐-8℃；夏、秋季节气温不超过38℃，夏季应注意遮阴。

‘汤姆大叔’

‘新潮头饰’

淀西风情

（山茶属）

联系人：张冬梅

联系方式：021-54357407　国家：中国

申请日： 2017年5月23日

申请号： 20170258

品种权号： 20180146

授权日： 2018年6月15日

授权公告号： 国家林业和草原局公告（2018年第11号）

授权公告日： 2018年7月5日

品种权人： 上海市园林科学规划研究院、上海星源农业实验场

培育人： 张冬梅、张浪、周和达、蔡军林、尹丽娟、有祥亮、罗玉兰、陈香波、张斌、姚惠明

品种特征特性： 本品种以红山品种‘牛西奥转马’（Niuccio's Carousel）为母本，怒江红山茶品种‘赠奉’（Donation）为父本，通过杂交获得。

常绿灌木，植株半开张，顶芽单生，嫩枝黄褐色；叶片近螺旋状排列，上斜或水平着生，椭圆形，绿色，中等厚度，叶背无毛，叶脉较明显，叶面无斑，叶横截面平坦，叶缘细齿状，叶基楔形，渐尖；花芽顶生，萼片覆瓦状排列，卵形，黄绿或绿色；花中等大小，单瓣至半重瓣，花瓣顶端微凹，边全缘，圆形，弱皱褶，瓣脉清晰，花朵粉白色，花瓣上部泛粉红色；雄蕊簇生，基部连生，花药瓣化，柱头3～5深裂，雌蕊高出雄蕊；子房无毛；花期12月上旬至翌年4月上旬。

本品种适合于华南、和华东、华中等地区栽培。适宜气候温暖、潮湿，适宜的土壤为排水良好的酸性土壤。最适温度为5～25℃，冬季极端低温可忍耐-8℃；夏、秋季节气温不超过38℃，夏季应注意遮阴。

‘牛西奥转马’

‘淀西风情’

‘淀西风情’

鲁绿

（槭属）

联系人：丰震
联系方式：13695389830　国家：中国

申请日： 2017年5月23日
申请号： 20170263
品种权号： 20180147
授权日： 2018年6月15日
授权公告号： 国家林业和草原局公告（2018年第11号）
授权公告日： 2018年7月5日
品种权人： 山东农业大学
培育人： 丰震、王延玲、于晓艳、刘国兴、李存华、李承水、任红剑、乔谦、安凯

品种特征特性： ‘鲁绿’属于金沙槭，是在资源调查时发现1株金沙槭变异株，经过无性繁殖形成无性系，该无性系在山东泰安表现半常绿，绿期可持续至12月或翌年1～2月，春季发芽前老叶干枯脱落，耐寒性好，冬季可耐-20℃低温。树皮褐色，当年生嫩枝褐绿、黄褐色，嫩叶黄绿色；叶近革质，基部浅心形，外貌近于长圆卵形、倒卵形，全缘或3裂；中裂片宽形，先端突尖、钝尖；侧裂片钝尖，比中央裂片短，裂片边缘多系全缘，稀微呈浅波状；上面浅绿色，无毛，平滑，有光泽；下面灰绿色；秋季季相颜色黄绿，变色期晚，秋季叶色持续期很长，落叶期很晚。

‘金沙槭’

‘鲁绿’

兴旺

（槭属）

联系人：丰震
联系方式：13695389830　国家：中国

申请日： 2017年5月23日
申请号： 20170264
品种权号： 20180148
授权日： 2018年6月15日
授权公告号： 国家林业和草原局公告（2018年第11号）
授权公告日： 2018年7月5日
品种权人： 山东农业大学
培育人： 丰震、刘毓、王延玲、李承水、 李存华、 任红剑、乔谦、安凯

品种特征特性：‘兴旺’是三角槭的实生变异。2012年春在济南百合园林的2年生播种育苗三角槭苗圃地里选了2株生长特别快的超级苗，分别编号为1号和2号。2013年春从2个原株上分别采集接穗，在山东农业大学林学院园林实训基地进行嫁接繁殖，砧木为普通三角槭实生苗，现已经形成三角槭1号无性系，主要性状为落叶乔木，树皮褐色，小枝细瘦；当年生枝褐绿色，无毛；干和枝通直；生长速度快。具有速生特性（所以暂定名称为‘兴旺’）。叶厚纸质，基部圆形，通常3裂，裂片向前延伸，全缘，中央裂片三角形，渐尖；侧裂片短钝尖，裂片边缘通常全缘；上面中绿色，下面浅绿色，近无白粉，略被毛，在叶脉上较密；初生脉3条；叶柄主色绿色，长度中等，姿态直，无毛。

对照品种‘*Koshi miyasama*’

‘兴旺’

花曲柳1号

（白蜡树属）

联系人：燕丽萍

联系方式：0531-88557648　国家：中国

申请日： 2017年6月1日

申请号： 20170274

品种权号： 20180149

授权日： 2018年6月15日

授权公告号： 国家林业和草原局公告（2018年第11号）

授权公告日： 2018年7月5日

品种权人： 山东省林业科学研究院

培育人： 吴德军、燕丽萍、刘翠兰、姚俊修、刘桂民、杨庆山、王开芳、臧真荣、任飞

品种特征特性： 落叶乔木，雄株。原株位于山东省胶南市（现青岛市黄岛区）大珠山唐僧峰山脚下2号路。干形微弯，主枝斜上伸展。一年生枝冬季表皮灰白色；当年生枝夏季表皮灰绿色，皮孔密度疏到中，横切面近圆形，夏季表面无毛，休眠芽不裸露。具小叶3～5枚，小叶间距中；叶近革质，表面无光泽，上下表面无毛，平展或近平展；新叶上表面中绿色；成熟叶上表面深绿色、下表面浅绿色；顶生小叶大，椭圆形或长卵圆形，叶缘疏浅锯齿，叶尖渐尖，叶基楔形；侧生小叶具叶柄。花序着生在当年生枝上，花期4～5月。

“花曲柳1号”与相似品种‘花曲柳2号’‘花曲柳3号’性状差异如下表：

品种	叶：质地	顶生小叶：形状	顶生小叶：叶尖形状
‘花曲柳 1 号’	近革质	长卵圆形、椭圆形	渐尖
‘花曲柳 2 号’	纸质	倒卵圆形	突尖

品种	叶：小叶间距	叶：小叶姿态	顶生小叶：形状
‘花曲柳 1 号’	中	平展或近平展	长卵圆形、椭圆形
‘花曲柳 3 号’	大	U 形	卵圆形

花曲柳2号

（白蜡树属）

联系人：燕丽萍
联系方式：0531-88557648　国家：中国

申请日：2017年6月1日
申请号：20170275
品种权号：20180150
授权日：2018年6月15日
授权公告号：国家林业和草原局公告（2018年第11号）
授权公告日：2018年7月5日
品种权人：山东省林业科学研究院
培育人：燕丽萍、吴德军、刘翠兰、王因花、王开芳、李善文、任飞、李庆华、杨庆山

品种特征特性：落叶乔木，雄株。原株位于山东省威海市乳山市国有垛山林场蓄水池旁。干形微弯，主枝斜上伸展。一年生枝冬季表皮灰白色；当年生枝夏季表皮浅灰褐色，皮孔密度疏至中，横切面近圆形，夏季表面无毛，休眠芽不裸露。具小叶3～7枚，稀7枚，小叶间距大；叶纸质，表面无光泽，上下表面无毛，平展或近平展；新叶上表面中绿色；成熟叶上表面深绿色、下表面浅绿色；顶生小叶大，倒卵圆形，叶缘疏浅锯齿，叶尖突尖，叶基楔形；侧生小叶具叶柄。花序着生在当年生枝上，花期4～5月。

‘花曲柳2号’与相似品种‘花曲柳1号’‘花曲柳3号’性状差异如下表：

品种	叶：质地	顶生小叶：形状	顶生小叶：叶尖形状
‘花曲柳 2 号’	纸质	倒卵圆形	突尖
‘花曲柳 1 号’	近革质	长卵圆形、椭圆形	渐尖

品种	叶：小叶姿态	顶生小叶：形状	顶生小叶：叶尖形状
‘花曲柳 2 号’	平展或近平展	倒卵圆形	突尖
‘花曲柳 3 号’	U 形	卵圆形	渐尖

花曲柳3号

（白蜡树属）

联系人：燕丽萍
联系方式：0531-88557649　国家：中国

申请日：2017年6月1日
申请号：20170276
品种权号：20180151
授权日：2018年6月15日
授权公告号：国家林业和草原局公告（2018年第11号）
授权公告日：2018年7月5日
品种权人：山东省林业科学研究院
培育人：吴德军、燕丽萍、刘翠兰、王因花、臧真荣、王振猛、任飞、王开芳

品种特征特性：落叶乔木，雄株。原株位于山东省烟台市昆嵛山寒风岭1号阵地，树龄50年左右。干形微弯，主枝斜上伸展。一年生枝冬季表皮灰白色；当年生枝夏季表皮浅灰褐色，皮孔密度疏，横切面近椭圆形，夏季表面无毛，休眠芽不裸露。具小叶3～7枚，稀7枚，小叶间距大；叶近革质，表面无光泽，上下表面无毛，小叶姿态U形；新叶上表面中绿色；成熟叶上表面中绿色、下表面浅绿色；顶生小叶极大，卵圆形，叶缘疏浅锯齿，叶尖渐尖，叶基楔形；侧生小叶具叶柄。花序着生在当年生枝上，花期4～5月。

‘花曲柳3号’与相似品种‘花曲柳1号’‘花曲柳2号’性状差异如下表：

品种	叶：小叶间距	叶：小叶姿态	顶生小叶：形状
‘花曲柳 3 号’	大	U 形	卵圆形
‘花曲柳 1 号’	中	平展或近平展	长卵圆形、椭圆形

品种	叶：小叶姿态	顶生小叶：形状	顶生小叶：叶尖形状
‘花曲柳 3 号’	U 形	卵圆形	渐尖
‘花曲柳 2 号’	平展或近平展	倒卵圆形	突尖

紫箭

（白蜡树属）

联系人：燕丽萍
联系方式：0531-88557650　国家：中国

申请日：2017年6月1日
申请号：20170277
品种权号：20180152
授权日：2018年6月15日
授权公告号：国家林业和草原局公告（2018年第11号）
授权公告日：2018年7月5日
品种权人：山东省林业科学研究院
培育人：刘翠兰、燕丽萍、吴德军、杨庆山、王因花、藏真荣、刘桂民、姚俊修、王开芳

品种特征特性：落叶乔木，雄株。原株位于山东省林业科学研究院寿光盐碱地造林试验站白蜡半同胞家系区。树龄8年，树高6m。干形较直，速生，耐盐性强。主干分枝密度中，斜上伸展。当年生枝夏季表皮褐紫色，皮孔密度中，横切面近圆形，夏季表面无毛。休眠芽不裸露。奇数羽状复叶，小叶5或7枚，多数7枚；叶片纸质、表面无光泽、上下表面均无毛、平展或近平展；新叶上表面浅绿色；成熟叶上表面中绿色，下表面浅绿色。顶生小叶窄卵圆形；叶缘近全缘或疏浅锯齿，叶尖锐尖或圆钝、基部窄楔形。侧生小叶无或近无叶柄。圆锥花序着生于一年生枝上。

‘紫箭’与相似品种‘鲁蜡4号’性状差异如下表：

品种	当年生枝：夏季表皮颜色	顶生小叶：叶尖形状
‘紫箭’	褐紫	锐尖、圆钝
‘鲁蜡 4 号’	绿	渐尖

盐蜡

（白蜡树属）

联系人：燕丽萍
联系方式：0531-88557651　国家：中国

申请日：2017年6月1日
申请号：20170281
品种权号：20180153
授权日：2018年6月15日
授权公告号：国家林业和草原局公告（2018年第11号）
授权公告日：2018年7月5日
品种权人：山东省林业科学研究院
培育人：燕丽萍、吴德军、刘翠兰、王因花、杨庆山、姚俊修、李庆华、王开芳、李善文

品种特征特性：落叶乔木，雄株。原株位于山东省林业科学研究院寿光盐碱地造林试验站白蜡半同胞家系区。树龄8年，树高5m。干形较直，速生，耐盐性强。主干分枝密度中，斜上伸展。当年生枝夏季表皮深绿色，皮孔密度疏至中，横切面近椭圆形，夏季表面无毛。休眠芽不裸露。奇数羽状复叶，小叶5或7枚，多数7枚；叶片近革质、微有光泽、上下表面均无毛、平展或近平展；新叶上表面浅绿色；成熟叶上表面中绿色，下表面浅绿色。顶生小叶披针形；叶缘近全缘，叶尖渐尖、基部窄楔形。侧生小叶无或近无叶柄。圆锥花序着生于一年生枝上。

‘盐蜡’与相似品种‘鲁蜡4号’性状差异如下表：

品种	叶：质地	顶生小叶：叶缘
‘盐蜡’	近革质	近全缘
‘鲁蜡 4 号’	纸质	疏浅锯齿

青春

（蔷薇属）

联系人：田连通
联系方式：13518743690　国家：中国

申请日： 2013年1月26日
申请号： 20130005
品种权号： 20180154
授权日： 2018年12月11日
授权公告号： 国家林业和草原局公告（2018年第17号）
授权公告日： 2018年12月18日
品种权人： 云南锦苑花卉产业股份有限公司
培育人： 倪功、曹荣根、田连通、白云评、乔丽婷、阳明祥

品种特征特性： ‘青春’是云南锦苑花卉产业股份有限公司于2009年4月通过‘罗马假日’（母本）×‘金玉时光’（父本）进行单交培育的实生株系经优选，反复扦插繁殖而得到。‘青春’为常绿灌木，植株高60～80cm。皮刺密度（4～5级）稀，叶上表面光泽度强。顶端小叶数3～5片，顶端小叶尖部锐尖型，基部为椭圆形。花蕾为卵形，为重瓣至千重瓣，中花型品种。侧枝生长中等，每平方米年产量120～140枝，瓶插期10～12天。

‘青春’与对照品种‘丘比特’花色对照：‘青春’花瓣正面黄色（RHS：YELLOW GROUP 6-D），次色黄色（RHS：YELLOW GROUP 12-A）背面为黄色（RHS：YELLOW GROUP 8-D），而对照品种‘丘比特’花瓣正面黄色，花瓣正面主色RHS：YELLOW GROUP 12-A，花瓣背面主色RHS：YELLOW GOURP 9-B。

‘青春’适宜于云南省滇中等亚热带地区栽培，也适合温室栽培。

粉蝶

（蔷薇属）

联系人：周宁宁
联系方式：15096660672　国家：中国

申请日： 2013年12月13日
申请号： 20130171
品种权号： 20180155
授权日： 2018年12月11日
授权公告号： 国家林业和草原局公告（2018年第17号）
授权公告日： 2018年12月18日
品种权人： 云南尚美嘉花卉有限公司
培育人： 赵家清、陈敏、王丽花、鲁春荣、刘辉、张林、刘玉红、周宁宁、王其刚

品种特征特性：'粉蝶'为直立窄灌木，切枝长80～90cm；花单生于茎顶，重瓣，高芯卷瓣杯状大花型，花径9～12cm，有淡香味；花色粉红色，花瓣基部淡黄色，外部花瓣中央至基部有白色条纹；花瓣数27～33枚，花瓣圆形，花瓣边缘有缺刻，花瓣边缘波形中等，花瓣边缘发卷程度中等。萼片延伸强度中等，花梗长5～7cm，粗壮表面有褐色软刺毛。叶深绿色，小叶数5～7，尖端小叶卵圆形，尖端小叶叶尖渐尖，边缘波形中等，边缘锯齿为宽单锯齿，基部圆形，叶深绿色，表面光泽度中等。花枝嫩绿色，茎秆皮刺为斜直刺，黄绿色，茎秆下部刺数量较少，上端无刺，无细密刺。植株生长势强，抗病性强，年产切花16～18枝/株；瓶插期8～10天。

'粉蝶'与近似品种'超级大桃红'花朵比较

金陵丹枫

（槭属）

联系人：荣立苹
联系方式：13813805804　国家：中国

申请日：2014年6月30日
申请号：20140106
品种权号：20180156
授权日：2018年12月11日
授权公告号：国家林业和草原局公告（2018年第17号）
授权公告日：2018年12月18日
品种权人：江苏省农业科学院
培育人：李倩中、闻婧、李淑顺、荣立苹、唐玲、朱璐、马秋月

品种特征特性：‘金陵丹枫’，由鸡爪槭品种‘金陵黄枫’组培苗选育获得。2012年3月上旬从‘金陵黄枫’的组培苗中发现1株变异植株，新叶呈亮红色，通过2年多的试验观察，发现变异植株性状稳定，其嫩叶呈亮红色，6月中旬，叶色呈黄绿色，有少量粉色不规则镶嵌，边缘重锯齿，具粉色刺芒，即定名为‘金陵丹枫’。

锦叶黄杨

（卫矛属）

联系人：范军科
联系方式：13837485291 国家：中国

申请日：2014年8月31日
申请号：20140147
品种权号：20180157
授权日：2018年12月11日
授权公告号：国家林业和草原局公告（2018年第17号）
授权公告日：2018年12月18日
品种权人：河南景艺园林绿化工程有限公司
培育人：范军科、秦艳臣、丁茂、周彦荣、陈博、俎美平

品种特征特性：'锦叶黄杨'为常绿灌木或小乔木，高可达8m，一年生枝绿色、略为四棱形。叶革质且具光泽，椭圆形至倒卵形，长4cm左右，缘有钝齿，两面无毛；自2月中旬萌芽至整个生长季的嫩叶亮金黄色，近熟叶黄绿色，质厚；叶柄长0.6～1.2cm。花绿白色，多生于枝梢叶腋，5～12朵成聚伞花序，果扁球形，径约0.8cm，粉红色，熟时4瓣裂；假种皮橘红色。5月开花，10月果熟。

'锦叶黄杨'为温带树种，喜光也耐阴；耐干旱瘠薄，较耐寒，可耐-15℃低温。在深厚、肥沃、湿润壤土上生长较快。稍耐盐碱，抗烟性、抗污染性能力强。耐修剪，生长慢，寿命长，适应性强，栽培不需特殊管理，可按绿化上的需要作绿篱、灌丛和乔木应用，可孤植、群植或造型，用于城镇街道绿化和庭院绿化，也可用作中草药、室内装饰。

大叶黄杨有栽培的区域，'锦叶黄杨'就可种植，即我国的北京以南的我国广大地区都可种植。

对照品种大叶黄杨叶色为绿色。

锦叶女贞

（女贞属）

联系人：范军科
联系方式：13837485291　国家：中国

申请日： 2014年9月26日
申请号： 20140164
品种权号： 20180158
授权日： 2018年12月11日
授权公告号： 国家林业和草原局公告（2018年第17号）
授权公告日： 2018年12月18日
品种权人： 河南景艺园林绿化工程有限公司
培育人： 范军科、李中香、李丰芹、黎桂阳、韩磊、刘芳辉、组美平

品种特征特性： ‘锦叶女贞’为常绿大灌木或乔木，高可达15m。树皮平滑、灰色。叶革质，对生，卵圆形至倒卵状披针形，先端尖，基部楔形或近圆形，长6～12cm，全缘，表面深绿色且具光泽无毛、背面淡绿色。自3月上旬萌芽至整个生长季嫩叶亮金黄色，近熟叶黄绿色，成熟叶绿色。花白色，顶生圆锥花序，长2～20cm，花冠裂片与花冠筒近等长。浆果状核果长椭圆形，长约1cm，熟时蓝黑色。6～7月开花，11～12月果熟。

‘锦叶女贞’为温带树种，喜光稍耐阴，喜温暖湿润环境，不耐干旱和瘠薄，生长快，萌芽力强，耐修剪，对二氧化硫、氟化氢等有害气体抗性强。在深厚、肥沃、湿润壤土上生长较快。耐盐碱，抗烟性、抗污染性能力强。可孤植、群植或造型，用于城镇街道绿化和庭院绿化的优良常绿抗污染树种。

女贞有栽培的区域，‘锦叶女贞’就可种植，即我国的山东、河北、山西以南和甘肃南部的我国广大地区都可种植，北京冬季背风小环境条件下可越冬。

对照品种女贞嫩叶、近熟叶皆为绿色。

女贞

‘锦叶女贞’

‘锦叶女贞’

锦鸽荆

（紫荆属）

联系人：范军科
联系方式：13837485291　国家：中国

申请日：2014年10月9日
申请号：20140165
品种权号：20180159
授权日：2018年12月11日
授权公告号：国家林业和草原局公告（2018年第17号）
授权公告日：2018年12月18日
品种权人：河南景艺园林绿化工程有限公司
培育人：范军科、郑俊霞、宋良红、靳建芹、韩璐、刘芳辉

品种特征特性：'锦鸽荆'为落叶乔木，树皮灰褐色，平滑；2～3年生小枝灰色，皮孔淡灰色。4月上旬萌芽，直到谷雨嫩叶粉红至朱红色、具光泽。4月中旬叶片完全展开，到立夏叶片仅除叶基部为黄绿色外其余为白色，叶长5.5～13.5cm，宽4.5～11.5cm，近圆形、先端急尖，基部心形，掌状7出脉，全缘，叶面无毛、叶背基部有淡褐色簇毛。立夏到小暑叶片自叶基部沿叶脉向叶缘四周依次递呈绿、黄绿、白的复叶色，绿色面积随叶龄增大而增大，色彩靓丽。花于4月初开放，花冠假蝶形，粉红或淡紫红色，成短总状花序簇生于老枝上，叶前花，花期20天。荚果带状，腹缝有翅长6.5～14cm、宽1.5～2cm，紫红色，内有种子5～8粒，果熟期10月。

巨紫荆有栽培的区域，'锦鸽荆'就可种植，即天津以南、陕西以东的我国广大地区都可种植。锦鸽荆为温带树种，喜温暖湿润气候，既耐酷暑又耐严寒，冬季骤然温差18℃也安然无恙。极端低温-20.5℃。性喜光好生于充分见光处，耐干旱，耐瘠薄，在酸性、碱性及石灰质土壤上都能良好生长。比紫荆耐水湿，在季节性水淹中可存活月余。生长快，年胸径生长量达2cm以上。

对照品种巨紫荆嫩叶为褐红色，成龄叶绿色。

'锦鸽荆'

'巨紫荆'

'锦鸽荆'

云彩虹

（蔷薇属）

联系人：张应红
联系方式：13759099840　国家：中国

申请日：2014年11月28日
申请号：20140213
品种权号：20180160
授权日：2018年12月11日
授权公告号：国家林业和草原局公告（2018年第17号）
授权公告日：2018年12月18日
品种权人：云南鑫海汇花业有限公司、云南省农业科学院花卉研究所
培育人：陈敏、王其刚、朱应雄、朱芷汐、张艺萍、李淑斌、张绍宏、张婷、晏慧君、张颢

品种特征特性：'云彩虹'为直立宽灌木，植株矮丛状，适用于庭院和盆栽，植株高60～150cm。花朵初开放时花色为橘黄色，随花朵逐渐开放花色过渡为桃红色，主要是正面花瓣颜色变为桃红色；花径6～9cm，花瓣数93～130枚，单株花枝长50～80cm，单枝花朵数为7～11枚，单花开放时间为8～11天。萼片延伸强度中等，花基部纵切面"V"型；花梗长4～5cm，紫褐色，有棕红色刺毛。植株叶片具5、7小叶，叶大小中等，叶革质、较厚；叶边缘波形无或弱，顶端小叶卵圆形、叶尖形态渐尖、基部圆形、叶边缘锯齿为单锯齿；叶表面深绿色，光泽度很强；嫩枝嫩叶红棕色。刺形态为弯刺，紫红色。植株生长势强，抗病能力强，花枝侧枝分蘖能力强、花朵量大，繁殖能力强，嫩枝扦插成活率较高。

适宜亚热带、温带地区栽培。种苗可通过嫁接、扦插繁殖；地栽或盆栽均可，可独植或群体种植，科学修剪和均衡水肥可促进健康生长。

近似品种'哈雷彗星'

'云彩虹'

'云彩虹'　近似品种'哈雷彗星'

'云彩虹'　近似品种'哈雷彗星'

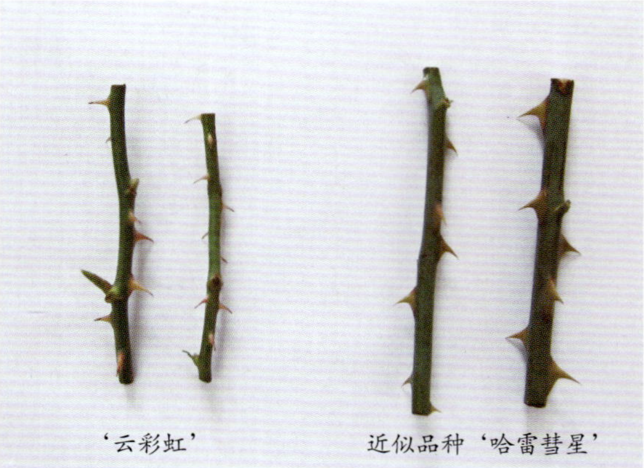

'云彩虹'　近似品种'哈雷彗星'

沁紫

（紫薇）

联系人：陈卓梅
联系方式：057187798210、13185062286　国家：中国

申请日： 2014年12月6日
申请号： 20140228
品种权号： 20180161
授权日： 2018年12月11日
授权公告号： 国家林业和草原局公告（2018年第17号）
授权公告日： 2018年12月18日
品种权人： 浙江滕头园林股份有限公司、浙江省林业科学研究院
培育人： 傅剑波、朱锡君、陈卓梅、王金凤、程雪梅、柳新红、林富平

品种特征特性： ‘沁紫’是千屈菜科紫薇属双子叶植物，是申请人通过选择育种发现的一紫色花紫薇优株，经过7年的生物学观察和扦插繁殖，认为这是一遗传稳定的优良株系，目前已培育成为拥有自主知识产权的新品种。

‘沁紫’为乔木，半直立型，14年生株高5.8m，胸径11.8cm，冠幅4.5m，干皮剥落，剥落后褐色；小枝四棱，明显具翅，微被柔毛；叶片长5.12～5.75cm，宽3.75～4.33cm，椭圆形，叶背微被柔毛，成熟叶深绿色；花芽圆锥形，绿中带红，缝合线微突起；花径3.25～4.03cm，花紫罗兰色（N80B），花瓣边缘褶皱，瓣爪颜色同花色（N80B）。花期7～10月，不具结实性。

适宜在江苏、安徽、河南、湖北、四川等地及以南地区种植。

‘沁紫’的生活型

‘沁紫’不具结实性

白雪

（紫薇）

联系人：陈卓梅
联系方式：057187798210、13185062286　国家：中国

申请日： 2014年12月6日
申请号： 20140229
品种权号： 20180162
授权日： 2018年12月11日
授权公告号： 国家林业和草原局公告（2018年第17号）
授权公告日： 2018年12月18日
品种权人： 浙江滕头园林股份有限公司、浙江省林业科学研究院
培育人： 傅剑波、朱锡君、陈卓梅、王金凤、林富平、柳新红、程雪梅

品种特征特性：‘白雪’是千屈菜科紫薇属双子叶植物，是申请人通过选择育种发现的一花色纯白的紫薇优株，经过7年的生物学观察和扦插繁殖，认为这是一遗传稳定的优良株系，目前已培育成为拥有自主知识产权的新品种。

‘白雪’为乔木，半直立型，14年生株高6.1m，胸径10.5cm，冠幅2.5m；干皮褐色，剥落；小枝四棱，明显具翅，微被柔毛；叶片长5.80～6.42cm，宽2.33～3.58cm，椭圆形和倒卵形，叶背微被柔毛，成熟叶深绿色；花芽球形，绿色；花萼微具棱；花径为4.92～5.03cm，花白色（NN155D），花瓣边缘褶皱，瓣爪颜色紫红（63C），雄蕊无瓣化现象。果实椭圆形，长1.30～1.40cm，宽0.90～1.10cm，花期7～9月。

适宜在江苏、安徽、河南、湖北、四川等地及以南地区种植。

‘白雪’的叶片

‘白雪’的花

‘白雪’的花芽

‘白雪’的果实

吉祥

（蔷薇属）

联系人：田连通
联系方式：0871-65891176、13518743690　国家：中国

申请日：2014年12月6日
申请号：20140233
品种权号：20180163
授权日：2018年12月11日
授权公告号：国家林业和草原局公告（2018年第17号）
授权公告日：2018年12月18日
品种权人：云南锦苑花卉产业股份有限公司
培育人：倪功、曹荣根、田连通、白云评、乔丽婷、何琼、阳明祥

品种特征特性：'吉祥'是云南锦苑花卉股份有限公司于2011年5月在青龙基地通过'沙沙90'（母本）×引进品种'倾心'（父本）进行单交培育的实生株系经优选，反复扦插繁殖而得到。'吉祥'为常绿灌木，植株高70～90cm。皮刺密度（1～2级）密，叶为暗绿色，叶上表面光泽度中等。顶端小叶数3～5片，顶端小叶尖部锐尖型，基部为椭圆形。花蕾为卵形，属重瓣，大花型品种。侧枝生长中等，每平方米年产量110～130枝，瓶插期12～14天。

'吉祥'与对照品种'友谊'花色对照：'吉祥'花瓣正面红紫色（RHS：RED-PURPLE GROUP N57-A），花瓣背面红紫色（RHS：RED-PURPLE GROUP 67-D）；而对照品种'友谊'花瓣正面红色（RHS：RED GROUP 50-A），花瓣背面（RHS：YELLOW GROUP 12-D）。

'吉祥'适宜于云南省滇中等亚热带地区栽培，也适合温室栽培。

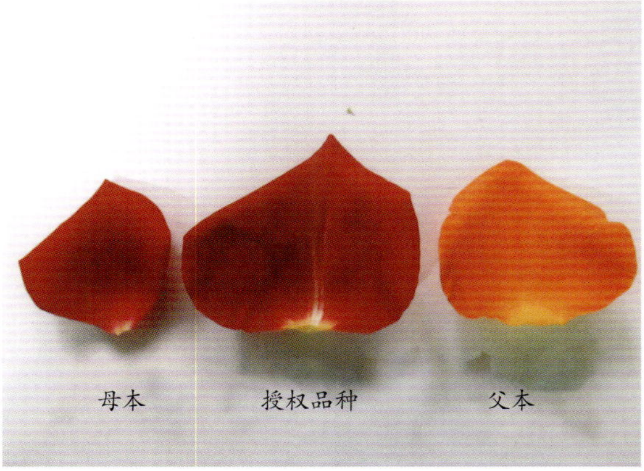

德瑞斯蓝四（DrisBlueFour）

（越橘属）

联系人：陶韬
联系方式：010-68003963　国家：美国

申请日： 2015年2月3日
申请号： 20150026
品种权号： 20180164
授权日： 2018年12月11日
授权公告号： 国家林业和草原局公告（2018年第17号）
授权公告日： 2018年12月18日
品种权人： 德瑞斯克公司（Driscoll's, Inc.）
培育人： 布赖恩·K·卡斯特（Brian K. Caster）、珍妮弗·K·伊佐（Jennifer K. Izzo）、阿伦·德雷珀（Arlen Draper）

品种特征特性： 植株长势为中到强，植株半直立生长，一年生枝条颜色为中黄绿色，叶片长度为中、宽度为中，叶片形状为椭圆形，叶片上表面颜色为深黄绿色，叶全缘，花芽花青素着色为中，花序长度为中，花冠形状为瓮状，花冠筒大小为中，花冠筒花青素着色为无或极弱，花冠筒有皱褶，花簇密度为中，未成熟果实绿色为中，果实大小为中到大，果实纵切面形状为扁圆形，果实萼片姿态为直立、萼片类型为内弯，果实萼孔直径为中、深度为中，果实果皮颜色为深灰紫，果实紧实、甜度为中、酸度为低，结果枝为一年生枝条，一年生枝条开花期为中，果实成熟期为早到中。

‘德瑞斯蓝四’适宜栽植纬度低于35°的冬季不冷、温暖气候条件生态区域。

‘德瑞斯蓝四’（DrisBlueFour）果实性状照片

炎欢1号

（木通属）

联系人：蔡志红
联系方式：0731-84692279　国家：中国

申请日：2015年3月12日
申请号：20150035
品种权号：20180165
授权日：2018年12月11日
授权公告号：国家林业和草原局公告（2018年第17号）
授权公告日：2018年12月18日
品种权人：长沙炎农生物科技有限公司
培育人：王中炎、彭俊彩、蔡金术、王中兵、蔡志红

品种特征特性：‘炎欢1号’是由长沙炎农生物科技有限公司采用多代实生选种的方法，从野生三叶木通的实生后代中选育而成的，研究期限为1994—2014年，共历时20年。2008年，通过对物候期、生长结果状况等系统观测，筛选出c’125等9个优株。2010年，优株高接的品比试验园大量结果，经过系统测试，并邀请消费者代表进行现场鉴评，c’125表现卓越，定名为‘炎欢1号’。

‘炎欢1号’果形美观，果皮深紫色，果面光洁，果皮较薄；果实硕大，平均单果重380g左右；果肉为乳白色，风味浓甜，平均可溶性固形物含量25.0%左右；种籽较少，籽、肉极易分离。果实的可食率达20.6%以上。成熟期为9月下旬至10月上旬，为早熟品种。

‘炎欢1号’对夏季高温和冬季低温均具有有良好的耐受力，因此，从我国南方到北方黄河流域以南的山区、丘陵地区或低海拔平原地区均属适栽区域。土层深厚、疏松肥沃、有机质含量高、排灌良好的地区对植株生长更为有利。

饲构1号

（构属）

联系人：刘艳萍
联系方式：0371-55016861　国家：中国

申请日：2015年3月24日
申请号：20150050
品种权号：20180166
授权日：2018年12月11日
授权公告号：国家林业和草原局公告（2018年第17号）
授权公告日：2018年12月18日
品种权人：河南省林业科学研究院、河南郑新林业高新技术试验场
培育人：翟晓巧、刘艳萍、董玉山、王念、任媛媛、王文君、孙晓薇、何威、曾辉

品种特征特性：'饲构1号'属桑科构属，为落叶乔木。

河南省林业科学研究院于2007年在河南漯河、濮阳、洛阳、信阳、商丘、郑州等地搜集构树优良单株，2008年扦插繁殖构树苗木，2009年在荥阳等地营建构树试验林（后因拆迁占地，此试验林被征用），发现其中一个系号性状优良；于2012年从该植株上剪取枝条进行硬枝扦插，扦插苗栽植在许昌鄢陵，其中一株生长健壮，表现出特有的优势，叶片大且厚、无分裂或几无分裂、叶缘细锯齿，叶片基部心形、偶平截，当年生枝被有白色茸毛；叶片营养丰富，粗蛋白质含量较高，即为该品种的母株。课题组又于2016年、2017年和2018年从该母株上剪取插穗进行扦插繁殖，在许昌鄢陵栽植有3年生、2年生和1年生无性系苗木；同时在禹州、桐柏等地营建有'饲构1号'试验林，通过调查发现，所扩繁的苗木均表现相同的形态性状，叶片粗蛋白质含量较高，叶片和饲料特性稳定，单株植物间特异性完全一致。其植株健壮，树体生长旺盛，适应性强，对土壤和气候条件的要求不严，耐干旱、贫瘠，抗污染，具有广泛的适应性和饲用价值。

'饲构1号'

'中科1号'

杰施-克苏1（JFS-KSU1）

（朴属）

联系人：王晓原
联系方式：010-62860611 国家：美国

申请日：2015年4月1日
申请号：20150061
品种权号：20180167
授权日：2018年12月11日
授权公告号：国家林业和草原局公告（2018年第17号）
授权公告日：2018年12月18日
品种权人：美国J弗兰克 施密特父子有限公司
培育人：基思·沃伦（Keith S. Warren）

品种特征特性：'杰施-克苏1'具有深绿色的叶片；分枝角度为30°～40°，当枝条长到30cm左右后几乎与主干平行生长，因此具有直立状的树形。

2005年8月1日，这种具有新品种特质的美洲朴苗木被送往JFS苗圃进行测试。2006年生长季，通过评估证实了该测试对象与同种实生苗相比有显著不同的上述特征。2006年9月12日，通过对上述测试发芽苗木在第二个测试地块中的筛选发现，依然保持着显著独特的特征。2007年生长季，对两个测试地块评估的结果证明，上述特征都依旧存在。2007年8月13日，对一小块生产性地块中几百棵发芽的测试植株做了进一步的生长特征观察。2008年生长季，对这些植株深入评估的结果：表现出了如前所期望的独特特征。2008年8月26日，该品种在第二个生产性地块中发芽。2009年2月2日，第一个生产地块中2007年发芽的植株出圃。随后决定推广生产具有狭窄直立树形特征的该品种。通过2005—2009年的培育评估，确认了该品种的优良特性是稳定和一致的。

'杰施-克苏1'适宜种植较肥沃、湿润且排水良好、最适pH为6.5的土壤中。在整个生长季里都需要定量浇灌和施肥。

'杰施-克苏1'的树形特征

对照物种美洲朴的树形特征

炎欢2号

（木通属）

联系人：蔡志红
联系方式：0731-84692279　国家：中国

申请日：2015年5月30日
申请号：20150098
品种权号：20180168
授权日：2018年12月11日
授权公告号：国家林业和草原局公告（2018年第17号）
授权公告日：2018年12月18日
品种权人：长沙炎农生物科技有限公司
培育人：王中炎、彭俊彩、蔡金术、王中兵、蔡志红

品种特征特性：'炎欢2号'是由长沙炎农生物科技有限公司采用多代实生选种的方法，从野生三叶木通的实生后代中选育而成的，研究期限为1994—2014年，共历时20年。2008—2009年，通过对物候期、生长结果状况等系统观测，筛选出c'108等38个优株。2012年起，高接优株的品比试验园开始大量结果，经过系统测试，确定了包括c'108在内的3个性状突出且早中晚熟配套的优良株系。为便于c' 108的商业开发，为其定名为'炎欢2号'。

'炎欢2号'果形美观，果皮紫色，果面光洁；果实硕大，平均单果重400g左右；果肉为乳白色，口感细腻甘甜，平均可溶性固形物含量25.0%左右；种籽较少，籽、肉极易分离。果实的可食率达23.2%以上。成熟期为10月上旬至10月下旬，为中熟品种。

'炎欢2号'对夏季高温和冬季低温均具有良好的耐受力，因此，从我国南方到北方黄河流域以南的山区、丘陵地区或低海拔平原地区均属适栽区域。土层深厚、疏松肥沃、有机质含量高、排灌良好的地区对植株生长更为有利。

金灿

（白刺属）

联系人：张华新
联系方式：18611572609、010-62889343　国家：中国

申请日：2015年6月18日
申请号：20150114
品种权号：20180169
授权日：2018年12月11日
授权公告号：国家林业和草原局公告（2018年第17号）
授权公告日：2018年12月18日
品种权人：中国林业科学研究院、中国林业科学研究院沙漠林业实验中心
培育人：张华新、杨秀艳、郝玉光、张景波、成铁龙、刘正祥、史胜青、朱建峰、倪建伟

品种特征特性：落叶灌木。与原红果类型大白刺相比，其株形疏散，叶片较稍窄小，花期晚1周左右，雄蕊花丝短于柱头，花药少，雌蕊柱头较高；果实亮黄色，果汁黄色；核果，窄卵形，先端尖，内果皮其蜂窝状凹陷。耐盐碱、干旱、瘠薄性强，可在含盐10%的滨海盐碱地上正常生长。

'金灿'与对照品种比较性状差异如下表：

品种	花期	果实	种子
'金灿'	5月底，较对照晚1周左右	成熟时为黄色，少有橙色	大，窄卵形，直径3～4mm
'大白刺'	5月中下旬	成熟时为红色或暗红色	较大，窄卵形，直径4～6mm

红花棉花糖

（桃花）

联系人：任萌圃

联系方式：18610086916　国家：中国

申请日：2015年8月12日

申请号：20150144

品种权号：20180170

授权日：2018年12月11日

授权公告号：国家林业和草原局公告（2018年第17号）

授权公告日：2018年12月18日

品种权人：北京乾景园林股份有限公司

培育人：王会顶、任萌圃、赵静、石乐、朱仁元、王文峰、吕涛

品种特征特性：‘红花棉花糖’是2011年在通州永乐店镇小安村苗圃地以一年生山桃苗为砧木，以‘照手红’为接穗嫁接4000株，2012年7月发现一株开张角度明显大的植株。2012—2014年对变异植株进行芽接，后代与母株性状表现一致且稳定。

‘红花棉花糖’树体大，分枝角度开心柱型，直枝，中等节间长度，花枝绿具红斑纹；中等花芽量，花蕾红色，阔卵形，梅花花型，花径小，萼片数量>5，花瓣红色，卵形，中等大小，复瓣；雄蕊相对于花瓣的位置短，雌蕊1，柱头与花药几等长，花药黄色；叶绿色，披针形，中等叶长，中等叶宽，叶长与叶宽比中，叶面平展；果有果皮毛，绿白色，圆形，中等大小，核椭圆形，核纹多，始花期中，开花持续时间中。

‘红花棉花糖’具有耐寒、耐旱、耐干燥的特点，喜土壤疏松和地下水位低的微碱性土壤，忌阴湿和不良排水条件。种植于阳光充足、通风良好处，既可作为行道树，也可种植在居民小区、庭院等地，是一种优良的园林绿化树种。

‘粉花棉花糖’

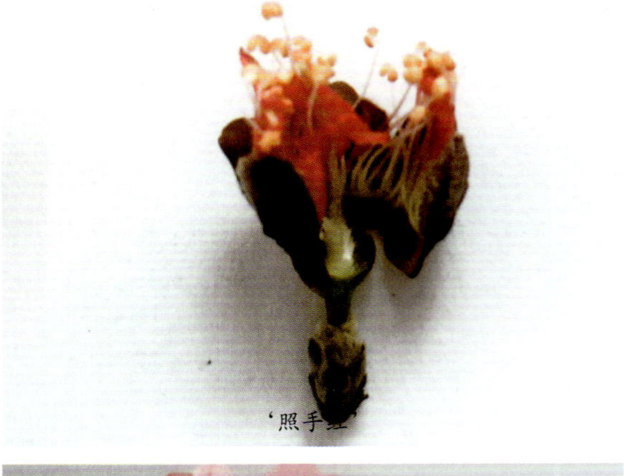

‘照手红’

‘红花棉花糖’

‘粉花棉花糖’

粉花棉花糖

（桃花）

联系人：任萌圃

联系方式：18610086916　国家：中国

申请日： 2016年12月15日

申请号： 20150145

品种权号： 20180171

授权日： 2018年12月11日

授权公告号： 国家林业和草原局公告（2018年第17号）

授权公告日： 2018年12月18日

品种权人： 北京乾景园林股份有限公司

培育人： 石乐、任萌圃、赵静、王会顶、朱仁元、王文峰、吕涛

品种特征特性： ‘粉花棉花糖’是2011年在通州永乐店镇小安村苗圃地以一年生山桃苗为砧木，以照手桃为接穗嫁接4000株，2012年7月发现一株开张角度明显大的植株。2012—2014年对变异植株进行芽接，后代与母株性状表现一致且稳定。

‘粉花棉花糖’树体大，分枝角度开心柱型，直枝，中等节间长度，花枝绿具红斑纹；中等花芽量，花蕾深粉色，卵形，梅花花型，花径小，萼片数量>5，花瓣深粉色，卵形，中等大小，复瓣；雄蕊相对于花瓣的位置短，雌蕊1，柱头与花药几等长，花药橘红色；叶绿色，披针形，中等叶长，中等叶宽，叶长与叶宽比中，叶面平展；果有果皮毛，绿白色，圆形，中等大小，核椭圆形，核纹多，始花期中，开花持续时间中。

‘粉花棉花糖’适应性强，具有耐寒、耐旱、耐干燥等特点，喜阳光充足、土壤疏松和地下水位低的微碱性土地，忌阴湿和不良排水条件，适宜生长在中国北方桃花主要分布区域（辽宁、京津冀、山东、山西、陕西等）。

‘粉花棉花糖’

‘红花棉花糖’

‘粉花棉花糖’

‘红花棉花糖’

奥斯亚特（AUSYACHT）

（蔷薇属）

联系人：罗斯玛丽·威尔柯克斯
联系方式：+44-1902-376319　国家：英国

申请日：2015年8月18日
申请号：20150150
品种权号：20180172
授权日：2018年12月11日
授权公告号：国家林业和草原局公告（2018年第17号）
授权公告日：2018年12月18日
品种权人：大卫奥斯汀月季公司（David Austin Roses Limited）
培育人：大卫奥斯汀（David Austin）

品种特征特性：‘奥斯亚特’（AUSYACHT）是由未知品种的切花月季亲本杂交选育而来的新品种。该品种形态特征表现为植株高度矮至中等；茎有皮刺，数量较少；叶片大至极大；花色组为红色，花朵直径中等，花瓣数量极多。与对照品种‘奥斯切瑞特’（AUSCHARIOT）相比，‘奥斯亚特’的嫩枝皮刺数量较少，而‘奥斯切瑞特’嫩枝皮刺多；‘奥斯亚特’叶片上表面绿色浅，而‘奥斯切瑞特’绿色中等；‘奥斯亚特’花瓣内侧为深紫红色，约RHS 53A～53B，而‘奥斯切瑞特’为紫红色，约RHS 57A～57B；‘奥斯亚特’花型为杯型，顶部较平，而‘奥斯切瑞特’为半球型。

该品种喜温湿、光照和肥沃的微酸性土壤，不耐遮阴、瘠薄、干旱和水涝，生长适温为15～25℃；可利用T形芽接进行无性繁殖；适于在温室夜间温度较低的条件下进行商业切花生产栽培。

‘奥斯亚特’（AUSYACHT）植物器官典型标本

对照品种‘奥斯切瑞特’（AUSCHARIOT）植物器官典型标本

戴尔福慕思（Delfumros）

（蔷薇属）

联系人：阿诺德·戴尔巴德（Arnaud.delbard）
联系方式：33（0）470643334　国家：法国

申请日： 2015年8月19日
申请号： 20150154
品种权号： 20180173
授权日： 2018年12月11日
授权公告号： 国家林业和草原局公告（2018年第17号）
授权公告日： 2018年12月18日
品种权人： 法国乔治斯·戴尔巴德月季有限公司（Société Nouvelle Pépinières & Roseraies Georges DELBARD, France）
培育人： 阿诺德·戴尔巴德（Arnaud.delbard）

品种特征特性： ‘戴尔福慕思’（Delfumros）在植物分类学上属于蔷薇科蔷薇属。‘戴尔福慕思’是2008年2月在法国玛丽考恩市（MALICORNE, FRANCE）的育种温室内以商业老品种‘坦尼克’（Tineke）为母本，用本公司自有品种‘克里拉米’（KRILAMY）作父本进行控制授粉杂交。

近似品种选择申请人的另一商业品种‘粉色的爱’（Pink Love），其与授权品种的特异性见下表：

品种	叶片颜色	花径尺寸	花瓣颜色	花瓣边缘反卷
‘戴尔福慕思’	中绿	大	中粉	中
‘粉色的爱’	灰绿	中到大	深粉	小

‘戴尔福慕思’（Delfumros）

‘粉色的爱’（Pink Love）

德瑞斯蓝五（DrisBlueFive）

（越橘属）

联系人：高峰
联系方式：010-62357029　国家：美国

申请日：2015年9月6日
申请号：20150171
品种权号：20180174
授权日：2018年12月11日
授权公告号：国家林业和草原局公告（2018年第17号）
授权公告日：2018年12月18日
品种权人：德瑞斯克公司（Driscoll's, Inc.）、美国佛罗里达基金种业公司（Florida Foundation Seed Producers, Inc.,USA）
培育人：布赖恩·K·卡斯特（Brian K. Caster）、珍妮弗·K·伊佐（Jennifer K. Izzo）、阿伦·德雷珀（Arlen Draper）、保罗·K·洛伦妮（Paul M. Lyrene）

品种特征特性：植株长势为强，植株半直立生长，一年生枝条颜色为中黄绿色，叶片长度为中、宽度为中，叶片长宽比为大，叶片形状为椭圆形，叶片上表面颜色为深灰绿色，叶全缘，花芽花青素着色为弱，花序长度为长，花冠形状为瓮状，花冠筒大小为中，花冠筒花青素着色为无或极弱，花冠筒无皱褶，花簇密度为中，未成熟果实绿色为中，果实大小为中或大，果实纵切面形状为扁圆形，果实萼片姿态为半直立、萼片类型为内弯，果实萼孔直径为大、深度为深，果霜程度为强，果实果皮颜色为灰紫，果实紧实、甜度为中、酸度为低，结果类型为一年生枝条结果，叶芽萌发时间为早或中，一年生枝条开花期为早，果实成熟期为中。

‘德瑞斯蓝五’适宜栽植纬度低于35° 的冬季不冷、温暖气候条件生态区域。

‘德瑞斯蓝五’（DrisBlueFive）果实性状照片

德瑞斯蓝六（DrisBlueSix）

（越橘属）

联系人：高峰
联系方式：010-62357029　国家：美国

申请日：2015年9月6日
申请号：20150172
品种权号：20180175
授权日：2018年12月11日
授权公告号：国家林业和草原局公告（2018年第17号）
授权公告日：2018年12月18日
品种权人：德瑞斯克公司（Driscoll's, Inc.）
培育人：布赖恩·K·卡斯特（Brian K. Caster）、珍妮弗·K·伊佐（Jennifer K. Izzo）、阿伦·德雷珀（Arlen Draper）

品种特征特性：植株长势为中或强，植株半直立生长，一年生枝条颜色为绿色，叶片长度为中或长、宽度为中，叶片长宽比为大，叶片形状为椭圆形，叶片上表面颜色为深绿色，叶全缘，花芽花青素着色为弱，花序长度为中或长，花冠形状为瓮状，花冠筒大小为小，花冠筒花青素着色为无或极弱，花冠筒有皱褶，花簇密度为中，未成熟果实绿色为浅，果实大小为中或大，果实纵切面形状为扁圆形，果实萼片姿态为半直立、萼片类型为内弯，果实萼孔直径为中、深度为中，果霜程度为强，果实果皮颜色为深蓝，果实紧实、甜度为中、酸度为中，结果类型为一年生枝条结果，叶芽萌发时间为早，一年生枝条开花期为早，果实成熟期为极早。

‘德瑞斯蓝六’适宜栽植纬度低于35°的冬季不冷、温暖气候条件生态区域。

德瑞斯蓝七（DrisBlueSeven）

（越橘属）

联系人：高峰
联系方式：010-62357029　国家：美国

申请日：2015年9月6日
申请号：20150173
品种权号：20180176
授权日：2018年12月11日
授权公告号：国家林业和草原局公告（2018年第17号）
授权公告日：2018年12月18日
品种权人：德瑞斯克公司（Driscoll's, Inc.）
培育人：布赖恩·K·卡斯特（Brian K. Caster）、珍妮弗·K·伊佐（Jennifer K. Izzo）、阿伦·德雷珀（Arlen Draper）

品种特征特性：植株长势为中，植株半直立生长，一年生枝条颜色为绿色，叶片长度为长、宽度为中，叶片长宽比为大，叶片形状为椭圆形，叶片上表面颜色为深绿色，叶全缘，花芽花青素着色为弱，花序长度为中，花冠形状为瓮状，花冠筒大小为小，花冠筒花青素着色为弱，花冠筒有皱褶，花簇密度为中，未成熟果实绿色为中，果实大小为大，果实纵切面形状为扁圆形，果实萼片姿态为直立、萼片类型为内弯，果实萼孔直径为大、深度为浅，果霜程度为强，果实果皮颜色为深蓝，果实极紧实、甜度为中、酸度为中，结果类型为一年生枝条结果，叶芽萌发时间为早，一年生枝条开花期为极早，果实成熟期为极早。

'德瑞斯蓝七'适宜栽植纬度低于35°的冬季不冷、温暖气候条件生态区域。

'德瑞斯蓝七'（DrisBlueSeven）果实性状照片

瑞普德0126a（Ruipd0126a）

（蔷薇属）

联系人：汉克·德·格罗特
联系方式：+31 206436516　国家：荷兰

申请日：2015年9月6日
申请号：20150176
品种权号：20180177
授权日：2018年12月11日
授权公告号：国家林业和草原局公告（2018年第17号）
授权公告日：2018年12月18日
品种权人：迪瑞特知识产权公司（De Ruiter Intellectual Property B.V.）
培育人：汉克·德·格罗特（H.C.A. de Groot）

品种特征特性：‘瑞普德0126a’（Ruipd0126a），以‘瑞泽1135’（Ruiz1135）为母本，‘瑞肯’（Ruikenre）为父本，进行杂交，经过扦插苗的不断选育后而得到的具有优良商品性状的盆栽月季品种。

‘瑞普德0126a’属于盆栽月季；生长类型为矮化型、生长习性为半直立到中等开张，植株高度为高；嫩枝有花青素有着色，嫩枝花青苷显色程度为弱；皮刺数量为多、颜色为偏紫色；叶片大小为小到大，第一次开花之时为中绿色；叶片上表面光泽为中；小叶片叶缘波状曲线为极弱到弱；顶端小叶卵圆形，叶尖呈锐尖；有开花侧枝，开花侧枝数量为少，花蕾纵切面形状为椭圆形，花型为重瓣；花瓣数量为多；花径为中；花无香味，花萼边缘延伸程度为中；花瓣无边缘缺裂，花瓣呈倒椭圆形；花瓣宽度为极窄；花瓣内侧、内侧主要颜色为1种，且均匀，主要颜色是RHS57A；花瓣内侧基部有斑点，斑点大小为大、颜色为白色，外部雄蕊花丝主要颜色为粉色。

‘瑞普德0126a’适宜在温室光照充足的条件下栽培生产。冬季采用拟光灯延长光照时间；突出的特点是适合在高海拔地区种植和繁殖，优秀性状保持稳定。

‘瑞普德0126a’（Ruipd0126a）植株器官典型标本

近似品种‘瑞姆普0002’（Ruimpl0002）植株器官典型标本

羞粉

（山茶属）

联系人：倪穗
联系方式：13957881906　国家：中国

申请日：2015年9月17日
申请号：20150183
品种权号：20180178
授权日：2018年12月11日
授权公告号：国家林业和草原局公告（2018年第17号）
授权公告日：2018年12月18日
品种权人：宁波大学、宁波植物园筹建办公室
培育人：倪穗、陈越、王大庄、游鸣飞、郑小青

品种特征特性：采用传统的杂交方法选育出的子一代。母本是美国茶花育种专家王大庄先生培育的‘白云南茶花的子一代1号’，父本是美国茶花品种‘Purity’（贞洁）。

常绿灌木，树形紧凑，生长旺盛；叶深绿，略有光泽，质厚，椭圆形，叶长11cm，宽6.5～7cm，先端渐尖，大叶脉呈明显绿色，边缘有细齿。花径9cm左右，中型花；完全重瓣型；花瓣60枚，覆瓦状有序排列；花初开时呈粉红色，盛开时渐白色带微粉；花期很早至中（1～3月初）。

喜温暖湿润气候。稍耐阴。要求富含腐殖质的酸性土。可在华东、华南等地区露地种植和应用，北方可以室内盆栽。

羞红

（山茶属）

联系人：倪穗
联系方式：13957881906　国家：中国

申请日：2015年9月17日
申请号：20150184
品种权号：20180179
授权日：2018年12月11日
授权公告号：国家林业和草原局公告（2018年第17号）
授权公告日：2018年12月18日
品种权人：宁波大学、宁波植物园筹建办公室
培育人：倪穗、陈越、王大庄、游鸣飞、郑小青

品种特征特性：母本是美国茶花育种专家王大庄先生培育的白云南茶花的子一代1号（*C. reticulata*），父本是美国茶花品种‘Elaine’s Betty’（依兰贝蒂）。

常绿灌木，枝和叶略分散生长；叶深绿色，光泽弱，长椭圆，长10.5～12.5cm，宽5.5cm，前略尖，有细齿边；花径7.5～9.4cm，中型花，完全重瓣型；花瓣55～60枚，覆瓦状有序排列。花色为淡粉底色，边缘深红色，花瓣阔倒卵圆形，边缘内扣；开花稠密。花期早至中（2月上旬至3月下旬）。

喜温暖湿润气候。稍耐阴。要求富含腐殖质的酸性土。可在华东、华南等地区露地种植和应用，北方可以室内盆栽。

粉精灵

（紫薇属）

联系人：王佳
联系方式：13910229248　国家：中国

申请日： 2015年9月17日
申请号： 20150185
品种权号： 20180180
授权日： 2018年12月11日
授权公告号： 国家林业和草原局公告（2018年第17号）
授权公告日： 2018年12月18日
品种权人： 北京林业大学
培育人： 潘会堂、鞠易倩、叶远俊、张启翔、胡杏、焦垚、蔡明、程堂仁、王佳

左：紫薇，右：‘粉精灵’

品种特征特性：‘粉精灵’是2011年8月在北京林业大学小汤山资源圃以屋久岛紫薇（*Lagerstroemia fauriei*）做母本，紫薇品种*L. indica*‘Pocomoke’做父本进行杂交，2011年10月获得杂交种子，2012年春定植于北京小汤山基地。2013年7月从F_1杂交群体中选取开花量大的正常株型株系B010为母本，与品种‘Pocomoke’回交，2013年10月获得杂交种子，2013年12月温室播种获得杂种苗，2014年春定植于小汤山基地。2015、2016、2017连续3年表型稳定，株型低矮，花浅粉红RHS 55B。采用嫩枝扦插繁殖，扩大个体数量，各性状表现稳定，未见变异。

低矮灌木，2年生苗株高约0.3m，冠幅40～50cm，枝条直立，老枝褐色，小枝明显四棱。叶长椭圆形和披针形，长3.95±0.17cm，宽1.32±0.12cm，侧脉3～5对。花萼长约0.86±0.10cm，花萼6棱微具棱，钟形。花芽圆锥形，缝合线突起较弱。花序长约12cm，宽约7cm，每花序着花数10～30。花瓣6，单色，浅粉红RHS55B，花径约3.4±0.11cm，花瓣长约1.07±0.10cm，宽约1.27±0.08cm，瓣爪长0.63±0.04cm。6长雄蕊，30～40短雄蕊。花期7～9月，果期10～11月。

‘粉精灵’同对照品种‘Pocomoke’主要差异见下表：

性状	‘Pocomoke’	‘粉精灵’
叶片：形状	椭圆形和倒卵形	长椭圆形和披针形
叶片：新叶叶缘颜色	绿	深紫红
花芽：形状	球形	圆锥形
花：单色花颜色	紫红 RHS 63A	浅粉红 RHS 55B

金墨珠

（枸杞属）

联系人：马惠杰
联系方式：13830560076　国家：中国

申请日： 2015年10月10日
申请号： 20150202
品种权号： 20180181
授权日： 2018年12月11日
授权公告号： 国家林业和草原局公告（2018年第17号）
授权公告日： 2018年12月18日
品种权人： 马惠杰
培育人： 马惠杰

品种特征特性： 在已知的枸杞种中，与‘金墨珠’最近似的种是黑果枸杞。该申请品种分枝细密，枝干黄褐色，弓状弯曲或俯垂，一年生枝白色。果实卵圆形，成熟时为紫黑色，含种子12～20粒。而对照种黑果枸杞分枝坚挺，灰白色或白色，“之”字形曲折延伸，向上斜生，或横卧于地面。果实横向扁圆形或半球形，紫黑色。

该品种是于2012年10月7日，从甘肃省金昌市的龙首山发现的一从形态特征与黑果枸杞明显不同的枸杞属植物上取材，并通过分生移植、扦插埋根等方式，历时5年培育而来的。通过2012年10月至2017年10月的培育评估，确认该品种的特异性状是稳定和一致的。

选择木质化的枝条截成12cm长插条，经24小时生根粉浸泡后进行扦插育苗，然后覆膜保持水分；插壤采用普通黄土即可。本品种耐寒，耐旱，喜光。在果实成熟期，大棚上部需覆盖防鸟网，防止果实被啄食。

‘金墨珠’与对照种黑果枸杞（*Lycium ruthenicum* Murr.）的果实特征照片

艾维驰17（EVER CHI17）

（蔷薇属）

联系人：哈雷·艾克路德（Harley Eskelund）
联系方式：+45-51571990　国家：丹麦

申请日：2015年10月12日
申请号：20150209
品种权号：20180182
授权日：2018年12月11日
授权公告号：国家林业和草原局公告（2018年第17号）
授权公告日：2018年12月18日
品种权人：丹麦永恒玫瑰公司（ROSES FOREVER ApS）
培育人：哈雷·艾克路德（Harley Eskelund）

品种特征特性：'艾维驰17'属开张型矮生品种，植物高度很矮；嫩枝花青苷显色程度为很弱；皮刺的数量少，刺的颜色为黄色；叶片大小中等，叶上表面绿色程度为中，叶上表面光泽程度为中至强，小叶边缘波状为很弱，顶端小叶形状为卵圆形，顶端小叶叶尖呈渐尖，基部形状为钝形；无侧花枝，开花侧枝花数量为很少，花蕾纵切面形状为椭圆形。花型为重瓣花型，花瓣数30～45瓣，花色为橙混色（皇家园艺比色卡读数：主色69B，次色57B），花朵紧密程度中等，花直径4～5cm，花萼边缘延伸程度为很弱；花瓣无边缘缺裂，花瓣呈宽椭圆形，花瓣无基部色斑；花丝主色为黄色。

'艾维驰17'经过多次繁殖方式测试，证明该性状组合通过连续的无性繁殖，其有性繁殖或营养繁殖的特性一致，且基本性状包括颜色、花形、生长习性等均稳定。

'艾维驰17'适宜在温室条件下栽培生产。适于温室内光线充足的环境条件，冬季需采用拟光灯延长光照时间。

'艾维驰17'（EVER CHI17）植株器官典型标本

近似品种'艾维驰23'（EVER CHI23）植株器官典型标本

艾维驰18（EVER CHI18）

（蔷薇属）

联系人：哈雷·艾克路德（Harley Eskelund）
联系方式：+45-51571990　国家：丹麦

申请日：2015年10月12日
申请号：20150210
品种权号：20180183
授权日：2018年12月11日
授权公告号：国家林业和草原局公告（2018年第17号）
授权公告日：2018年12月18日
品种权人：丹麦永恒玫瑰公司（ROSES FOREVER ApS）
培育人：哈雷·艾克路德（Harley Eskelund）

品种特征特性：'艾维驰18'属开张型矮生品种，植物高度很矮；嫩枝花青苷显色程度为很弱；皮刺的数量少，刺的颜色为黄色；叶片大小中等，叶上表面绿色程度为中，叶上表面光泽程度为中至强，小叶边缘波状为很弱，顶端小叶形状为卵圆形，顶端小叶叶尖呈渐尖，基部形状为钝形；无侧花枝，开花侧枝花数量为中等，花蕾纵切面形状为椭圆形。花型为重瓣花型，花瓣数30～45瓣，花色为粉色（皇家园艺比色卡读数38C），花朵紧密程度中等，花直径4～5cm，花萼边缘延伸程度为很弱；花瓣无边缘缺裂，花瓣呈宽椭圆形，花瓣无基部色斑；花丝主色为黄色。

'艾维驰18'经过多次繁殖方式测试，证明该性状组合通过连续的无性繁殖，其有性繁殖或营养繁殖的特性一致，且基本性状包括颜色、花形、生长习性等均稳定。

'艾维驰18'适宜在温室条件下栽培生产。适于温室内光线充足的环境条件，冬季需采用拟光灯延长光照时间。

'艾维驰18'（EVER CHI18）植株器官典型标本

近似品种'艾维驰28'（EVER CHI28）植株器官典型标本

艾维驰20（EVER CHI20）

（蔷薇属）

联系人：哈雷·艾克路德（Harley Eskelund）
联系方式：+45-51571990　国家：丹麦

申请日：2015年10月12日
申请号：20150211
品种权号：20180184
授权日：2018年12月11日
授权公告号：国家林业和草原局公告（2018年第17号）
授权公告日：2018年12月18日
品种权人：丹麦永恒玫瑰公司（ROSES FOREVER ApS）
培育人：哈雷·艾克路德（Harley Eskelund）

品种特征特性：‘艾维驰20’属开张型矮生品种，植物高度很矮；嫩枝花青苷显色程度为很弱；皮刺的数量少，刺的颜色为黄色；叶片大小中等，叶上表面绿色程度为中，叶上表面光泽程度为中至强，小叶边缘波状为很弱，顶端小叶形状为卵圆形，叶尖呈渐尖，基部形状为钝形；无侧花枝，开花侧枝花数量为很少，花蕾纵切面形状为椭圆形。花型为重瓣花型，花瓣数30～45瓣，花色为黄色（皇家园艺比色卡读数9A），花朵紧密程度中等，花直径7～8cm，花萼边缘延伸程度为很弱；花瓣无边缘缺裂，呈宽椭圆形，花瓣无基部色斑；花丝主色为黄色。

‘艾维驰20’经过多次繁殖方式测试，证明该性状组合通过连续的无性繁殖，其有性繁殖或营养繁殖的特性一致，且基本性状包括颜色、花形、生长习性等均稳定。

‘艾维驰20’适宜在温室条件下栽培生产。适于温室内光线充足的环境条件，冬季需采用拟光灯延长光照时间。

‘艾维驰20’（EVER CHI20）植株器官典型标本

近似品种‘艾维驰09’（EVER CHI09）植株器官典型标本

艾维驰22（EVER CHI22）

（蔷薇属）

联系人：哈雷·艾克路德（Harley Eskelund）
联系方式：+45-51571990　国家：丹麦

申请日：2015年10月12日
申请号：20150212
品种权号：20180185
授权日：2018年12月11日
授权公告号：国家林业和草原局公告（2018年第17号）
授权公告日：2018年12月18日
品种权人：丹麦永恒玫瑰公司（ROSES FOREVER ApS）
培育人：哈雷·艾克路德（Harley Eskelund）

品种特征特性：‘艾维驰22’属开张型矮生品种，植物高度很矮；嫩枝花青苷显色程度为很弱；皮刺的数量少，刺的颜色为黄色；叶片大小中等，叶上表面绿色程度为中，叶上表面光泽程度为很强，小叶边缘波状为很弱，顶端小叶形状为卵圆形，顶端小叶叶尖呈渐尖，基部形状为钝形；无侧花枝，开花侧枝花数量为很少，花蕾纵切面形状为椭圆形。花型为重瓣花型，花瓣数30～45瓣，花色为黄色（皇家园艺比色卡读数19A），花朵紧密程度中等，花直径6～7cm，花萼边缘延伸程度为强；花瓣无边缘缺裂，花瓣呈宽椭圆形，花瓣无基部色斑；花丝主色为黄色。

‘艾维驰22’经过多次繁殖方式测试，证明该性状组合通过连续的无性繁殖，其有性繁殖或营养繁殖的特性一致，且基本性状包括颜色、花形、生长习性等均稳定。

‘艾维驰22’适宜在温室条件下栽培生产。适于温室内光线充足的环境条件，冬季需采用拟光灯延长光照时间。

‘艾维驰22’（EVER CHI22）植株器官典型标本

近似品种‘艾维驰17’（EVER CHI17）植株器官典型标本

艾维驰23（EVER CHI23）

（蔷薇属）

联系人：哈雷·艾克路德（Harley Eskelund）
联系方式：+45-51571990　国家：丹麦

申请日： 2015年10月12日
申请号： 20150213
品种权号： 20180186
授权日： 2018年12月11日
授权公告号： 国家林业和草原局公告（2018年第17号）
授权公告日： 2018年12月18日
品种权人： 丹麦永恒玫瑰公司（ROSES FOREVER ApS）
培育人： 哈雷·艾克路德（Harley Eskelund）

品种特征特性：‘艾维驰23’属开张型矮生品种，植物高度很矮；嫩枝花青苷显色程度为很弱；皮刺的数量少，刺的颜色为黄色；叶片大小中等，叶上表面绿色程度为中，叶上表面光泽程度为中至强，小叶边缘波状为很弱，顶端小叶形状为卵圆形，叶尖呈渐尖，基部形状为钝形；无侧花枝，开花侧枝花数量为很少，花蕾纵切面形状为椭圆形。花型为重瓣花型，花瓣数30～45瓣，花色为橙色（皇家园艺比色卡读数73B），花朵紧密程度中等，花直径6～7cm，花萼边缘延伸程度为强；花瓣无边缘缺裂，花瓣呈宽椭圆形，花瓣无基部色斑；花丝主色为黄色。

‘艾维驰23’经过多次繁殖方式测试，证明该性状组合通过连续的无性繁殖，其有性繁殖或营养繁殖的特性一致，且基本性状包括颜色、花形、生长习性等均稳定。

‘艾维驰23’适宜在温室条件下栽培生产。适于温室内光线充足的环境条件，冬季需采用拟光灯延长光照时间。

‘艾维驰23’（EVER CHI23）植株器官典型标本

近似品种‘艾维驰17’（EVER CHI17）植株器官典型标本

云裳

（含笑属）

联系人：徐慧
联系方式：020-85189308 国家：中国

申请日： 2015年10月15日
申请号： 20150224
品种权号： 20180187
授权日： 2018年12月11日
授权公告号： 国家林业和草原局公告（2018年第17号）
授权公告日： 2018年12月18日
品种权人： 棕榈生态城镇发展股份有限公司
培育人： 严丹峰、王亚玲、王晶、吴建军、赵珊珊

品种特征特性： 母本为新含笑，父本为云南含笑。用常规人工杂交手段，即去雄、套袋、授粉，获得杂交种子，随采随播。杂交实生苗播种后第3年开花。选择优良株进行嫁接繁殖。

常绿小乔木。株型半开展；嫩枝、嫩芽、叶背密被平伏红褐色短毛。叶革质，长卵形，先端钝尖，基部楔形，叶面微起伏，上面深绿色，下面粉绿色；中脉在叶面略凹下，在叶背凸起；叶柄长0.8～1.3cm，基部膨大；托叶痕为叶柄长的1/3。每个花蕾含花1个，花芽密被红褐色平伏短毛，花苞片数为1；花被片9，3轮，每轮3片，长4.5～6cm，白色，匙形，肉质，外轮花被片凹弯；雄蕊黄色，雌蕊群黄绿色，雌蕊群超出雄蕊群；花径5～7cm；淡香。花期2次，第二次陆续开花，始花期极早，末花期极晚。

喜光线充足、温暖湿润的环境，栽培以疏松肥沃、排水良好的土壤为宜。

'云裳'的花蕾

'云裳'盛花

雪玉

（流苏树属）

联系人：王召伟
联系方式：13505497302　国家：中国

申请日：2015年11月13日
申请号：20150242
品种权号：20180188
授权日：2018年12月11日
授权公告号：国家林业和草原局公告（2018年第17号）
授权公告日：2018年12月18日
品种权人：山东丫森苗木科技开发有限公司
培育人：王召伟、张玉华

品种特征特性：枝条半开张，分枝密度较密，花序密，当年生枝条不扭曲、皮孔稀、中绿色、密被毛；叶片宽椭圆或椭圆形，表面姿态U形，厚纸质，背面毛密，长7～14cm，宽5～8cm，叶柄长1.5～2.2cm，叶片顶端钝圆，基部宽楔形，叶缘钝锯齿。始花期早，花持续期长达15天以上，花序直径中等，具香味，花冠白色，花冠裂片条形、平直；果实椭圆形，紫黑色，结实量多，果熟期7月下旬至8月上旬。

‘雪玉’与相似品种‘雪籽’性状差异如下表：

品种	‘雪玉’	‘雪籽’
叶片：表面姿态	U形	近平展
叶片：质地	厚纸质	革质
果实：形状	椭圆形	近球形

华东、华中、华南、西南和西北等地均可种植。

雪籽

（流苏树属）

联系人：王召伟
联系方式：13505497302　国家：中国

申请日：2015年11月13日
申请号：20150244
品种权号：20180189
授权日：2018年12月11日
授权公告号：国家林业和草原局公告（2018年第17号）
授权公告日：2018年12月18日
品种权人：山东丫森苗木科技开发有限公司
培育人：王召伟、张玉华

品种特征特性：枝条半开张，分枝密度中等，花序密度中等，当年生枝条不扭曲、皮孔无或近无、中绿色、密被毛；叶片椭圆形，表面姿态近平展，革质，背面毛稀。长5～10cm，宽3～6cm，叶柄长1cm，叶片顶端锐尖，基部宽楔或圆形，叶全缘。始花期早，花持续期长达15天以上，花序直径中等，具香味，花冠白色，花冠裂片条形、平直；果实近球形，紫黑色，结实量多，早熟期8月下旬。

‘雪籽’与近似品种‘香雪’性状差异比较见下表：

品种	‘雪籽’	‘香雪’
叶片：表面姿态	近平展	U 形
叶片：质地	革质	厚纸质
果实：形状	近球形	椭圆形

华东、华中、华南、西南和西北等地均可种植。

甘之饴

（牡竹属）

联系人：徐振国
联系方式：15177130775　国家：中国

申请日： 2015年12月1日
申请号： 20150248
品种权号： 20180190
授权日： 2018年12月11日
授权公告号： 国家林业和草原局公告（2018年第17号）
授权公告日： 2018年12月18日
品种权人： 广西壮族自治区林业科学研究院、国际竹藤中心
培育人： 徐振国、黄大勇、郭起荣、李立杰

品种特征特性： 该种质为1978年在广西融水贝江河进行竹类调查时发现，其分类学特征近吊丝竹物种变异范围内，但其在形态，特别是笋质方面明显优于当地普通之吊丝竹而喜欢采食。

秆节间初具厚白粉及白色刺毛，秆每节具芽；箨鞘背面密被棕褐色刺毛，且基部较密；笋中蛋白质含量达18.20%，竹笋无苦味，味道清甜爽口。

喜温暖湿润气候，广西、广东、海南、福建等地均适宜种植。海拔600m以下、坡度25° 以下的低山丘陵、河流及村前屋后，土层深厚肥沃的酸性砂壤土种植效果更佳。

短杂34号

（木麻黄属）

联系人：张勇
联系方式：18027360605　国家：中国

申请日：2016年1月4日
申请号：20160009
品种权号：20180191
授权日：2018年12月11日
授权公告号：国家林业和草原局公告（2018年第17号）
授权公告日：2018年12月18日
品种权人：中国林业科学研究院热带林业研究所
培育人：张勇、仲崇禄、陈羽、陈珍、姜清彬

品种特征特性：'短杂34号'为常绿高大乔木，属木麻黄属短枝木麻黄种的种内杂交种，是通过控制授粉后建立杂种子代测定林选育而来。'短杂34号'的母本和父本的接穗被采集后嫁接到同种的砧木上，翌年开花后进行人工控制授粉，获得杂交子代后无性繁殖形成无性系，在海南和广东的青枯病疫区进行无性系生长和抗病性测定后选育成为新品种。

'短杂34号'主干通直，树冠较窄，侧枝平展，主干与中部分枝夹角80°～90°，侧枝密且较细；针状小枝细长，长12～25cm，粗约1mm，柔软下垂，浓密，与父本和母本有明显区别；树皮较光滑，但主干自然整枝后在树皮上留下的结疤较大；小枝齿叶8枚，雌株；抗青枯病能力强，在木麻黄青枯病发病后的土壤上3年生的保存率≥90%，较当地对照无性系"A13"提高40%以上；生长速度快，10年平均树高16.2m，胸径14.8cm，分别超过当地主栽品种无性系"A13"4.3%和14.7%；嫩枝水培生根容易，便于大规模无性系繁殖生产。

该品种适宜种植范围为广东、海南、广西和福建沿海地区的滨海沙土、砂壤土、砖红壤和赤红壤，土壤pH4.5～8.8，极端低温>0℃。

务本堂1号

（七叶树属）

联系人：郭玲
联系方式：15353505515　国家：中国

申请日： 2016年1月17日
申请号： 20160018
品种权号： 20180192
授权日： 2018年12月11日
授权公告号： 国家林业和草原局公告（2018年第17号）
授权公告日： 2018年12月18日
品种权人： 陕西务本堂园林景观有限公司
培育人： 司楠

品种特征特性： 落叶乔木，高达20m，树皮深褐色或灰褐色，树冠宽卵球形，小枝圆柱形，黄褐色，分枝密度中等，主枝斜上伸展。幼叶颜色紫红叶；成熟叶表面颜色中绿，叶背面颜色浅绿，秋叶色黄褐色。叶片直径大，叶纸质，叶柄长13～18cm：掌状复叶，小叶7片，中间小叶与基部小叶差异较大，小叶倒披针形，偶窄椭圆，表面无光泽；叶边缘有细锯齿，中间小叶先端渐尖。圆锥花序较狭窄，为圆柱形，长20～40cm，花白色，花瓣基部红色。花期4～5月，果期7～9月。

‘务本堂1号’与近似品种‘普缇’、七叶树比较性状差异如下表：

品种 / 种	成熟叶表面颜色	成熟叶背面颜色	叶质地	叶嵌色
‘务本堂 1 号’	中绿	灰绿	纸质	否
七叶树	深绿	浅绿	厚纸质	否
‘普缇’	—	—	—	是

本品种冬季耐寒性强，除了在华东、华中、西南及华南地区栽植外，还可在华北南部露地越冬，冬季叶片不枯萎不落叶。适应性强，喜光，对土壤要求不严格，在酸性和中性土上均可生长，较耐干旱瘠薄；生长快，寿命长，易繁殖。

杰施-KW1CB（JFS-KW1CB）

（鹅耳枥属）

联系人：K.S.沃伦（Keith S. Warren）
联系方式：+1-03-663-4128　国家：美国

申请日：2016年2月25日
申请号：20160023
品种权号：20180193
授权日：2018年12月11日
授权公告号：国家林业和草原局公告（2018年第17号）
授权公告日：2018年12月18日
品种权人：美国J弗兰克 施密特父子有限公司
培育人：K.S.沃伦（Keith S. Warren）

品种特征特性：‘杰施-KW1CB’的商品名为翡翠大道（Emerald Avenue），源自欧洲鹅耳枥的实生苗选育。

近似品种选择亲本欧洲鹅耳枥和商业品种‘法斯提佳’（Fastigiata），其与授权品种的特异性见下表：

品种 / 种	叶片大小	当年生枝条	叶芽大小	节间长度
‘杰施 -KW1CB’	大	粗壮	大	长
‘法斯提佳’	小	粗度中	小	短
欧洲鹅耳枥	中	细	中	中

本品种适宜在温带和寒温带地区种植，在中国的华北、东北与西北地区可以用作行道树和园景观赏树种。

‘杰施-KW1CB’（JFS-KW1CB，左）与近似品种‘法斯提佳’叶片大小的比较

‘杰施-KW1CB’（JFS-KW1CB，左）与近似品种‘法斯提佳’当年生枝条和叶芽的对比

杰施-SGPN（JFS-SGPN）

（落羽杉属）

联系人：K.S.沃伦（Keith S. Warren）
联系方式：+1-03-663-4128　国家：美国

申请日： 2016年2月25日
申请号： 20160024
品种权号： 20180194
授权日： 2018年12月11日
授权公告号： 国家林业和草原局公告（2018年第17号）
授权公告日： 2018年12月18日
品种权人： 美国J弗兰克 施密特父子有限公司
培育人： J.布莱斯福德（John Brailsford）

品种特征特性：'杰施-SGPN'（JFS-SGPN）的商品名称为绿色细语（Green Whisper），源自北美落羽杉的实生苗选育。

近似品种选择亲本北美落羽杉，其与授权品种的特异性见下表：

品种 / 种	分枝、叶片紧密度	叶片颜色	植株形态
'杰施 -SGPN'	紧凑	亮绿色	广卵形
北美落羽杉	较紧密	中绿色	金字塔形

本品种适宜在温带及暖温带地区种植，在中国的长江至珠江流域广大地区均可用作行道树、水生园和湿地公园等园景观赏树种。

'杰施-SGPN'

近似品种

杰施-卡多2（JFS-Caddo2）

（槭属）

联系人：K.S.沃伦（Keith S. Warren）
联系方式：+1-03-663-4128 国家：美国

申请日： 2016年3月15日
申请号： 20160050
品种权号： 20180195t
授权日： 2018年12月11日
授权公告号： 国家林业和草原局公告（2018年第17号）
授权公告日： 2018年12月18日
品种权人： 美国J弗兰克 施密特父子有限公司
培育人： K.沃伦（Keith S. Warren）

品种特征特性： ‘杰施-卡多2’的商品名称为徇火（Flashtire），源自糖槭的实生苗选育。

近似品种选择市场上常用的‘绿色山脉’（Green Mountain），其与授权品种的特异性见下表：

品种	植株丰满度	枝条长度	片形状	秋色叶度
‘杰施－卡多2’	高	中到长	圆掌状	全红
‘绿色山脉’	中	长	长掌状	大部变红

本品种适宜在温带至暖温带地区种植，在中国的长江至淮河流域广大地区均可用作行道树、庭院树等园景观赏树种。

‘杰施–卡多2’

‘绿色山脉’

杰施-KW6（JFS-KW6）

（鹅耳枥属）

联系人：K.S.沃伦（Keith S. Warren）
联系方式：+1-03-663-4128　国家：美国

申请日： 2016年3月15日
申请号： 20160052
品种权号： 20180196
授权日： 2018年12月11日
授权公告号： 国家林业和草原局公告（2018年第17号）
授权公告日： 2018年12月18日
品种权人： 美国J弗兰克 施密特父子有限公司
培育人： K.S.沃伦（Keith S. Warren）

品种特征特性：‘杰施-KW6’（JFS-KW6）植株宽塔至卵形、生长势强，株形直立；茎秆灰绿色，侧枝、小枝表皮颜色红褐；叶片互生、表面质地光滑、背面粗糙，呈卵至长卵形，叶缘复锯齿，叶片平展、基部圆至半心形，顶部渐尖，叶脉偏稀，叶色浓绿，叶柄长度中；春季展叶绿色、夏季浓绿、秋叶橙红至红色。

近似品种选择亲本美洲鹅耳枥，其与授权品种的特异性见下表：

品种 / 种	叶片形状	叶片顶端形状	秋季叶色
‘杰施 -KW6’	卵形至长卵形	渐尖	橙红至红色
美洲鹅耳枥	椭圆形	尾尖	黄、绿等杂色

本品种适宜在温带和寒温带地区种植，在中国的华北、东北与西北地区可以用作行道树和园景观赏树种。

宝普068（POULPAR068）

（蔷薇属）

联系人：芒斯·奈格特·奥乐森（Mogens N. Olesen）
联系方式：+45 48483028　国家：丹麦

申请日：2016年2月16日
申请号：20160054
品种权号：20180197
授权日：2018年12月11日
授权公告号：国家林业和草原局公告（2018年第17号）
授权公告日：2018年12月18日
品种权人：丹麦宝森玫瑰有限公司（Poulsen Roser A/S）
培育人：芒斯·奈格特·奥乐森（Mogens N. Olesen）

品种特征特性：‘宝普068’（POULPAR068）属于盆栽月季；植株生长特性为直立；嫩枝有花青素着色，着色程度为中；皮刺数量为无或极少；叶片大小为大，第一次开花之时为深绿色、有花青素着色，叶片上表面光泽为弱；小叶片叶缘波状曲线为中到强；顶端小叶为中椭圆形；小叶叶尖部形状为渐尖；具有开花侧枝，开花侧枝数量为少到中，每个侧枝花数量为少到中，花形为重瓣；花瓣数量为少到中；花径为中到大；花形状为星形；花香为无或极弱；萼片伸展范围为弱；花瓣形状为倒卵形，缺刻程度为无或极弱，反卷程度为强，大小为小到中；花瓣内侧、外侧主要颜色为1种，且均匀，颜色是RHS157B；花瓣内侧基部无斑点，外部雄蕊花丝主要颜色为黄色。

‘宝普068’适宜在温室条件下栽培生产。适于温室内光照充足的环境条件，冬季采用拟光灯延长光照时间；突出的特点是适合在高海拔地区种植和繁殖，优秀性状保持稳定。

百日花

（梓树属）

联系人：麻文俊
联系方式：18600386560　国家：中国

申请日：2016年2月23日
申请号：20160068
品种权号：20180198
授权日：2018年12月11日
授权公告号：国家林业和草原局公告（2018年第17号）
授权公告日：2018年12月18日
品种权人：中国林业科学研究院林业研究所、洛阳农林科学院、贵州省林业科学研究院
培育人：王军辉、麻文俊、赵鲲、张明刚、焦云德、姚淑筠

品种特征特性：‘百日花’为楸树和滇楸的杂交种，属紫葳科梓树属。2011年，以生长在贵州省黔南布依族苗族自治州贵定县选择的滇楸优树（贵定2号）为父本，栽植于甘肃省天水市麦积区的楸树杂交优良品种洛楸4号（1-3）为母本，经人工杂交育种，获得的杂种F_1代。2012年播种育苗，进行了家系评比试验和超级苗选择；2013—2014年分别2年将超级苗嫁接无性系化后，进行了无性系苗圃测定；2015年进行大田试验；在此过程中，同时开展一致性、稳定性和特异性检测，于2015年10月选育出楸树优良观花新品种‘百日花’。

‘百日花’为落叶乔木，主干通直；叶片三角状卵形，全缘，先端渐尖，叶基平截或心形；始花期早，繁殖当年即可开花；每年多次开花，开花时间为5月中下旬至8月中下旬，花期约为100天；逢枝有花，顶生花序，单花序2～20朵花；花色为粉色。

普瑞吉米（PREJUMI）

（蔷薇属）

联系人：艾尔·皮·德布林（Ir. P. de Bruin）
联系方式：+31 297 382200　国家：荷兰

申请日：2016年3月8日
申请号：20160070
品种权号：20180199
授权日：2018年12月11日
授权公告号：国家林业和草原局公告（2018年第17号）
授权公告日：2018年12月18日
品种权人：A.R.B.A.公司（A.R.B.A. B.V.）
培育人：艾尔·皮·德布林（Ir. P. de Bruin）

'瑞驰06126'

'普瑞吉米'

品种特征特性：'普瑞吉米'（PREJUMI）是以编号01-0999为母本、编号07-0999为父本，进行杂交，经过扦插苗的不断选育后而得到的具有优良商品性状的切花月季品种。

'普瑞吉米'属于温室栽培的单花头切花品种；生长习性为直立；茎秆高度为短到中，嫩枝有花青素有着色，嫩枝花青苷显色程度为中；皮刺数量为多到极多、颜色为偏绿色；叶片大小为中到大，第一次开花之时上表面颜色为绿色、光泽为中到强；小叶片叶缘波状曲线为中；顶端小叶形状为卵圆形，顶端小叶叶尖呈尖、叶基部呈圆形；无开花侧枝；花型为重瓣；花瓣数量为中；花形状为不规则圆形，花径为中到大；花香为无或极弱，花萼边缘延伸程度为极强；花瓣边缘缺裂为弱，花瓣呈卵圆形；花色属白混合色系，花瓣内侧主要颜色为2种，主要颜色是白色RHS155A，外轮花瓣内侧第二种颜色为紫红RHS58B，位于花瓣边缘；花瓣内侧基部无斑点，外部雄蕊花丝主要颜色为红色。

'普瑞吉米'适宜在温室光照充足的条件下栽培生产。冬季采用拟光灯延长光照时间；突出的特点是适合在高海拔地区种植和繁殖，优秀性状保持稳定。

杞鑫1号

（枸杞属）

联系人：朱金忠
联系方式：13895181605　国家：中国

申请日：2016年3月10日
申请号：20160072
品种权号：20180200
授权日：2018年12月11日
授权公告号：国家林业和草原局公告（2018年第17号）
授权公告日：2018年12月18日
品种权人：中宁县杞鑫枸杞苗木专业合作社
培育人：郭玉琴、朱金忠、祁伟、刘冰、龚玉梅、张艳、胡忠庆、刘娟、亢彦东、胡学玲、乔彩云、杨秀峰

品种特征特性：‘杞鑫1号’是2006年6月上旬天刚亮的时候，人工将刚现花蕾蜜蜂没有采过的优选大麻叶（‘宁杞4号’）的花粉采上盛放在玻璃器皿中，中午放在阳光下晒2～3小时左右，然后盖上盖存放。第二天早晨用小刷蘸上优选大麻叶的花粉，点在没有被蜜蜂采过的优选‘宁杞5号’的花蕾上，并用塑料袋罩住。到枸杞果实成熟后采摘下来取籽，把取出的枸杞籽播到营养盒在温棚中育苗，待枸杞苗长到40cm左右的高度后移栽到大田，按枸杞生产技术要求常规管理。由于杂交种籽培育出的枸杞苗变异性特别大，经过3年的观测选育，筛选出表现特别优良的单株进行扦插扩繁。

该品种自交亲和力强，可单一建园；也可给‘宁杞5号’做授粉树。树势强健，成枝力强，枝条柔顺，易发七寸果枝，结果枝每叶腋为3～4个果，从基部到梢部果枝均匀度好，结果枝基部开始着果的距离5cm。当年生叶片长4～6cm，宽0.9～1.4cm。花柱长0.4cm，单果质量1.0～2.1g，无裂果现象，采摘间隔期可延长3～5天，果实品相很好。管理容易，只要摘心就结果。对土壤要求不严，抗根腐病能力强。

经过5年试种耐盐碱、耐寒、抗旱能力比‘宁杞1号’强，形状稳定，宁夏、青海、甘肃、新疆等地都表现出广泛的适应性。

对于冷凉环境条件的地区该品种尤为适宜种植。

帝韵

（木兰属）

联系人：申亚梅
联系方式：0571-63748611　国家：中国

申请日：2016年3月16日
申请号：20160076
品种权号：20180201
授权日：2018年12月11日
授权公告号：国家林业和草原局公告（2018年第17号）
授权公告日：2018年12月18日
品种权人：浙江农林大学
培育人：申亚梅、范义荣、刘志高、张庆宝、陈翔翔、刘璐、王倩颖

品种特征特性：‘帝韵’为木兰科木兰属二乔玉兰优异种质的自交后代。品种权人于2007年3月，在浙江农林大学苗圃内，发现‘红运’玉兰优良种质，通过自交，2013年进行SSR分子标记检测。结果发现，该种质为‘红运’玉兰的后代，乔木型，叶片形态似亲本。其花期为3月、7～9月，花瓣数9枚，分为外轮、中轮、内轮，中轮片最大，花瓣长7.2～9.1cm，花瓣宽3.7～6.0cm。花瓣色彩偏紫红色，内部带有紫红色晕。花初开时为深紫色，凋谢时为紫红色。雄蕊紫红色，雄蕊数约53个，长0.9～1.1cm；雌蕊数约48个，柱头紫红色。因此于当年9月下旬，选择该后代枝条进行嫁接繁殖，嫁接时以玉兰为砧木。第二年开始少量开花，性状基本保持原有特征，并在浙江农林大学苗圃基地、安吉刘家塘林场、嵊州木兰科新品种研究所进行适应性栽培，其无性后代性状稳定，并且抗性良好，对环境适应性强，目前已经繁殖苗木100多株。

观赏价值高于普通二乔玉兰。适应于长江流域栽培种植。

帝宝

（木兰属）

联系人：申亚梅
联系方式：0571-63748611　国家：中国

申请日： 2016年3月16日
申请号： 20160077
品种权号： 20180202
授权日： 2018年12月11日
授权公告号： 国家林业和草原局公告（2018年第17号）
授权公告日： 2018年12月18日
品种权人： 浙江农林大学
培育人： 申亚梅、范义荣、刘志高、张庆宝、陈翔翔、刘璐、王倩颖

品种特征特性： ‘帝宝’为‘红元宝’紫玉兰（♀）×‘长春’二乔玉兰（♂）杂交的后代。申请人于2007年3月，在浙江农林大学苗圃进行二者杂交，2012年进行SSR分子标记检测。结果发现，该种质杂交后代灌木型，叶片形态似父本。其花期为3月，花瓣数9枚，分为外轮、中轮、内轮，外轮近为中轮的一半大，具有白色或粉色斑带，卷曲，间于两亲本之间。花瓣长3.6～8.6cm，花瓣宽1.2～4.9cm。花瓣紫红色，内部带有紫红色晕。萼片状花被片形态为披针形到花瓣状倒卵形，萼片状花被片长4～10cm，外表面颜色灰紫色到紫红色（GRAYED PURPLE 185-D to RED PURPLE 59-B）。花初开时为紫红色，凋谢时略淡。雄蕊深红色，雄蕊数约60个，长0.8～1.0cm；雌蕊数45～48个，长0.6～0.8cm，柱头深红色。因此于当年9月下旬，选择该后代枝条进行嫁接繁殖，嫁接时以望春玉兰为砧木。第二年开始少量开花，基本保持原有特征，并在浙江农林大学苗圃基地、安吉刘家塘林场进行适应性栽培，其无性后代性状稳定，并且抗性良好，对环境适应性强，目前已经繁殖苗木100多株。观赏价值高于普通二乔玉兰与紫玉兰系列。适应于长江流域栽培种植。

‘帝宝’

母本‘红元宝’

‘帝宝’

父本‘长春’

黛蒙茱莉（Diamond Jubilee）

（悬钩子属）

联系人：托马 · 比朗
联系方式：010-62357029　国家：英国

申请日： 2016年4月6日
申请号： 20160084
品种权号： 20180203
授权日： 2018年12月11日
授权公告号： 国家林业和草原局公告（2018年第17号）
授权公告日： 2018年12月18日
品种权人： 浆果世界加有限公司（Berryworld Plus Limited）
培育人： 皮特 · 文森（Peter Vinson）

品种特征特性： ‘黛蒙茱莉’（Diamond Jubilee）在植物分类学上属于蔷薇科悬钩子属（*Rubus*）。是从德瑞斯克马拉维利亚（Driscoll Maravilla）的实生后代中选育得到。

‘黛蒙茱莉’植株直立生长，当年生枝条数量为多，极嫩枝快速生长时花青素显色、显色强度为弱，当年生枝条表面粉状程度为弱、花青素显色程度为中、节间长度为中，当年生枝条上叶芽长度为中，结果类型为夏季去年生枝条上坐果、秋季在当年生枝条坐果，休眠枝长度为中，休眠枝颜色为紫棕色，当年生枝条长度为长，枝条刺密度为中，刺基部小、刺为短，刺颜色为紫棕色，叶片为暗绿色，叶片主要为3小叶和5小叶，叶片横截面形状为凹、叶片皱褶程度为中，两侧小叶相对位置为相接，顶端小叶长度为长、宽度为宽，花梗刺数量为少，花梗无花青素显色；花大小为大，坐果枝方向为水平至下垂、长度为中，果实长度为中、宽度为宽，果实长宽比为小，果实侧面形状为宽圆锥形，单个核果大小为中，果实颜色为中红色，果实光泽度为强，果实紧实程度为极紧实，与果梗附着程度为中；去年生枝叶芽萌发时间为晚、开花时间为中、果实成熟期为中、果实结果期长度为中，当年生枝抽出时间为中、开花时间为晚、果实成熟时间为晚、果实结果期长度为中。

‘黛蒙茱莉’适宜栽植于10～21℃冷凉的地中海气候条件生态区域。

金玉宝

（拟单性木兰属）

联系人：王霁
联系方式：13735463790　国家：中国

申请日： 2016年4月15日
申请号： 20160085
品种权号： 20180204
授权日： 2018年12月11日
授权公告号： 国家林业和草原局公告（2018年第17号）
授权公告日： 2018年12月18日
品种权人： 浙江理工大学、杭州市园林绿化股份有限公司
培育人： 胡绍庆、沈柏春

品种特征特性： 常绿乔木，株形直立，树皮灰白色；当年生枝浅绿色，具环状托叶痕。叶芽浅绿色，长卵形，先端渐尖，幼叶在芽中平展；托叶浅绿色，薄革质，长舌形，与叶柄不连生。叶片狭椭圆形，绽芽期淡黄色，成熟叶厚革质，上表面平坦，中脉凹凸不明显；叶片复色，有光泽，上表面具黄色斑块，不规则地分布在叶片表面；下表面具淡黄色斑块，呈不均匀分布。尚未见开花。

对比特征	‘金玉宝’	‘金云’
叶片：表面是否复色	是	否
叶片：上表面复色颜色	黄	无
叶片：下表面复色颜色	淡黄	无

该品种适宜种植区域与原种基本相同。要求土壤酸性、疏松、肥沃、排水良好。幼苗阶段适当遮阴，以利于苗木生长，成活1年后其管理措施与其他喜光苗木相同。

对照品种‘金云’

‘金元宝’

红珍珠

（紫金牛属）

联系人：陈玲
联系方式：18688408035　国家：中国

申请日： 2016年5月25日
申请号： 20160100
品种权号： 20180205
授权日： 2018年12月11日
授权公告号： 国家林业和草原局公告（2018年第17号）
授权公告日： 2018年12月18日
品种权人： 中国科学院华南植物园
培育人： 陈玲、宁祖林、翁楚雄、杨镇明、刘华、李冬梅、廖景平、罗美珍

品种特征特性： 该品种为常绿灌木，植株高1～1.5m，茎粗壮，嫩茎具淡黄色斑纹，茎顶端深紫红色。叶片倒卵形，全缘，基部下延；叶柄深紫红色；圆锥花序，二级花序为伞形花序，花序轴和花梗颜色为紫红（RHS73A），花瓣颜色为紫红（RHSNN74B），花瓣卵形，花萼紫红色，具腺点；果红色，具腺点。花期3月上旬至5月中旬，果期4月上旬至8月下旬。

适宜于广东、海南等地栽培，适合公园、城市道路林下景观种植配置或室内盆栽。喜温暖湿润的环境，喜阴，能耐一定光照；栽培土质以疏松透气、土层深厚肥沃、排水良好、呈弱酸性至中性的壤土为佳，栽培管理粗放。

森茂一号

（越橘属）

联系人：徐国辉
联系方式：15998686252　国家：中国

申请日： 2016年6月1日
申请号： 20160102
品种权号： 20180206
授权日： 2018年12月11日
授权公告号： 国家林业和草原局公告（2018年第17号）
授权公告日： 2018年12月18日
品种权人： 大连森茂现代农业有限公司
培育人： 王贺新、徐国辉、陈英敏、姜维焕、赵丽娜

品种特征特性： 北高丛蓝莓，树体直立型，4年生，树高1.0m，基部分生枝条能力非常强，每年20～30枝；叶片宽披针形，先端较尖，平均叶面积10.72cm^2，深绿色；新生结果枝果实呈簇状，果在穗上着生紧密，10cm长果穗平均坐果48个，果实呈扁形，平均单果大小为2.47cm×2.43cm，最大果重为6.55g，平均单果重为4.49g，总糖（以葡萄糖计）为6.23g/100g，总酸（以柠檬酸计）为0.46g/100g，味甜，果实耐贮藏。自然状态下成熟期为6月中旬左右，早熟种。该品种结实量较大、果粒特大、果粉好，果蒂痕小而干，果肉硬、甜度大酸味少，风味好，是作为鲜果生产的极好品种。

森茂二号

（越橘属）

联系人：徐国辉
联系方式：15998686252　国家：中国

申请日：2016年6月1日
申请号：20160103
品种权号：20180207
授权日：2018年12月11日
授权公告号：国家林业和草原局公告（2018年第17号）
授权公告日：2018年12月18日
品种权人：大连大学、大连森茂现代农业有限公司
培育人：陈英敏、徐国辉、王贺新、娄鑫、张自川、赵丽娜

品种特征特性：北高丛蓝莓，树体开张型，4年生，树高0.7m，基部分生枝条能力非常强，每年25～35枝；叶片宽披针形，先端较平，平均叶面积12.53cm^2，深绿色；新生结果枝果实呈簇状，果在穗上着生紧密，10cm长果穗平均坐果50个，果实呈圆形，平均单果大小为1.87cm×1.86cm，最大果重为4.20g，平均单果重为3.16g，总糖（以葡萄糖计）为5.50g/100g，总酸（以柠檬酸计）为0.29g/100g，味甜，果实耐贮藏。自然状态下成熟期为6月中旬左右，早熟种。该品种结实量大、果粒较大、果蒂痕小而干，果粉好，果肉硬、甜度大酸味少，风味好，可作为鲜食或加工用品种。

森茂三号

（越橘属）

联系人：徐国辉
联系方式：15998686252　国家：中国

申请日： 2016年6月1日
申请号： 20160104
品种权号： 20180208
授权日： 2018年12月11日
授权公告号： 国家林业和草原局公告（2018年第17号）
授权公告日： 2018年12月18日
品种权人： 大连大学、大连森茂现代农业有限公司
培育人： 王贺新、陈英敏、徐国辉、乌凤章、高雄梅

品种特征特性： 北高丛蓝莓，树体开张型，4年生，树高0.7m，基部分生枝条能力非常强，每年25～30枝；叶片宽披针形，先端较尖，平均叶面积12.49cm^2，深绿色；新生结果枝果实呈簇状，果在穗上着生紧密，10cm长果穗平均坐果48个，果实略呈扁形，平均单果大小为1.66cm×1.60cm，最大果重为4.23g，平均单果重为2.51g，总糖（以葡萄糖计）为3.46g/100g，总酸（以柠檬酸计）为0.68g/100g，味甜，果实耐贮藏。自然状态下成熟期为7月上旬左右，早至中熟种。该品种结实量很好、果粒较大、果蒂痕小而干，果粉好，果肉质地较硬、果实酸甜适中，风味佳，可作为鲜食或加工用品种。

森茂七号

（越橘属）

联系人：徐国辉
联系方式：15998686252　国家：中国

申请日：2016年6月1日
申请号：20160108
品种权号：20180209
授权日：2018年12月11日
授权公告号：国家林业和草原局公告（2018年第17号）
授权公告日：2018年12月18日
品种权人：大连大学、大连森茂现代农业有限公司
培育人：徐国辉、王贺新、陈英敏、李根柱

品种特征特性：北高丛蓝莓，树体开张型，4年生，树高0.65m，基部分生枝条能力非常强，每年30～40枝；叶片宽披针形，先端较尖，平均叶面积10.52cm^2，深绿色；新生结果枝果实呈簇状，果在穗上着生紧密，10cm长果穗平均坐果75个，果实略呈扁形，平均单果大小为1.93cm×1.95cm，最大果重为4.36g，平均单果重为3.41g，总糖（以葡萄糖计）为11.14g/100g，总酸（以柠檬酸计）为0.14g/100g，味特甜，果实耐贮藏。自然状态下成熟期为7月中旬左右，中至晚熟种。该品种结实量大、果粒大、果蒂痕小而干，果肉硬、果粉好，甜度很大酸味很小，糖酸比极大，风味佳，可作为鲜食或加工用品种。

大富贵

（紫金牛属）

联系人：吴沙沙
联系方式：15280430239　国家：中国

申请日： 2016年6月7日
申请号： 20160111
品种权号： 20180210
授权日： 2018年12月11日
授权公告号： 国家林业和草原局公告（2018年第17号）
授权公告日： 2018年12月18日
品种权人： 龙岩市林业调查规划所、福建省武平县盛金花场、福建农林大学
培育人： 廖柏林、罗盛金、彭东辉、兰思仁、刘梓富、王星孚、吴沙沙、翟俊文

品种特征特性： 株型高大，株高平均147cm，茎秆粗度中，颜色绿；分枝较为疏散，节间长度中；叶片形状狭椭圆，顶端形状锐尖，基部形状锐尖，叶缘锯齿数中，表面波状弱，长度中到长，叶长11.5cm，宽度窄到中，叶宽2.9cm；叶片厚实，叶厚0.026cm，叶色深绿、光亮，成熟叶片表面颜色139A稍淡，背面137B；叶片变色无，有光泽，叶柄长度中；成熟的果实整果形状球形，纵轴长10.5mm，横轴长11.7mm，果色鲜红亮丽，色泽为45A；数量中，单穗果实数量46个，12月底至翌年1月初着色，挂果距离较大，达到66cm；冠幅平均58.4cm，地径20.6mm，单株果穗数27个，果穗长14.4cm。

赤玲珑

（紫金牛属）

联系人：吴沙沙
联系方式：15280430239　国家：中国

申请日： 2016年6月7日
申请号： 20160112
品种权号： 20180211
授权日： 2018年12月11日
授权公告号： 国家林业和草原局公告（2018年第17号）
授权公告日： 2018年12月18日
品种权人： 福建省武平县盛金花场、福建农林大学
培育人： 罗盛金、廖柏林、刘梓富、彭东辉、兰思仁、翟俊文、吴沙沙、谢亮秀

品种特征特性： 株形矮小、迷你、紧凑，株高平均38.7cm，茎秆粗度细；节间长度短；叶片形状椭圆，顶端形状渐尖，基部形状锐尖，叶缘锯齿数中，表面波状弱，长度中到长，叶长10.9cm，宽度窄到中，叶宽3.1cm；叶片厚度厚，叶厚0.026cm，成熟叶片正面深绿发亮，颜色N137A，叶背面颜色138A；叶柄长度中；果实成熟的形状球形，纵轴长度中到长，9.3mm，横轴长度中，8.2mm，果色鲜红亮丽，色泽为42A；果几乎全部被盖住，集中在下部，单穗果实数量少，平均33个，挂果距离18.8cm；冠幅平均42.5cm，地径17.9mm，果穗数22个，果穗长度短，长度为8.9cm。

‘赤玲珑’

‘大富贵’

金边富贵

（紫金牛属）

联系人：吴沙沙
联系方式：15280430239　国家：中国

申请日： 2016年6月7日
申请号： 20160113
品种权号： 20180212
授权日： 2018年12月11日
授权公告号： 国家林业和草原局公告（2018年第17号）
授权公告日： 2018年12月18日
品种权人： 福建农林大学、福建省武平县盛金花场
培育人： 彭东辉、兰思仁、刘梓富、罗盛金、廖柏林、王星孚、吴沙沙、翟俊文

品种特征特性： 株形高大，株高平均2m，茎秆粗度中；分枝紧密，节间长度短；叶片椭圆形，顶端形状渐尖，基部形状渐尖，叶缘锯齿数少，表面波状弱，长度长，叶长13cm，宽度窄到中，叶宽3.2cm；叶片厚度中，叶厚0.015cm，成熟叶片正面暗绿，并带金边，主色颜色N137A，金边11A，叶背面颜色70A；叶柄长度中；成熟的果实形状球形，纵轴长度中到长，9.9mm，横轴长度中，8.9mm，果色暗红；果穗集中中部，稀疏常分成小丛；单穗果实数量少，平均19个，挂果距离大，75cm；冠幅较大，平均66.4cm，地径22.9mm，果穗数少，24个，果穗长度中到长，长度为16.1cm。

‘金边富贵’

‘金边伞’

瑞克2117B（RUICK2117B）

（蔷薇属）

联系人：汉克·德·格罗特（H.C.A. de Groot）
联系方式：+31 206436516　国家：荷兰

申请日：2016年6月20日
申请号：20160124
品种权号：20180213
授权日：2018年12月11日
授权公告号：国家林业和草原局公告（2018年第17号）
授权公告日：2018年12月18日
品种权人：迪瑞特知识产权公司（De Ruiter Intellectual Property B.V.）
培育人：汉克·德·格罗特（H.C.A. de Groot）

品种特征特性：2010年春季培育人以‘瑞斯1708A’（RUICE1708A）为母本，‘英特格兰’（Intergelan）杂交得到的后代为父本，进行杂交。

‘瑞克2117B’属于多头切花月季；植株高度为中；嫩枝有花青素有着色、着色程度为强到极强；皮刺数量为无或极少、颜色偏黄色；叶片大小为中，第一次开花之时上表面颜色为中绿色、光泽为弱；小叶片叶缘波状曲线为弱；顶端小叶钝形，叶基为圆形，叶尖为尖。花型为重瓣；花瓣数量为多；花径为小；形状为星形，花侧视上部形状为平凸、侧视下部形状为平凸；花无香味，花萼边缘延伸程度为弱；花瓣边缘缺裂为弱，花瓣呈倒心形；花瓣边缘反卷程度为极强、波状为中、花瓣长度为短，宽度为中；花瓣内侧主要颜色为2种，主色是RHS172A，次色为RHS42C，次色分布在花瓣基部，花瓣内侧基部有斑点、斑点大小为极大、颜色为黄色；花瓣外侧颜色为RHS42B；外部雄蕊花丝主要颜色为粉色。

‘瑞克2117B’适宜在温室光照充足的条件下栽培生产。冬季采用拟光灯延长光照时间；突出的特点是适合在高海拔地区种植和繁殖，优秀性状保持稳定。

乳蝶翩翩

（蔷薇属）

联系人：徐宗大
联系方式：15666935932　国家：中国

申请日：2016年7月25日
申请号：20160184
品种权号：20180214
授权日：2018年12月11日
授权公告号：国家林业和草原局公告（2018年第17号）
授权公告日：2018年12月18日
品种权人：山东农业大学
培育人：赵兰勇、于晓艳、徐宗大、邢树堂、赵明远

品种特征特性：该品种为丛生灌木，植株强健、生长旺盛，当年生枝条长150～200cm；枝条紫红色，枝刺数量中等，紫红色；奇数羽状复叶长9～11cm，小叶11～13（11居多）、中等大小（长1.55～2.5cm）、椭圆形、叶缘稍具宽单锯齿，叶面深绿色、稍皱褶；花期早（4月中旬盛开）；开花量大，花单瓣、平展、单生于茎顶，具清香；花瓣扇形、边缘中部有缺刻；花乳黄（RHS8D）至乳白色（RHSNN155B），花径中等（6.5～8cm）。

‘乳蝶翩翩’与近似单瓣黄刺玫品种比较，性状差异如下表：

性状	‘乳蝶翩翩’	单瓣黄刺玫
花色	乳黄（RHS 8D）至乳白色（RHS NN155B）	黄色（RHS 3B）
叶片颜色	深绿	墨绿
枝条颜色	紫红色	红褐色
枝刺数量	中等	较少

‘乳蝶翩翩’

‘乳蝶翩翩’

‘乳蝶翩翩’

黄刺玫

娇媚三变

（蔷薇属）

联系人：徐宗大
联系方式：15666935932　国家：中国

申请日：2016年7月25日
申请号：20160186
品种权号：20180215
授权日：2018年12月11日
授权公告号：国家林业和草原局公告（2018年第17号）
授权公告日：2018年12月18日
品种权人：山东农业大学
培育人：赵兰勇、于晓艳、徐宗大、邢树堂、赵明远

品种特征特性：从生灌木，植株高100～150cm；枝条稍紫红色，枝刺数量中等，紫红色；叶长8～10cm，小叶9～11、中等大小（长1.5～3cm）、椭圆形，叶面深绿色、稍皱褶；花期早（4月中旬盛开）；开花量大，花单瓣、浅杯状、单生于茎顶，具浓香；花瓣边缘中部有缺刻；花色奇特且随开放程度而变化，初开为水红色（RHS73C），后逐渐变为淡粉色（RHS69B）至粉白色（RHS69D），同一株上呈现多种花色；花径中等（5.5～6.5cm）。

‘娇媚三变’与近似单瓣黄刺玫品种比较，性状差异如下表：

性状	‘娇媚三变’	单瓣黄刺玫
花色	花色随开放变化，初开水红色（RHS 73C），后变为淡粉色（69B）至粉白色（69D）	黄色（RHS 3B）
小叶数量	9～11	11～15
叶片颜色	深绿	墨绿
枝条颜色	紫红色	红褐色

‘娇媚三变’

‘娇媚三变’

‘娇媚三变’

黄刺玫

热嘉21号

（金合欢属）

联系人：曾炳山
联系方式：020-87032851　国家：中国

申请日：2016年9月3日
申请号：20160237
品种权号：20180216
授权日：2018年12月11日
授权公告号：国家林业和草原局公告（2018年第17号）
授权公告日：2018年12月18日
品种权人：中国林业科学研究院热带林业研究所、嘉汉林业（河源）有限公司
培育人：曾炳山、裘珍飞、陈考科、陈祖旭、范春节、康汉华、刘英、李湘阳、罗锐

枝刺数量	中等	较少

品种特征特性：本品种是黑木相思优良无性系。先引进澳大利亚各地的黑木相思种源，开展种源试验和组培技术研究。后针对干形、抗寒性等问题制定优树选择标准，评选优树和采集优树根段培育根蘖苗，再采集根蘖苗嫩梢进行组培繁殖。以组培苗营造测定林，开展无性系测定，选出生长快、抗寒性好、干形通直的新品种。

本品种主干较通直，横切面圆形，枝痕三角形，少部分枝痕延伸较多成八字形。主枝较细，半开张，分枝角度50°～65°。树皮花纹微曲成波浪形，皮孔单个散生或2～3个横向连接形成短线，密度中等。当年生枝直立，上部被少量毛被，基部皮孔少或无。叶状柄长披针形，顶端渐尖。叶状柄长度中等，宽度小，长宽比大，平均9.5。叶状柄有纵向柄脉3～5条，平均4.1条，其中2条比较突出和明显。

本品种适合于华南地区北纬25°以南地区栽培。在回归线附近种植，海拔应在150～450m。纬度较高时，选择海拔较低的南坡种植。降水量应大于1200mm，地形应开阔通风，土层应较厚，土壤肥力中等以上。

热嘉24号

（金合欢属）

联系人：曾炳山
联系方式：020-87032851　国家：中国

申请日：2016年9月3日
申请号：20160238
品种权号：20180217
授权日：2018年12月11日
授权公告号：国家林业和草原局公告（2018年第17号）
授权公告日：2018年12月18日
品种权人：中国林业科学研究院热带林业研究所、嘉汉林业（河源）有限公司
培育人：曾炳山、裘珍飞、陈考科、陈祖旭、范春节、康汉华、刘英、李湘阳、罗锐

品种特征特性：本品种是黑木相思优良无性系。先引进澳大利亚各地的黑木相思种源，开展种源试验和组培技术研究。后针对干形、抗寒性等问题制定优树选择标准，评选优树和采集优树根段培育根蘖苗，再采集根蘖苗嫩梢进行组培繁殖。以组培苗营造测定林，开展无性系测定，培育了生长快、抗寒性较好、干形通直的本品种。

本品种主干较通直，横切面椭圆形，枝痕圆形。主枝粗细中等，开张，分枝角度50°～85°。树皮花纹连续弯曲成S形，花纹长度长，摆幅大，花纹间距也大。树皮纵裂，皮孔单个散生或3～5个横向连接成短线，密度中等。当年生枝直立，上部被少量毛被，基部有少量淡黄色皮孔。叶状柄多数长椭圆形，部分呈现轻微镰刀形，顶端渐尖。叶状柄长度中等，宽度小，长宽比中等，平均6.9。叶状柄有纵向柄脉2～5条，平均3.6条，其中2条柄脉比较突出明显。

本品种适合于华南地区北纬25°以南地区栽培。在回归线附近种植，海拔应在150～450m。纬度较高时，应选择海拔较低的南坡种植。降雨量应大于1200mm，地形应开阔通风，土层应较厚，土壤肥力中等以上。

热嘉25号

（金合欢属）

联系人：曾炳山
联系方式：020-87032851　国家：中国

申请日： 2016年9月3日
申请号： 20160239
品种权号： 20180218
授权日： 2018年12月11日
授权公告号： 国家林业和草原局公告（2018年第17号）
授权公告日： 2018年12月18日
品种权人： 中国林业科学研究院热带林业研究所、嘉汉林业（河源）有限公司
培育人： 曾炳山、裘珍飞、陈考科、陈祖旭、范春节、康汉华、刘英、李湘阳、罗锐

品种特征特性： 本品种是黑木相思优良无性系。先引进澳大利亚各地的黑木相思种源，开展种源试验和组培技术研究。后针对干形、抗寒性等问题，制定优树选择标准，评选优树和采集优树根段培育根蘖苗，再采集根蘖苗嫩梢进行组培繁殖。以组培苗营造测定林，开展无性系测定，选育了粗大分枝特少、干形通直的本品种。

本品种主干较通直，横切面圆形，枝痕圆形。粗大分枝最少，无需修枝也可培育通直的干形。树皮花纹微曲成波浪形，花纹长度中等。树皮纵裂，皮孔单个散生，较稀疏。当年生枝直立，上部被少量毛被，基部有少量淡黄色皮孔。叶状柄长披针形，顶端渐尖。叶状柄长度中等，宽度较小，长宽比大，平均9.5。叶状柄有纵向柄脉3～6条，平均4.7条，其中2条柄脉较突出明显。

本品种适合于华南地区北25° 以南地区栽培。在回归线附近种植，海拔应在150～450m。纬度较高时，应选择海拔较低的南坡种植。降水量应大于1200mm，地形应开阔通风，土层应较厚，土壤肥力中等以上。

热嘉53号

（金合欢属）

联系人：曾炳山
联系方式：020-87032851　国家：中国

申请日：2016年9月3日
申请号：20160240
品种权号：20180219
授权日：2018年12月11日
授权公告号：国家林业和草原局公告（2018年第17号）
授权公告日：2018年12月18日
品种权人：中国林业科学研究院热带林业研究所、嘉汉林业（河源）有限公司
培育人：曾炳山、陈祖旭、裘珍飞、陈考科、范春节、康汉华、刘英、李湘阳、罗锐

品种特征特性：本品种是黑木相思优良无性系。先引进澳大利亚各地的黑木相思种源，开展种源试验和组培技术研究。后针对干形、抗寒性等问题，制定优树选择标准，评选优树和采集优树根段培育根蘖苗，再采集根蘖苗嫩梢进行组培繁殖。以组培苗营造测定林，开展无性系测定，培育出了生长快、干形较通直的本品种。

本品种主干横切面圆形，枝痕三角形。主枝粗细中等，直立，分枝角度35°～45°。树皮花纹微曲成波浪形，花纹间距较大，长度中等。树皮纵裂，皮孔5～10个横向连接成横线条，密度大。当年生枝直立，上部被少量毛被，基部有少量淡黄色皮孔。叶状柄顶端圆盾，多数长椭圆形，部分一侧略凹曲，呈现轻微镰刀形。叶状柄长度中等，宽度小，长宽比中等，平均6.3。叶状柄有纵向柄脉4～6条，平均4.7条，其中1～2条柄脉较突出明显。

本品种适合于华南地区北纬25°以南地区栽培。在回归线附近种植，海拔应在150～450m。纬度较高时，应选择海拔较低的南坡种植。降水量应大于1200mm，地形应开阔通风，土层应较厚，土壤肥力中等以上。

金荷

（杏）

联系人：赵习平
联系方式：0311-87659937　国家：中国

申请日：2016年9月20日
申请号：20160247
品种权号：20180220
授权日：2018年12月11日
授权公告号：国家林业和草原局公告（2018年第17号）
授权公告日：2018年12月18日
品种权人：河北省农林科学院石家庄果树研究所
培育人：赵习平、武晓红

品种特征特性：‘金荷’母本为‘子荷’，父本为‘新世纪’。2008年杂交，2009年播种，2010年定植。2012年结果，初选为优株，2013年复选为优系，2013—2015年在河北省中南部的顺平、石家庄北郊和巨鹿区试。其植株生长势强，树姿半开张，成枝能力中；花芽主要在花束状结果枝和一年生枝上，一年生枝阳面黄褐色；叶片长，叶片宽，长宽比中，叶表的绿色程度中，叶基平圆形，尖端中等钝角，叶尖短，叶缘圆锯齿，叶缘起伏中，叶柄长度中，叶片长/叶柄长度中，叶柄蜜腺数2～3个。初花期中，花单瓣，花径中，花瓣下部颜色浅粉红。果实中（58.5g），果实圆形，纵径中，侧径中，横径中，纵径/横径中，侧径/横径中，果实不对称，缝合线深（近果梗洼处更深），梗洼深，果顶平，无果顶尖，果面光滑，果皮有茸毛，果实底色黄，着色面积无或很小，着色类型红色，着色浅，着色样式斑点；果肉橙黄色，质地中，纤维中，果实硬度中，果实重量/果核重量中，香气无或弱，汁液中，可溶性固形物含量中；半离核，果核长圆形，核仁苦味中，核仁中等，核仁中等饱满，果实成熟期很早。‘金荷’适宜在河北省中南部及具有相似条件的地区种植。

豆蔻

（锦带花属）

联系人：马立华
联系方式：13904600475　国家：中国

申请日： 2016年9月21日
申请号： 20160261
品种权号： 20180221
授权日： 2018年12月11日
授权公告号： 国家林业和草原局公告（2018年第17号）
授权公告日： 2018年12月18日
品种权人： 黑龙江省森林植物园
培育人： 马立华、庄倩、周勇、时雅君、雷桂杰、赵丽

品种特征特性： 该品种为忍冬科锦带花属新品种。2005年开展了锦带花10个不同品种间的杂交组合，先后进行了采种、播种、选优并挂牌。2009年通过对锦带花F_1代优株天然杂交成熟度较好的种子，进行采摘，播种，于2013年在黑龙江省森林植物园实生选育获得。

获得F_1代优株杂交种子后，进行了温室盆播育苗、露地高床移栽、定植栽培等试验，同时开展了植物学、生态学、生长节律、适应性、区域试验等研究。确认该树种具有抗寒性强、适应性更广、花色艳丽独特、观赏期长、易于繁殖、无病虫害等优良特性。该品种株高1.5～2.0m；花单色，浅粉（RHS2015 73D）；叶绿，卵圆形，叶面泡状较强；花期较早且长，开花盛期5月18日至6月15日，盛花时宛如豆蔻的钟形花朵将整个植株完全覆盖，非常美观，观赏效果极佳。

抗寒性强，半致死温度LT_{50}为−40.24℃。喜光、耐寒、耐旱、耐瘠薄，喜生于微酸性土壤（pH 6.7～7.0），但以深厚、湿润而腐殖质丰富的土壤生长最好。该种可以在东北地区北纬47° 以南区域种植。主要包括黑龙江省哈尔滨、牡丹江及佳木斯等地区。

灵动

（锦带花属）

联系人：马立华
联系方式：13904600475　国家：中国

申请日： 2016年9月21日
申请号： 20160263
品种权号： 20180222
授权日： 2018年12月11日
授权公告号： 国家林业和草原局公告（2018年第17号）
授权公告日： 2018年12月18日
品种权人： 黑龙江省森林植物园
培育人： 马立华、庄倩、周勇、时雅君、雷桂杰、赵丽

品种特征特性： 该品种为忍冬科锦带花属新品种，2005年通过选用观赏价值高的金亮锦带花做母本，抗寒性强的锦带花做父本，通过控制授粉杂交实生选育获得。

获得金亮锦带花（母本）×锦带花（父本）种子后，进行了温室盆播育苗、露地高床移栽、定植栽培等试验，同时开展了植物学、生态学、生长节律、适应性、区域试验等研究。确认该树种具有抗寒性强、适应性更广、花色艳丽独特、观赏期长、易于繁殖、无病虫害等优良特性。该品种与其母本相近似，株高1.5～2.0m；花单色，紫红（RHS2015 70B）；叶片黄绿色，椭圆形，叶面泡状弱；花期长，5月20日至6月18日，花色鲜红的钟状花朵一簇簇缀满枝头，在微风中摇曳，充满灵气与动感。二次开花，持续到10月份。

抗寒性强，半致死温度LT_{50}为−39.61℃。喜光、耐寒、耐旱、耐瘠薄，喜生于微酸性土壤（pH 6.7～7.0），但以深厚、湿润而腐殖质丰富的土壤生长最好。该种可以在东北地区北纬47° 以南区域种植。主要包括黑龙江省哈尔滨、牡丹江及佳木斯等地区。

梦幻

（锦带花属）

联系人：马立华
联系方式：13904600475　国家：中国

申请日： 2016年9月21日
申请号： 20160264
品种权号： 20180223
授权日： 2018年12月11日
授权公告号： 国家林业和草原局公告（2018年第17号）
授权公告日： 2018年12月18日
品种权人： 黑龙江省森林植物园
培育人： 马立华、庄倩、周勇、时雅君、雷桂杰、赵丽

品种特征特性： 该品种为忍冬科锦带花属新品种，2005年通过选用观赏价值高的金亮锦带花做母本，抗寒性强的锦带花做父本，通过控制授粉杂交实生选育获得。

获得金亮锦带花（母本）×锦带花（父本）种子后，进行了温室盆播育苗、露地高床移栽、定植栽培等试验，同时开展了植物学、生态学、生长节律、适应性、区域试验等研究。确认该树种具有抗寒性强、适应性更广、花色艳丽独特、观赏期长、易于繁殖、无病虫害等优良特性。该品种与其母本相近似，株高1.5～2.0m；整株双色花，单花复色：主色RHS2015 73A，次色73B；叶片黄绿色，卵圆形，叶面中度泡状；花期较早且长，5月20日至6月26日，花朵的色彩富于变化，如大自然的调色板跃然纸上，映入眼帘，充满神秘与梦幻。二次开花，持续到10月份。

抗寒性强，半致死温度LT_{50}为−39.61℃。喜光、耐寒、耐旱、耐瘠薄，喜生于微酸性土壤（pH 6.7～7.0），但以深厚、湿润而腐殖质丰富的土壤生长最好。该种可以在东北地区北纬47° 以南区域种植。主要包括黑龙江省哈尔滨、牡丹江及佳木斯等地区。

‘梦幻’　　‘绚影’

秋韵

（锦带花属）

联系人：马立华
联系方式：13904600475　国家：中国

申请日：2016年9月21日
申请号：20160265
品种权号：20180224
授权日：2018年12月11日
授权公告号：国家林业和草原局公告（2018年第17号）
授权公告日：2018年12月18日
品种权人：黑龙江省森林植物园
培育人：马立华、庄倩、周勇、时雅君、雷桂杰、赵丽

品种特征特性：该品种为忍冬科锦带花属新品种，2005年通过选用观赏价值高的金亮锦带花做母本，早锦带花做父本，通过控制授粉杂交实生选育获得。

获得金亮锦带花（母本）×早锦带花（父本）种子后，进行了温室盆播育苗、露地高床移栽、定植栽培等试验，同时开展了植物学、生态学、生长节律、适应性、区域试验等研究。确认该树种具有抗寒性强、适应性更广、花色艳丽独特、观赏期长、易于繁殖、无病虫害等优良特性。该品种与其母本相近似，株高1.5～2.0m；花单色，RHS2015 64B；叶片黄色，褐色晕，色暗，椭圆形，叶面泡状弱；花期较早且长，5月25日至6月22日，花色鲜红的钟形花朵在黄色叶片的映衬下，美轮美奂，二次开花，持续到10月份。

抗寒性强，半致死温度LT_{50}为−39.61℃。喜光、耐寒、耐旱、耐瘠薄，喜生于微酸性土壤（pH6.7～7.0），但以深厚、湿润而腐殖质丰富的土壤生长最好。该种可以在东北地区北纬47° 以南区域种植。主要包括黑龙江省哈尔滨、牡丹江及佳木斯等地区。

‘秋韵’　　‘宝石’

红妍

（含笑属）

联系人：颜立红

联系方式：13607448138　国家：中国

申请日：2016年9月27日
申请号：20160270
品种权号：20180225
授权日：2018年12月11日
授权公告号：国家林业和草原局公告（2018年第17号）
授权公告日：2018年12月18日
品种权人：湖南省森林植物园
培育人：蒋利媛、颜立红、田晓明、向光锋、张绪高、杨云文、欧阳泽怡

品种特征特性：该品种是从平伐含笑（*Michelia cavaleriei*）中选育出来的，其花被片为粉红色，而原种平伐含笑花被片为白色而明显不同。

常绿乔木，多分枝，树皮灰白色，小枝黑色；芽、嫩枝、叶柄、嫩叶下面、花梗、果梗均被银灰色或银灰色带红褐色平伏茸毛。叶薄革质，狭长圆形或狭倒披针状长圆形。花蕾狭卵圆形，佛焰苞状苞片密被银灰色或银灰色带红褐色平伏茸毛，花梗长1.5～2.5cm，具1～2苞片脱落痕；花被片粉红色，纸质，9～11片，有透明腺点，外轮3片倒卵状椭圆形，长2.5～4cm，向内渐狭小；雄蕊基部被灰黄色柔毛；雌蕊群狭卵形，花具浓香。聚合果，蓇葖倒卵圆形或长圆体形，具白色皮孔。花期2～3月，果期9～10月。

该品种适生区域和平伐含笑相同。在湖南、湖北、广东、广西、江西、贵州、云南和四川等地海拔200～1000m的范围内均能种植。

京欧1号

（李属）

联系人：曹伟跃
联系方式：13910603941　国家：中国

申请日： 2016年10月12日
申请号： 20160286
品种权号： 20180226
授权日： 2018年12月11日
授权公告号： 国家林业和草原局公告（2018年第17号）
授权公告日： 2018年12月18日
品种权人： 北京中医药大学
培育人： 李卫东、刘志国

品种特征特性： ‘京欧1号’灌木状，株高0.7～1.1m。叶长5cm，叶宽1.5cm，细长披针形，无毛，叶缘细钝锯齿状，叶柄长0.5cm。花蕾浅粉色，花浅粉白色。果实紫红色，扁圆形，缝合线浅，梗洼浅，果顶平，果柄长1.2cm。离核。香气浓郁。单果重6.2g。

相似品种名称	相似品种特征	授权品种特征
‘农大4号’	叶片：形状倒卵形	倒披针形
	花期：晚	早
	果熟期：晚	早
‘京欧2号’	当年生枝：新梢花青素着色 弱	中
	花蕾：颜色 白	浅粉

采用扦插无性繁殖，生长和结果特征与母株一致。经过多年扦插繁殖培育的植株，表现出与母株相同的形态和结果特征，没有退化和分化现象。

我国北方地区，在无霜期100天以上，冬季最低温不低于−40℃的气候能够正常生长结果，以中性砂壤土为宜。

京欧2号

（李属）

联系人：曹伟跃
联系方式：13910603941　国家：中国

申请日： 2016年10月12日
申请号： 20160287
品种权号： 20180227
授权日： 2018年12月11日
授权公告号： 国家林业和草原局公告（2018年第17号）
授权公告日： 2018年12月18日
品种权人： 北京中医药大学
培育人： 李卫东、刘志国

品种特征特性： ‘京欧2号’灌木状，株高0.8～1.2m。叶长6.0cm，叶宽1.5cm，细长披针形，无毛，叶缘细钝锯齿状，叶柄长0.5cm。花蕾白色，花白色。果实紫色，圆形，缝合线浅，梗洼浅，果顶平，果柄长1.1cm。离核。香气浓郁。单果重6.1g。

相似品种名称	相似品种特征	授权品种特征
‘农大4号’	叶片：形状 倒卵形	倒披针形
	花期：晚	早
	果熟期：晚	早
‘京欧1号’	当年生枝：新梢花青素着色 中	弱
	花蕾：颜色 浅粉	白

采用扦插无性繁殖，生长和结果特征与母株一致。经过多年扦插繁殖培育的植株，表现出与母株相同的形态和结果特征，没有退化和分化现象。

我国北方地区，在无霜期100天以上，冬季最低温不低于−40℃的气候能够正常生长结果，以中性砂壤土为宜。

紫玉

（木兰属）

联系人：白晶晶
联系方式：13570563393　国家：中国

申请日： 2016年11月4日
申请号： 20160296
品种权号： 20180228
授权日： 2018年12月11日
授权公告号： 国家林业和草原局公告（2018年第17号）
授权公告日： 2018年12月18日
品种权人： 陕西省西安植物园、棕榈生态城镇发展股份有限公司
培育人： 王亚玲、王晶、赵强民、吴建军、赵珊珊、严丹峰、叶卫

品种特征特性： 为紫玉兰品种‘红元宝’（母本）与来自福建黄坑的多瓣紫玉兰（父本）通过人工杂交获得杂交种子后，播种后对杂交实生苗进行优选，选择重瓣、花期长的优良单株，通过嫁接进行扩繁。

落叶小灌木，株型柱形或长卵圆形。小枝褐色，密被白色皮孔，节间相对短。叶倒卵状椭圆形、椭圆形，基部楔形、先端渐尖、骤尖、小凸尖或小尾尖；腹面深绿色，背面绿色；叶脉在腹面略下陷，叶面略不平；叶片长7～14.5cm，宽3～8cm，叶柄长0.8～1.5cm，托叶痕长0.4～1.2cm，占叶柄长的1/2～4/5。花杯状；（9～）12（～15）片；外轮花被片黄绿色，3片，舌状，长1～1.5cm，宽0.3cm；中2轮花被片背面深红色，腹面基部1/3～1/2浅红色，上部白色，6片，倒卵状长椭圆形，长8～9cm，宽2～3cm；内轮花被片腹背红色，或腹面上半部色浅至白色，3（～6）片，狭长椭圆形、狭倒卵状椭圆形，长4～7cm，宽0.5～2cm。雌蕊群长1.5cm，绿色，柱头红色，雄蕊长1cm，浅黄色，药隔紫红色。聚合蓇葖果柱状椭圆体，长7.5～8cm，绿色，成熟后呈浅绿色或绿褐色。

本品种可在黄河流域及以南区域进行露地栽培。

喜光线充足、温暖湿润的环境，栽培以疏松肥沃、排水良好的土壤为宜。选择生长健壮的一、二年生玉兰、望春玉兰、武当木兰、黄兰等其他木兰科植物实生苗做砧木进行嫁接，常规的灌溉、施肥管理，可据需要进行少量修剪。

如娟

（木兰属）

联系人：白晶晶
联系方式：13570563393　国家：中国

申请日：2016年11月4日
申请号：20160297
品种权号：20180229
授权日：2018年12月11日
授权公告号：国家林业和草原局公告（2018年第17号）
授权公告日：2018年12月18日
品种权人：棕榈生态城镇发展股份有限公司、陕西省西安植物园
培育人：王亚玲、赵强民、吴建军、赵珊珊、王晶、严丹峰、叶卫

品种特征特性：落叶灌木，株型紧凑，株高2.5～3.5m。1～3年生小枝，紫褐色，被白色皮孔，老枝灰褐色。叶纸质，倒卵状椭圆形、倒卵形，先端渐尖、短尾尖、钝尖，基部楔形、阔楔形，叶片基部略下延，叶肉在叶面沿中脉和侧脉略下陷，叶面略波状；叶上面绿色，叶背浅绿色，密被平伏短毛；叶柄密被白色平伏短毛，长0.8～2.5cm，托叶痕长0.3～1.1cm，占叶柄长的1/3～1/2，叶长7～17cm，叶宽4～10cm。花蕾顶生、簇生、腋生；花杯状，花被片直立，盛开时，花被片外张，但不完全平展，径12～14cm；花被片9片3轮，外轮3片萼片状，膜质，锐三角形，黄绿色，长2.3cm，中内两轮6片，肉质，倒卵状椭圆形、长椭圆形，长8～9cm，宽3～3.5cm，内外几同形、近等长，背面红色、橘红色，基部略黄红色、黄绿色，腹面浅红色；雄蕊黄色，药隔紫红色，雌蕊群黄绿色，柱头黄红色。花期3月下旬至4月下旬，6月下旬第二次开花，零星开花至8月下旬。果实少见，短柱形，长5～5.5cm，果皮绿色，成熟时绿褐色。

甬之波

（杜鹃花属）

联系人：谢晓鸿
联系方式：13957878585　国家：中国

申请日：2016年11月4日
申请号：20160307
品种权号：20180230
授权日：2018年12月11日
授权公告号：国家林业和草原局公告（2018年第17号）
授权公告日：2018年12月18日
品种权人：浙江万里学院、宁波北仑亿润花卉有限公司
培育人：吴月燕、谢晓鸿、沃科军、沃绵康

品种特征特性：本品种属半常绿灌木，枝条中等密集。当年生枝绿色，表皮毛浅红色；叶表密被灰白色毛，长椭圆形，叶尖突尖，叶基楔形，叶缘光滑。花冠开阔状漏斗形，半重瓣套筒，萼片绿色，花径很大，达8.5cm，花瓣裂片形状卵形，紫色，内饰红色斑点；雄蕊短于雌蕊，花药棕色，柱头紫红色。在宁波的盛花期3月中旬。

本品种适宜于长江以南地区栽培。

在全光照及半遮阴栽培环境中均能正常生长。生长适温为12～25℃。喜湿润环境。空气湿度以70%～90%为宜。pH在5～6.5，浇水宜采用偏酸性或中性水质。追肥的氮磷钾比例为3∶1∶1，并适当补施Fe^{2+}，以利于生长发育。修剪在5月底至6月上旬进行。

甬芊红

（杜鹃花属）

联系人：谢晓鸿
联系方式：13957878585　国家：中国

申请日：2016年11月4日
申请号：20160308
品种权号：20180231
授权日：2018年12月11日
授权公告号：国家林业和草原局公告（2018年第17号）
授权公告日：2018年12月18日
品种权人：宁波北仑亿润花卉有限公司
培育人：沃科军、沃绵康、朱平

品种特征特性：本品种属半常绿灌木，枝条中等密集。当年生枝表皮绿色，且有浅红色毛；叶片椭圆形，叶表有灰白色毛，叶端突尖，叶基楔形，叶缘光滑；花簇顶生成伞形，花冠开阔状漏斗形，重瓣花，花径很大，瓣形卵形平展，花瓣红紫色，花瓣内饰红色斑点；柱头紫红色。在宁波的每年2～3月开花，且在秋季的10月至11月开第二次花。

本品种适宜于长江以南地区栽培。

在全光照及半遮阴栽培环境中均能正常生长。生长适温为12～25℃。喜湿润环境。空气湿度以70%～90%为宜。pH在5～6.5，浇水宜采用偏酸性或中性水质。追肥的氮磷钾比例为3∶1∶1，并适当补施Fe^{2+}，以利于生长发育。修剪在5月底至6月上旬进行。

甬紫叠

（杜鹃花属）

联系人：谢晓鸿
联系方式：13957878585　国家：中国

申请日：2016年11月4日
申请号：20160309
品种权号：20180232
授权日：2018年12月11日
授权公告号：国家林业和草原局公告（2018年第17号）
授权公告日：2018年12月18日
品种权人：宁波北仑亿润花卉有限公司
培育人：沃科军、沃绵康、朱平

品种特征特性：2009年3月以‘王中王’杜鹃花为母本，收集‘西德1号’杜鹃花粉，进行人工授粉，套袋，以防花粉其他污染；2009年11月25日收集F_1代种子，于2010年4月10日播种于塑料大棚内。2013年3月上旬始见其花色为紫色，明显不同于父、母本的花色，花色亮丽，半重瓣套筒，花大，适合于盆栽，具重要商业开发价值。

本品种属半常绿灌木，枝条中等密集。当年生枝绿色，表皮毛浅红色；叶表密被灰白色毛，长椭圆形，叶尖突尖，叶基楔形，叶缘光滑。花冠开阔状漏斗形，半重瓣套筒，萼片绿色，花径很大，达8.5cm，花瓣裂片形状卵形，紫色，内饰红色斑点；雄蕊短于雌蕊，花药棕色，柱头紫红色。在宁波的盛花期3月中旬。

本品种适宜于长江以南地区栽培。

在全光照及半遮阴栽培环境中均能正常生长。生长适温为12～25℃。喜湿润环境。空气湿度以70%～90%为宜。pH在5～6.5，浇水宜采用偏酸性或中性水质。追肥的氮磷钾比例为3：1：1，并适当补施Fe^{2+}，以利于生长发育。修剪在5月底至6月上旬进行。

嫣红

（木莲属）

联系人：杨科明
联系方式：13202090952　国家：中国

申请日： 2016年11月7日
申请号： 20160314
品种权号： 20180233
授权日： 2018年12月11日
授权公告号： 国家林业和草原局公告（2018年第17号）
授权公告日： 2018年12月18日
品种权人： 中国科学院华南植物园
培育人： 陈新兰、杨科明、何飞龙、林金妹、廖景平、刘慧、韦强、叶育石

品种特征特性： 母本为大叶木莲，父本为文山木莲。通过常规人工杂交获得杂交种子，随采随播，杂交实生苗第5年开花。筛选优良单株进行嫁接繁殖，砧木为灰木莲。

常绿乔木。一年生枝密被黄褐色毛。成熟叶片革质，倒卵状椭圆形，长13.5～29.0cm，宽7.5～11.5cm，先端渐尖，基部阔楔形，上表面深绿色，下表面密被深褐色毛；叶柄长2.0～4.0cm，密被深褐色毛，托叶痕为叶柄长的1/2～3/5。花蕾顶生，花香无或弱，佛焰苞状苞片和花梗均密被深褐色毛；花瓣状花被片多为11～12，外轮3片革质，长7.3～8.4cm，宽3.7～4.5cm，长圆形，外表面主色浅紫红色（RHS 63C），呈块状分布，副色浅黄绿色（RHS 145C），主要在下部，呈块状分布，基部被黄褐色毛，内表面主色浅紫红色（RHS 63B），呈块状分布，副色黄绿色（RHS 145D），主要在下部，呈块状分布；中内轮8～9片肉质，长5.5～8.0cm，宽2.2～4.1cm，椭圆形，外表面主色浅紫红色（RHS 63C-63D），呈块状分布，副色黄绿色（RHS 145D），主要在下部，呈块状分布，内表面主色浅紫红色（RHS 63C、65C），呈块状分布，副色黄绿色（RHS 145D），主要在下部，呈块状分布；雄蕊紫红色（RHS 67A）。花期4月下旬至5月中旬。果实10月下旬成熟。

本品种适宜种植于热带至亚热带的大部分地区，适合庭院、公园等地栽培。喜光线充足、温暖湿润的环境，栽培土质以疏松湿润、土层深厚肥沃、排水良好、呈微酸性至中性的壤土为佳。定植时间以早春尚未萌发新叶时为宜。

黑武士

（木犀属）

联系人：段一凡
联系方式：15105168046　国家：中国

申请日：2016年11月16日
申请号：20160320
品种权号：20180234
授权日：2018年12月11日
授权公告号：国家林业和草原局公告（2018年第17号）
授权公告日：2018年12月18日
品种权人：南京林业大学、王思明
培育人：王思明、段一凡、王贤荣、伊贤贵、王华辰、李涌福、陈林

品种特征特性：常绿乔木，树高3～4m。树皮灰褐色，皮孔褐色、圆形。叶深墨绿色，厚革质，长椭圆形，叶长平均11.9cm，叶宽平均3.5cm，长宽比为3.4；叶正反两面光滑平整，网脉明显，侧脉10～13对；叶缘后端光滑无锯齿，前端偶见极稀疏锯齿；叶尖渐尖，叶基楔形；叶柄长平均2.1cm。花期9月中旬到10月上旬，每年花开2～3次。每节叶腋内有花芽2～3对。每花序有花4～7朵，花冠斜展，裂片卵圆形，内扣；花亮黄色，花量多，浓香；雌蕊完全败育，花后不结实。

‘黑武士’与相近品种‘丽黄’有显著差异，具体见下表：

品种	叶片	叶柄	花芽情况
‘黑武士’	长椭圆形，长宽比约为 3.4	平均长约 2.1cm	每节叶腋内有花芽 2 ～ 3 对
‘丽黄’	卵形，长宽比约 2.2	平均长约 1.2cm	每节叶腋内有花芽 3 ～ 4 对

粉彩

（李属）

联系人：王贤荣
联系方式：13913905477　国家：中国

申请日：2016年11月18日
申请号：20160322
品种权号：20180235
授权日：2018年12月11日
授权公告号：国家林业和草原局公告（2018年第17号）
授权公告日：2018年12月18日
品种权人：南京林业大学
培育人：王贤荣、伊贤贵、王华辰、段一凡、陈林、胡志华

品种特征特性：乔木。枝条稍斜向上伸展，树形瓶状。幼叶红褐色至褐色，成叶卵状椭圆形，长椭圆形或倒卵形，长7～12cm，宽3.2～6.4cm，先端尾状渐尖，基部圆形或近平截，叶缘稍细的重锯齿混有单锯齿，上面深绿色略带黄色，稍有光泽，下面淡绿色带有相当多的白色，主脉常带有紫红色；叶柄长2.0～2.3cm，暗紫红色或绿色，近顶端常有2枚腺体。伞形花序，有时近伞形总状，有花2～5朵，常3朵，花先叶开放，花径3.4～3.8cm；总苞片深紫红色；总梗长1.0～1.7cm，无毛；苞片紫红色；花梗长1.6～2.2cm，无毛；萼筒筒状钟形，长约7mm，暗紫红色，无毛；萼裂片宽披针形，长约5mm，先端渐锐尖，全缘，暗紫红色；花瓣5，淡紫红色，先端及边缘颜色稍深，椭圆形，长约1.8cm；雄蕊39～46；雌蕊1枚，花柱稍高于雄蕊，无毛。花期4月上旬至中旬。

‘粉彩’与原种红山樱的显著差异见下表：

品种	花径（cm）	开花习性	花色
‘粉彩’	3～4.5	先叶开放	初开时深粉红色，盛开时粉红色
红山樱	1.5～2	花叶同放	初开时淡粉色，盛开时白色
稚木樱	2.7～3.1	花叶同放	初开时淡粉色，盛开时白色

‘粉彩’

‘粉彩’

‘粉彩’花序

红山樱花序

彩云飞

（木瓜属）

联系人：臧德奎
联系方式：13583807200　国家：中国

申请日： 2016年11月22日
申请号： 20160337
品种权号： 20180236
授权日： 2018年12月11日
授权公告号： 国家林业和草原局公告（2018年第17号）
授权公告日： 2018年12月18日
品种权人： 山东农业大学
培育人： 臧德奎、于晓艳、刘丹、马燕、刘宗钊、刘明广、徐兴东

品种特征特性： ‘彩云飞’是从沂州海棠的播种苗中选择优良单株，经无性繁殖栽培试验获得。具有花朵大、花色优美、重瓣性强的特点。

落叶灌木，高达2m。幼枝暗红色，幼叶黄绿色，边缘红褐色。叶片椭圆形，长6～9cm，宽3～4cm，叶缘有芒状尖锯齿；托叶肾形，基部偏斜。花2～6朵簇生，花梗长4～5mm。花萼5，萼筒倒圆锥形；花径7～8cm；花瓣24～31枚，圆勺形，平展。花初开时白色（RHS CC-157B），渐变为红色（RHS CC-55B），花丝黄色。花期4月。

‘彩云飞’与近似品种‘醉杨妃’比较性状差异如下表：

品种	花梗长度	花瓣数量	花色变异
‘彩云飞’	长，偶见中	多	二色（白渐变为红）
‘醉杨妃’	短	中	三色（绿白后变浅红至红）

‘彩云飞’

‘彩云飞’

‘醉杨妃’花枝

萨菲尔（Sapphire）

（悬钩子属）

联系人：托马·比朗
联系方式：010-62357029　国家：英国

申请日：2016年11月23日
申请号：20160363
品种权号：20180237
授权日：2018年12月11日
授权公告号：国家林业和草原局公告（2018年第17号）
授权公告日：2018年12月18日
品种权人：浆果世界加有限公司（Berryworld Plus Limited）
培育人：伊娃·麦肯锡（Eva McCarthy）

品种特征特性：‘萨菲尔’（Sapphire）植株直立生长，当年生枝条数量为中，极嫩枝快速生长时花青素显色、显色强度为弱，当年生枝条表面粉状程度为弱、花青素显色程度为中、节间长度为中，当年生枝条上叶芽长度为中，结果类型为夏季去年生枝条上坐果，休眠枝长度为中，休眠枝颜色为棕灰色，当年生枝条长度为中，枝条刺密度为密，刺基部中、刺为中，刺颜色为棕紫色，叶片为暗绿色，叶片主要为3小叶和5小叶，叶片横截面形状为凸、叶片皱褶程度为弱，两侧小叶相对位置为相接，顶端小叶长度为长、宽度为中，花梗刺数量为多，花梗有花青素显色，显色强度为极弱；花大小为大，坐果枝方向为水平至下垂、长度为短，果实长度为长、宽度为宽，果实长宽比为中，果实侧面形状为宽圆锥形，单个核果大小为中，果实颜色为中红色，果实光泽度为中，果实紧实程度为极紧实，与果梗附着程度为弱；去年生枝叶芽萌发时间为晚、开花时间为晚、果实成熟期为晚、果实结果期长度为中。

‘萨菲尔’适宜栽植在10～21℃冷凉的地中海气候条件生态区域。

‘萨菲尔’叶片　‘萨菲尔’果实

洁德（Jade）

（悬钩子属）

联系人：托马·比朗
联系方式：010-62357029　国家：英国

申请日：2016年11月23日
申请号：20160364
品种权号：20180238
授权日：2018年12月11日
授权公告号：国家林业和草原局公告（2018年第17号）
授权公告日：2018年12月18日
品种权人：浆果世界加有限公司（Berryworld Plus Limited）
培育人：皮特·文森（Peter Vinson）

品种特征特性：‘洁德’（Jade）植株直立生长，当年生枝条数量为多，极嫩枝快速生长时花青素显色、显色强度为弱，当年生枝条表面粉状程度为弱、花青素显色程度为中、节间长度为中，当年生枝条上叶芽长度为中，结果类型为夏季去年生枝条上坐果、秋季在当年生枝条坐果，休眠枝长度为中，休眠枝颜色为紫棕色，当年生枝条长度为长，枝条刺密度为中，刺基部小、刺为短，刺颜色为紫棕色，叶片为暗绿色，叶片主要为三小叶和五小叶，叶片横截面形状为凹、叶片皱褶程度为中，两侧小叶相对位置为相接，顶端小叶长度为长、宽度为宽，花梗刺数量为少，花梗无花青素显色；花大小为大，坐果枝方向为水平至下垂、长度为中，果实长度为中、宽度为宽，果实长宽比为小，果实侧面形状为宽圆锥形，单个核果大小为中，果实颜色为中红色，果实光泽度为强，果实紧实程度为极紧实，与果梗附着程度为中；去年生枝叶芽萌发时间为晚、开花时间为中、果实成熟期为中、果实结果期长度为中，当年生枝抽出时间为中、开花时间为晚、果实成熟时间为晚、果实结果期长度为中。

‘洁德’适宜栽植在10～21℃冷凉的地中海气候条件生态区域。

英华

（杏）

联系人：苑克俊
联系方式：0538-8238791　国家：中国

申请日：2016年11月23日
申请号：20160366
品种权号：20180239
授权日：2018年12月11日
授权公告号：国家林业和草原局公告（2018年第17号）
授权公告日：2018年12月18日
品种权人：山东省果树研究所
培育人：牛庆霖、苑克俊、王长君、王培久

品种特征特性：‘英华’是以‘金太阳’（无香气）为母本、‘红荷包’（有香气）为父本杂交获得。其植株生长势强，树姿开张，成枝能力21%，弱；花芽主要在花束状结果枝和一年生枝上，一年生枝阳面红褐色，叶片长7.91cm，宽5.97cm，叶色中等绿，叶基钝圆形，叶片尖端夹角锐角，叶尖长，叶缘圆锯齿，叶缘起伏中，叶柄长3.04cm，短，叶柄蜜腺数2个，花瓣单瓣，花径3.66cm，花瓣下部颜色白色，果实大小50.3g，果实卵圆形，果实纵径4.80cm、侧径4.58cm、横径4.20cm，果实不对称，缝合线浅，梗洼深，果顶凸起尖，有果顶尖，果面光滑，果皮有茸毛，光泽中，果实底色黄、着色面积小、类型红、着色深、片状，果肉颜色黄、质地细腻、纤维少，果实硬、果实重量/果核重量小、香气无或弱、汁液多、可溶性固形物含量11.8%，离核，核仁苦，核仁大小1.15g，核仁饱满，初花期3月18日，果实成熟期早。

与近似品种‘金太阳’比较，‘英华’果实不对称，果顶形状凸起尖；与近似品种‘红荷包’比较，‘英华’果实形状卵圆形、果顶形状凸起尖。

开园

（杏）

联系人：苑克俊
联系方式：0538-8238791　国家：中国

申请日：2016年11月23日
申请号：20160367
品种权号：20180240
授权日：2018年12月11日
授权公告号：国家林业和草原局公告（2018年第17号）
授权公告日：2018年12月18日
品种权人：山东省果树研究所
培育人：苑克俊、王长君、牛庆霖、王培久

品种特征特性：‘开园’是以‘金太阳’（无香气）为母本、‘红荷包’（有香气）为父本通过杂交方法获得。植株生长势强，树姿开张，成枝能力35%，弱；花芽主要在花束枝和一年生枝上，一年生枝阳面红褐色；叶片长9.77cm，宽6.38cm，叶色深，叶基钝圆形，叶片尖端夹角锐角，叶尖长，叶齿，叶缘起伏中，叶柄长4.38cm，叶柄2～3个。初花期2016年3月18日，花瓣单瓣，花径3.49cm，花瓣色。果实大小57.4g，果实卵圆形、纵径5.15cm、侧径4.53cm、4.41cm，果实对称、缝合线深梗洼深，果顶尖圆，有果顶尖，果面光滑，果皮有茸毛，光泽中，果实着色面积小、着色类型红、着色浅、着色样式斑点，果肉颜色橙黄、腻、纤维少，果实软、香气中、汁液多、可溶性物含量13.0%，离核，果核卵圆形，核仁苦，核仁0.57g小，核仁饱满程中，果实成熟期很早。

与近似品种‘金太阳’比较，‘开园’叶片长，果实缝合线深浅中；与近似品种‘红荷包’比较，‘开园’叶月叶柄长，果实卵圆形。适合在山东省及邻近区域种植，特别适合在背风向阳、期较早的环境中发展。

‘开园’

‘金太阳’

凤冠红

（木瓜属）

联系人：陈之群
联系方式：18606390899　国家：中国

申请日：2016年11月24日
申请号：20160374
品种权号：20180241
授权日：2018年12月11日
授权公告号：国家林业和草原局公告（2018年第17号）
授权公告日：2018年12月18日
品种权人：临沂大学、河东区金盛海棠种植专业合作社
培育人：陈之群、刘宗钊、刘文、成妮妮、胡晓丽、臧凤岐、王桂香、徐成龙、陈恒新

品种特征特性：灌木，高约1.5m；枝刺少或无。嫩枝红褐或黄褐色；幼叶黄绿色或边缘红褐色。叶片椭圆形，长6～7cm，宽2～3cm，深绿色，叶缘有尖锐锯齿；托叶肾形。花簇生，花梗长4～8mm。花萼5，萼筒阔钟状。花径6～8cm，红色（RHS CC-40B），重瓣，花瓣28～35枚；花型奇特，花瓣旋转状扭曲，倒卵形，瓣爪短。雄蕊大部分瓣化。花期4～5月。

‘凤冠红’与相近品种‘长寿乐’‘大富贵’比较性状差异如下表：

品种	盛花期花径	花瓣平展	花色	雄蕊瓣化
‘凤冠红’	大	否，旋转状扭曲	红色	多
‘长寿乐’	中	是	橙红色	少
‘大富贵’	大	是	橙红色	少

‘凤冠红’

‘凤冠红’枝叶

‘长寿乐’

‘大富贵’

西吕71985（SCH71985）

（蔷薇属）

联系人：霍尔曼（Herman）
联系方式：31297383444　国家：荷兰

申请日：2016年12月2日
申请号：20160386
品种权号：20180242
授权日：2018年12月11日
授权公告号：国家林业和草原局公告（2018年第17号）
授权公告日：2018年12月18日
品种权人：荷兰彼得·西吕厄斯控股公司(Piet Schreurs Holding B.V)
培育人：P.N.J.西吕厄斯（Petrus Nicolaas Johannes Schreurs）

品种特征特性：'西吕71985'是品种权人于2011年1月在其温室内采用自有育种材料PSR 2389为母本，用代号为PSR5133的自有材料做父本经控制授粉杂交育成。

'西吕71985'花瓣数中，花朵直径中到大，花形俯视呈星形、花的类型为重瓣，单头花，主色为粉色，单色品种，花朵侧观上部平凸形、下部平形，香味无到弱；花瓣形状为阔椭圆形，伸出度中；内花瓣的主要颜色粉，外花瓣主要颜色浅粉，花瓣边缘波状中到强，反卷中、瓣缘波状中，花丝主色为浅黄色。

近似品种选择'西吕泰克'（Scho ltec），其与授权品种的特异性见下表：

品种	叶片大小	花瓣紧密度	花瓣颜色
'西吕 71985'	大	中	浅粉
'西吕泰克'	中	松	粉色

瑞驰2700J（RUICH2700J）

（蔷薇属）

联系人：汉克·德·格罗特（H.C.A. de Groot）
联系方式：+31 206436516　国家：荷兰

申请日：2016年12月8日
申请号：20160396
品种权号：20180243
授权日：2018年12月11日
授权公告号：国家林业和草原局公告（2018年第17号）
授权公告日：2018年12月18日
品种权人：迪瑞特知识产权公司（De Ruiter Intellectual Property B.V.）
培育人：汉克·德·格罗特（H.C.A. de Groot）

品种特征特性：‘瑞驰2700J’（RUICH2700J）是2007年春季培育人以‘瑞艺4325’（RUIY4325）为母本，无名植株与‘瑞兹文’（RUIZWIN）杂交得到的后代为父本，进行杂交。

属于多头切花月季；植株高度为矮到中；嫩枝有花青素有着色、着色程度为极弱到弱；皮刺数量为极少；叶片大小为大，第一次开花之时上表面颜色为中绿色、光泽为强；小叶片叶缘波状曲线为弱；顶端小叶形状为卵圆形，叶基形状为圆形，叶尖为尖。花型为重瓣；花瓣数量为中到多；花径为小；形状为不规则圆形，花侧视上部形状为平、侧视下部形状为平凸；花无香味，花萼边缘延伸程度为无或极弱；花瓣边缘缺裂为弱，花瓣呈圆形；花瓣边缘反卷程度为极强、波状为弱、花瓣长度为短，宽度为窄；花瓣内侧主要颜色为1种，主要颜色是RHS 45A，花瓣内侧基部有斑点、斑点大小为小、颜色为白；外部雄蕊花丝主要颜色为粉色。

‘瑞驰2700J’适宜在温室条件下栽培生产。适于温室内光照充分的环境条件，冬季采用拟光灯延长光照时间；突出的特点是适合在高海拔地区种植和繁殖，优秀性状保持稳定。

瑞克2110A(RUICK2110A)

（蔷薇属）

联系人：汉克·德·格罗特（H.C.A. de Groot）

联系方式：+31 206436516　国家：荷兰

申请日：2016年12月8日

申请号：20160397

品种权号：20180244

授权日：2018年12月11日

授权公告号：国家林业和草原局公告（2018年第17号）

授权公告日：2018年12月18日

品种权人：迪瑞特知识产权公司（De Ruiter Intellectual Property B.V.）

培育人：汉克·德·格罗特（H.C.A. de Groot）

品种特征特性：‘瑞克2110A’（RUICK2110A）是2010年春季培育人以‘瑞克德3021A’（RUICD3021A）为母本，以克瑞兹（Creazzi）杂交得到的后代为父本，进行杂交。

‘瑞克2110A’属于多头切花月季；植株高；嫩枝有花青素有着色、着色程度为强；皮刺数量多、偏绿色；叶片大小为中，第一次开花之时上表面颜色为中绿色、光泽为中；小叶片叶缘波状曲线为弱；顶端小叶卵圆形，叶基尖形，叶尖为尖。花型为重瓣；花瓣数量为中；花径为小到中，形状为不规则圆形，花侧视上部形状为平、侧视下部形状为平凸；花香为强，花萼边缘延伸程度为无或极弱；花瓣边缘缺裂为弱，花瓣呈倒卵形；花瓣边缘反卷程度为强、波状为中、花瓣长度为中，宽度为窄；花瓣内侧主要颜色为1种，是RHS 69C，花瓣内侧基部有斑点、斑点大小为中、颜色为中黄，花瓣外侧颜色为RHS 69A；外部雄蕊花丝主要颜色为中黄。

‘瑞克2110A’适宜在温室条件下栽培生产。适于温室内光照充足的环境条件，冬季采用拟光灯延长光照时间；突出的特点是适合在高海拔地区种植和繁殖，优秀性状保持稳定。

硕丰

（悬钩子属）

联系人：吴文龙
联系方式：025-84347063　国家：中国

申请日：2016年12月15日
申请号：20170012
品种权号：20180245
授权日：2018年12月11日
授权公告号：国家林业和草原局公告（2018年第17号）
授权公告日：2018年12月18日
品种权人：江苏省中国科学院植物研究所
培育人：吴文龙、李维林、闾连飞、张春红、赵慧芳、王小敏、朱泓、杨海燕

品种特征特性：‘硕丰’是2006年5月，以‘Kiowa’为母本，以‘Hull’为父本，去雄、套袋、杂交筛选出的新品种。

地上部2年生、地下部多年生落叶灌木。植株无刺、高大，直立性好，生长旺盛，6月中旬开始成熟，采果期35天左右，浆果黑色，具光泽，果实较大，平均单果重6.68g。果实可溶性固形物平均为11.3%，口.感甜，适于鲜食，果实硬度较2个亲本好，与硬果黑莓品种‘Chester’相当。十分丰产，盛果期平均产量15～20t/hm^2。

适宜种植于江苏、浙江、安徽等长江流域及我国南部多数地区。冬季最低温度-10℃以上，土壤pH 5.0～7.5，含盐小于0.1%，地下水位1m以下。

黄金锦

（蜡梅）

联系人：赵宏波
联系方式：13588883552　国家：中国

申请日： 2016年12月16日
申请号： 20170014
品种权号： 20180246
授权日： 2018年12月11日
授权公告号： 国家林业和草原局公告（2018年第17号）
授权公告日： 2018年12月18日
品种权人： 浙江农林大学
培育人： 赵宏波、张超、付建新、包志毅

品种特征特性： ‘黄金锦’为蜡梅科蜡梅属蜡梅的优良实生变异单株。由浙江农林大学园林学院花卉遗传育种课题组选育。

该品种为蜡梅实生后代优株，独特观赏性状为叶片，其叶片始终保持深黄绿，而幼叶期叶片黄色性状尤为明显，花部性状良好，具有典型蜡梅性状，性状稳定，繁育后代具有高度的一致性，是一个花叶兼赏的优良品种。该品种为落叶灌木，高2～4m；小枝灰褐色；叶纸质，长卵形到椭圆形，有光泽，嫩时亮金黄色，老时黄绿色；花外被片金黄色，中被片带有紫晕，具有典型的蜡梅花芳香；花期为12月下旬到翌年1月中旬，可持续1个月。利用嫁接进行繁殖，以普通蜡梅实生苗为砧木，于春季芽萌动前采用腹接或劈接进行嫁接。根据其叶片性状，将该品种暂定名为‘黄金锦’。

蜡梅适生区域均可以种植，以长江流域地区最为适宜，适合作为观花灌木或盆栽进行种植。

知春

（蜡梅）

联系人：赵宏波
联系方式：13588883552　国家：中国

申请日： 2016年12月16日
申请号： 20170015
品种权号： 20180247
授权日： 2018年12月11日
授权公告号： 国家林业和草原局公告（2018年第17号）
授权公告日： 2018年12月18日
品种权人： 浙江农林大学
培育人： 赵宏波、张超、付建新、包志毅

品种特征特性： ‘知春’为蜡梅科蜡梅属蜡梅的优良实生单株。由浙江农林大学园林学院花卉遗传育种课题组在资源调查过程中发现，根据花期和花部性状暂定名为‘知春’。

该品种为蜡梅实生后代优株，花中被片浓黄，较长；花期较晚，为1月下旬至3月中旬，盛花期为2月中下旬，且晚于大部分蜡梅品种，花期覆盖元旦、春节和元宵等我国重要节日，是一个不可多得的晚花蜡梅品种。利用嫁接进行繁殖，以普通蜡梅实生苗为砧木，于春季芽萌动前采用腹接或劈接进行嫁接。

蜡梅适生区域均可以种植，以长江流域地区最为适宜，适合作为观花灌木或盆栽进行种植。

长蕊玉蝶

（梅）

联系人：赵宏波
联系方式：13588883552　国家：中国

申请日：2016年12月16日
申请号：20170016
品种权号：20180248
授权日：2018年12月11日
授权公告号：国家林业和草原局公告（2018年第17号）
授权公告日：2018年12月18日
品种权人：浙江农林大学、浙江长兴东方梅园有限公司
培育人：赵宏波、张超、付建新、包志毅、吴晓红

品种特征特性：'长蕊玉蝶'为蔷薇科梅的优良株系，为玉蝶品种群优良品种。由浙江农林大学园林学院花卉遗传育种课题组在收集的种质资源中筛选获得，根据花部性状暂定名为'长蕊玉蝶'。

花浅碗形，着花繁密；花蕾阔卵形，粉色；花瓣正面底色为白色，先端、背面有粉色晕；雄蕊数量多，花丝长于花瓣，花药大、发育良好；花萼紧贴花蕾；花梗短；杭州地区盛花期3月上旬；具有典型梅香；结实少。与同类品种相比，最大优点在于花型整齐饱满、排列规则，花丝长于花瓣，形成独特性状，观赏价值高。

应用区域以长江流域最为适宜，适合作为花灌木或盆栽进行种植。

粉台玉蝶

（梅）

联系人：赵宏波
联系方式：13588883552　国家：中国

申请日：2016年12月16日
申请号：20170017
品种权号：20180249
授权日：2018年12月11日
授权公告号：国家林业和草原局公告（2018年第17号）
授权公告日：2018年12月18日
品种权人：浙江农林大学
培育人：赵宏波、吴晓红、张超、付建新、包志毅

品种特征特性：‘粉台玉蝶’为蔷薇科梅的优良株系，为玉蝶品种群优良品种。由浙江农林大学园林学院花卉遗传育种课题组在收集的种质资源中筛选获得，根据花部性状暂定名为‘粉台玉蝶’。杭州地区盛花期较晚，3月上中旬；花蕾阔卵形，有孔，粉色；花浅碗形；花瓣正面基本底色为白色，先端有淡粉色晕，反面淡粉色；大部分花的雌蕊为台阁状或退化；具有典型梅香；基本不结实。与同类品种相比，最大优点在于台阁花、瓣性强、淡粉色花。

应用区域以长江流域最为适宜，适合作为花灌木或盆栽进行种植。

‘粉台玉蝶’

‘粉台玉蝶’

‘粉台玉蝶’

对照品种‘素白台阁’

红颜朱砂

（梅）

联系人：赵宏波
联系方式：13588883552　国家：中国

申请日：2016年12月16日
申请号：20170018
品种权号：20180250
授权日：2018年12月11日
授权公告号：国家林业和草原局公告（2018年第17号）
授权公告日：2018年12月18日
品种权人：浙江农林大学
培育人：赵宏波、吴晓红、张超、付建新、包志毅

品种特征特性：‘红颜朱砂’为蔷薇科梅的优良株系，为玉蝶品种群优良品种。由浙江农林大学园林学院花卉遗传育种课题组在收集的种质资源中筛选获得，根据花期和花部性状暂定名为‘红颜朱砂’。

当年生小枝暗绿底色均匀洒绛红色晕，直上或斜出；杭州地区盛花期2月中下旬；花常2朵簇生，花蕾近阔卵形，无孔，堇紫色；花浅碗形；花瓣正反两面均匀堇紫色，整个开花过程中始终保持鲜艳色泽，基本不褪色；具有典型梅香；结实少。与同类品种相比，最大优点在于花型整齐饱满、排列规则，花色艳丽均匀、一致持久。

应用区域以长江流域最为适宜，适合作为观花小乔木或盆栽进行种植。

对照品种‘骨里红’

‘红颜朱砂’

‘红颜朱砂’

反扣二红

（梅）

联系人：赵宏波
联系方式：13588883552　国家：中国

申请日： 2016年12月16日
申请号： 20170019
品种权号： 20180251
授权日： 2018年12月11日
授权公告号： 国家林业和草原局公告（2018年第17号）
授权公告日： 2018年12月18日
品种权人： 浙江农林大学、浙江长兴东方梅园有限公司
培育人： 吴晓红、赵宏波、张超、付建新、包志毅

品种特征特性： ‘反扣二红’为蔷薇科梅的优良株系，为朱砂品种群优良品种。由浙江农林大学园林学院花卉遗传育种课题组和浙江长兴东方梅花研究所在收集的种质资源中筛选获得，根据花期和花部性状暂定名为‘反扣二红’。

花常2朵簇生，碟形，反扣；花瓣正反两面均为堇紫色，反面颜色略深于正面；花瓣多为圆形，边缘呈大波纹；雄蕊辐射着生，花丝白色；具有典型梅香；不结实。与同类品种相比，最大优点在于花反扣、二色。

应用区域以长江流域最为适宜，适合作为观花小乔木或盆栽进行种植。

红盛

（紫薇）

联系人：王柏盛
联系方式：13221581951　国家：中国

申请日：2016年12月16日
申请号：20170023
品种权号：20180252
授权日：2018年12月11日
授权公告号：国家林业和草原局公告（2018年第17号）
授权公告日：2018年12月18日
品种权人：王柏盛
培育人：王柏盛

品种特征特性：‘红盛’是2010年春夏之交紫薇盛花期间，在品种权人苗圃里由前年播种的市场上主栽品种里发现的一株花色明显更加艳丽、开花性能优良的单株，后经系统选育而成。

该申请品种花艳丽红色，常组成7～20cm的顶生圆锥花序；花萼外面平滑无棱，萼筒有微突起短棱，两面无毛，裂片6，三角形，直立，具角状附属体；花瓣6，皱缩，具长爪。蒴果椭圆状球形或阔椭圆形，幼时绿色至黄色，成熟时或干燥时呈紫黑色；种子有翅。

近似品种选其亲本紫薇，其二者的特异性表现如下表：

品种	株型	花序形状	花色
‘红盛’	规整呈圆柱形	圆锥形	红色艳丽
紫薇	自然、有点乱	不规则形	红粉混杂

紫薇

‘红盛’

鸿运

（木犀属）

联系人：段一凡
联系方式：15105168046　国家：中国

申请日： 2016年12月20日
申请号： 20170025
品种权号： 20180253
授权日： 2018年12月11日
授权公告号： 国家林业和草原局公告（2018年第17号）
授权公告日： 2018年12月18日
品种权人： 南京林业大学、王思明
培育人： 王思明、段一凡、王贤荣、伊贤贵、王华辰、李涌福、陈林

品种特征特性： 常绿灌木至小乔木，树高3～4m，树冠圆球形。叶对生，椭圆状披针形；新叶黄绿色，成熟叶片黄绿色至深绿色，长6～10cm，宽2～4cm，长宽比2.5～3；侧脉9～11对，叶柄长0.9～1.1cm。花枝长10～13（15）cm，每节花芽2～3对，花密集，每芽有花7～9朵。花梗短，长仅5～9mm。花色深橙红色（RHS-CC28A）。花冠斜展，近钟形，直径6～7mm。花冠裂片倒卵圆形或近椭圆形。雌蕊柱头头状，子房淡绿色，发育正常，不早落。果实大，量多。

‘鸿运’与相近品种‘丹红翠珠’有显著差异，具体比较如下：

品种	叶片	花色	结籽情况
‘鸿运’	平展，叶缘不为波状	RHS-CC 达 28A	雌蕊柱头头状，雌蕊发育正常，不早落，结籽量大
‘丹红’‘翠珠’	叶缘波状或微波状	RHS-CC 达 25A	雌蕊柱头常 2 裂，雌蕊略发育，大多发育不正常，早落，结籽量少

白珊瑚

（杜鹃花属）

联系人：沈勇
联系方式：13017796180　国家：中国

申请日：2017年1月5日
申请号：20170038
品种权号：20180254
授权日：2018年12月11日
授权公告号：国家林业和草原局公告（2018年第17号）
授权公告日：2018年12月18日
品种权人：嘉善联合农业科技有限公司
培育人：沈勇

品种特征特性：'白珊瑚'是2012年4月，在东鹃'红珊瑚'第一次芽变稳定品系HSHB-1上再次出现芽变，开出了一簇花色纯白而上部裂片带绿色斑点的花来，遂标记为HSHB-2，花后芽变部位发出4支强壮枝条，至5月24日新枝已半木质化时即剪取枝条进行嫁接，选择抗逆性强的锦绣杜鹃为砧木，共嫁接了4株砧木，套袋养护25天后全部成活。

'红珊瑚'第二次芽变开出的纯白色花朵花色纯净、上部裂片有绿色斑点，不仅以前春鹃园艺品种中绝无仅有，还因为芽变所获得的新品种在株形、叶形与花期若仍与母本完全一致，仅在花色表现上反差极大，这样的品种、品系群不仅在盆花生产上有极大的优势，而且在园林绿化的模纹图案配色上更有难得的效果，所以这一芽变品种在杜鹃芽变所产生的新品种中显得特别珍贵。

经多年栽培观察表明：'白珊瑚'株型美观，枝条开张度中等，一年生枝条浅绿色，2年生枝条褐色。幼叶淡绿色，老叶深绿色，茸毛或糙伏毛较多；叶片形态为倒卵形，宽1.8～2.2cm，长3.1～4.2cm；花2～3朵聚生于枝顶，花色为娇嫩欲滴的纯白色（WHITE-GROUP-155C），萼片瓣化为花瓣，花冠类型为套筒；雄蕊5枚不等长，且近等长与雌蕊，雌蕊1枚；花药黄色，花柱白色，柱头淡绿色。上部裂片有绿色斑点，花径4.5～5.5cm；盛花期4月上旬。抗逆性强，长势健壮旺盛，宜在江、浙、沪一带做设施盆栽或园林绿化应用。

粉珊瑚

（杜鹃花属）

联系人：沈勇
联系方式：13017796180　国家：中国

申请日： 2017年1月5日
申请号： 20170039
品种权号： 20180255
授权日： 2018年12月11日
授权公告号： 国家林业和草原局公告（2018年第17号）
授权公告日： 2018年12月18日
品种权人： 嘉善联合农业科技有限公司
培育人： 沈勇

品种特征特性： ‘粉珊瑚’为杜鹃花科杜鹃花属新品种，2005年4月，在开满纯红色花朵的东鹃栽培品种‘红珊瑚’上发现一枝条开出粉红色花朵，确认为一芽变品种。当即在芽变的枝条上做好标记，标记为HSHB-1，并将母株从整体栽培的大棚中移出单独栽培。同时立即摘去所有花朵，以利新芽生长。待新枝已半木质化时，剪取到8cm长的新枝条6枝，分剪为4cm长的接穗12个。嫁接于在事先准备好的毛鹃砧木上。当年12个接穗全部成活。后经多次的嫁接和扦插繁殖，结果表明：‘粉珊瑚’株形美观，枝条开张度中等，一年生枝条浅绿色，2年生枝条褐色。幼叶淡绿色，老叶深绿色，茸毛或糙伏毛较多；叶片形态为倒卵形，宽1.8～2.2cm，长3.1～4.2cm；花2～3朵聚生于枝顶，花色为娇嫩欲滴的淡粉色（RED-PURPLE GROUP-69D），萼片瓣化为花瓣，花冠类型为套筒；雄蕊5枚不等长，且近等长与雌蕊，雌蕊1枚；花药黑色，花柱白色，柱头淡粉色。上部裂片有深色斑点，花径4.5～5.5cm；抗逆性强，长势健壮旺盛，宜在江、浙、沪一带做设施盆栽或园林绿化应用。

龙花

（忍冬属）

联系人：王晓明

联系方式：13974938264　国家：中国

申请日： 2017年1月21日
申请号： 20170090
品种权号： 20180256
授权日： 2018年12月11日
授权公告号： 国家林业和草原局公告（2018年第17号）
授权公告日： 2018年12月18日
品种权人： 湖南省林业科学院
培育人： 王晓明、曾慧杰、李永欣、乔中全、蔡能、陈建军

品种特征特性： ‘龙花’为小灌木，半直立，植株矮，枝条疏，斜展，节间长，着花密，花蕾多，成熟的一致性高，幼枝绿色，成熟枝褐色。叶片厚纸质，叶背脉间毛无，单叶对生，长椭圆形，叶尖渐尖，叶基微心形，叶片长约12.5cm，宽约5cm，幼叶浅绿色，成熟叶深绿色。花蕾微弯，长度6～8cm，粗度3.5～4.5mm，花冠与花冠筒近等长，花蕾浅黄色，蕾期时间长，花冠不开裂。花冠唇形，长度约3.3cm，上唇瓣反卷，长方形，上唇瓣长度约3.5cm，宽度约1cm，裂深中，下唇瓣反卷，雄蕊低于花冠，花冠裂片正面浅黄色（RHS 8D），背面浅黄色（RHS 4D），花冠筒长度约4cm，粗度约2.5mm。在长沙地区，5月下旬始花，6月上旬盛花，花期时长3～5天。无果实。

‘龙花’在我国湖南、湖北、江西、河南等地均可种植。根系发达，对土壤要求不严格，适应性强，山区、丘陵与平原均可栽培，沙土、黏土、偏酸偏碱土都能生长良好，耐旱涝、耐寒热、耐土壤瘠薄。向阳、土层较为深厚、土壤肥沃疏松、透气排水良好、坡度在15°以下的砂质壤土栽植更为适合。

‘龙花’

‘金翠蕾’

左：‘龙花’；右：‘金翠蕾’

3年生‘龙花’开花状

丰蕾

（忍冬属）

联系人：王晓明
联系方式：13974938264　国家：中国

申请日： 2017年1月21日
申请号： 20170091
品种权号： 20180257
授权日： 2018年12月11日
授权公告号： 国家林业和草原局公告（2018年第17号）
授权公告日： 2018年12月18日
品种权人： 湖南省林业科学院、兰陵县鲁龙林果园艺专业合作社、长沙湘莹园林科技有限公司
培育人： 曾慧杰、王晓明、乔中全、李修海、李永欣、蔡能、王湘莹、陈建军

品种特征特性： ‘丰蕾’为灌木，株型平铺，枝条密度中等，着花密度中等，花色多种。枝条平展，长度中等，节间长度中等，花蕾数约28个，花蕾成熟的一致性高，幼枝浅绿色，成熟枝褐色。叶片纸质，叶脉浅绿色，叶背脉间毛中等，单叶对生，长卵形，叶尖圆钝，叶基微心形，长5.5～7.5cm，宽3.4～4.5cm，幼叶浅绿色，成熟叶绿色。花蕾微弯，长4～5.4cm，宽4～5mm，花冠与花冠筒近等长，花冠筒腺毛中等，花蕾乳白色，蕾期10～15天。花冠唇形，长度中等，上唇瓣斜展，长方形，上唇瓣长度2.6～3cm，宽度0.5～0.6cm，裂深中，下唇瓣斜展，雄蕊位置低于花冠，花冠裂片正面乳白色（RHS NN155A）背面乳白色（RHS NN155B），花冠筒基部无隆起，为窄漏斗形，长度2.8～3cm，粗度3～4mm，5月初开花，5月中旬盛花期。无果实。

‘丰蕾’在我国湖南、湖北、山东、河南等适宜种植金银花的地区均可种植。耐旱涝、耐寒热、耐土壤瘠薄，适应性强，山区、丘陵与平原均可栽培。若栽植在向阳、土层较为深厚、土壤肥沃疏松、透气排水良好的砂质壤土上，则生长更为旺盛。

紫嫣公主

（桂花）

联系人：廖凯
联系方式：15297899648　国家：中国

申请日：2017年3月6日
申请号：20170125
品种权号：20180258
授权日：2018年12月11日
授权公告号：国家林业和草原局公告（2018年第17号）
授权公告日：2018年12月18日
品种权人：全南厚朴生态林业有限公司
培育人：罗永松、江军、廖凯、姜明华

品种特征特性：‘紫嫣公主’春梢叶芽萌动期到萌发期，叶芽为紫红色[RHS（RED-PURPLE GROUP N66 A）]。抽梢展叶期，新叶为紫红色[RHS（RED-PURPLE GROUP 64 A）]。封梢期至新叶大小定形期，新叶由淡紫红色[RHS（RED-PURPLE GROUP 68 B）]，逐渐变为黄绿色[RHS（GREEN-YELLOW GROUP 1C）]，随后具绿色[RHS（GREEN GROUP 134 B）]的点状色块分布，最后整片叶变为绿色[RHS（GREEN GROUPN 137 A）]，完成春梢叶色的变化过程。

在春梢叶色的整个变化过程中，叶柄颜色由紫红色［RHS（RED-PURPLE GROUP 61 A）］变为紫色［RHS（PURPLE GROUP N77 A）］。

左：‘虔南桂妃’，右：‘紫嫣公主’

翠玉

（梓树属）

联系人：寇新良
联系方式：13939690881　国家：中国

申请日：2017年3月30日
申请号：20170147
品种权号：20180259
授权日：2018年12月11日
授权公告号：国家林业和草原局公告（2018年第17号）
授权公告日：2018年12月18日
品种权人：河南名品彩叶苗木股份有限公司
培育人：王华明、郑芳、邵明春、李长江、张熙、方圆圆、孙玉、李建武

品种特征特性：‘翠玉’为落叶乔木，叶嵌色，幼叶主色紫褐色，新生叶主色浅黄色或浅绿色，成熟叶主色中绿色，成熟叶次色浅黄色或浅绿色，次色分布不规则。

‘翠玉’喜光，较耐寒，喜深厚肥沃湿润的土壤，耐干旱，稍耐盐碱，耐烟尘、抗有害气体能力强，寿命长。适应性强，大部分地区均可种植。

‘翠玉’嫁接苗植株

‘翠玉’叶片

梓树叶片

岑芯

（山茶属）

联系人：王东雪
联系方式：15978138050　国家：中国

申请日：2017年4月6日
申请号：20170150
品种权号：20180260
授权日：2018年12月11日
授权公告号：国家林业和草原局公告（2018年第17号）
授权公告日：2018年12月18日
品种权人：广西壮族自治区林业科学研究院
培育人：曾雯珺、王东雪、江泽鹏、张乃燕、陈国臣、叶航、陈林强、陈江平、张敏、梁国校、夏莹莹、刘凯、梁斌

品种特征特性：‘岑芯’为常绿灌木，树冠圆球形，枝条直展，发枝量大，生长势强；嫩枝绿色，结果枝相对较短；嫩芽黄绿色，边缘有紫红色，顶芽单生或双生；叶密，叶片椭圆形或长椭圆形，上斜，叶面平展，叶长6～8.3cm，叶宽2.8～3.5cm，叶形指数2.26左右，叶背无茸毛，叶脉显现程度强，叶面颜色深绿，叶缘细齿状，叶基宽楔形，叶尖渐尖或钝尖，叶柄长0.4～0.7cm；花芽多顶生，花期11月下旬至翌年1月下旬，花白色，花冠直径5.2～6.6cm；花型单瓣型，花瓣倒心形，有瓣脉，中等厚度，顶端微凹，边缘全缘，无褶皱或褶皱弱；雄蕊多数，高于雌蕊，基部连生，无瓣化，柱头3～4裂，深裂（完全分裂）。果球形，黄绿色，着红色；无棱，果脐凸起，中果，果皮中等厚度，种子3～6粒，成熟期晚。

‘岑芯’与对照品种‘岑软3号’比较的不同点见下表：

品种	枝条姿态	植株生长势	花柱分裂深度
‘岑芯’	直展	强	深裂
‘岑软 3 号’	斜展	中	浅裂或中裂

傲雪

（山茶属）

联系人：王东雪
联系方式：15978138050　国家：中国

申请日： 2017年4月6日
申请号： 20170151
品种权号： 20180261
授权日： 2018年12月11日
授权公告号： 国家林业和草原局公告（2018年第17号）
授权公告日： 2018年12月18日
品种权人： 广西壮族自治区林业科学研究院
培育人： 王东雪、江泽鹏、张乃燕、陈国臣、刘凯、陈林强、梁斌、夏莹莹、曾雯珺、梁国校、叶航

品种特征特性： 灌木，树冠开张，呈自然圆球形；枝条新梢绿色，顶芽单生、有茸毛；叶椭圆形或长椭圆形，叶脉凹陷，叶面有波浪，长6.3～7.9cm，宽2.6～3.3cm，叶型指数2.36，先端渐尖，基部楔形；花期11月上旬至翌年1月中旬，花白色；果11月成熟，球形，绿色，表面有棱，单果重25～40g，果皮厚度2.2～3.8mm，每果有种子3～8颗，单粒籽重2.4～4.1g，种皮棕褐色，鲜出籽率45.3%～51.1%，种仁含油率48.4%～52.4%。

‘傲雪’与对照品种‘岑软3号’对比，不同点见下表：

品种	叶
‘傲雪’	叶脉凹陷：是 叶面平展度：波浪 叶背被毛：有
‘岑软 3 号’	叶脉凹陷：否 叶面平展度：平整 叶背被毛：无

左：‘傲雪’，右：‘岑软3号’

义林

（山茶属）

联系人：王东雪
联系方式：15978138050　国家：中国

申请日：2017年4月6日
申请号：20170152
品种权号：20180262
授权日：2018年12月11日
授权公告号：国家林业和草原局公告（2018年第17号）
授权公告日：2018年12月18日
品种权人：广西壮族自治区林业科学研究院
培育人：马锦林、叶航、夏莹莹、梁文汇、张乃燕、王东雪、刘凯、梁斌

品种特征特性：植株生长势强，常绿灌木，植株圆球形，树形开张；枝条斜展，新梢为红色或绿色，被浅黄色柔毛；芽单生具茸毛；叶为小叶，披针形，宽2.0～3.5cm，长4.5～7.5cm，先端渐尖，叶片微微隆起，具波浪；叶齿在靠近叶柄端较稀，靠近顶端叶齿密度中等。冬季开花，花期11月底至翌年2月初，花白色，单花花期3～4天，花冠小，花柱3～4裂，中裂；果黄绿色，卵球形，且果面一面圆滑，一面扁平，无棱，果脐较平，果柄较长；果为小果，平均单果重9.02g，果皮很薄，平均果皮厚1.80mm，鲜出籽率达50.49%；每果含种子数少，种子呈肾形，种皮棕褐色，种子百粒重235.0g，种仁含油率达45.4%。

与近似种相比，不同点如下表：

品种	枝条	叶形	叶面平整度
‘香花油茶’	姿态直展或斜展	椭圆形或披针形	平或隆起，少量有波浪
‘义林’	斜展	披针形	隆起，具波浪

秾苑清风

（芍药属）

联系人：张秀新
联系方式：010-82105944　国家：中国

申请日：2017年4月6日
申请号：20170161
品种权号：20180263
授权日：2018年12月11日
授权公告号：国家林业和草原局公告（2018年第17号）
授权公告日：2018年12月18日
品种权人：城发投资集团有限公司、中国农业科学院蔬菜花卉研究所
培育人：杨德顺、薛传星、张秀新、刘永森、薛璟祺、孙青文、王顺利、范俊峰、薛玉前

品种特征特性：2007年5月，育种人以紫斑牡丹ZB 32（中国农业科学院自育中间材料，花浅粉色，花瓣基部有紫斑，荷花型，无雄蕊瓣化，株型开展）为母本，以中原牡丹‘百园红霞’（花色深红，菊花或菊花台阁型，花枝直上，株型直立）为父本杂交，当年得到杂交种子，9月中旬进行温室穴盘播种。于2011年春季第一次开花，从数个开花杂种苗中选出，其后3年观察其开花稳定性。2014年秋季嫁接繁殖，植株间没有变异。

该品种株型直立；二回三出复叶，叶色中绿，表面紫晕明显，叶片斜伸；单瓣型；花粉色，RHSCC 57-C，花型圆整，无瓣化瓣，无皱褶；成花率高，花枝高于叶丛；抗寒，耐旱，病虫害少。

秾墨耀金

（芍药属）

联系人：张秀新
联系方式：010-82105944　国家：中国

申请日：2017年4月6日
申请号：20170162
品种权号：20180264
授权日：2018年12月11日
授权公告号：国家林业和草原局公告（2018年第17号）
授权公告日：2018年12月18日
品种权人：中国农业科学院蔬菜花卉研究所
培育人：张秀新、薛璟祺、王顺利、薛玉前

品种特征特性：2007年5月，育种人以自育紫斑牡丹材料ZB20-1（花枝长，花浅粉色，基部有斑，荷花型，株型开展）为母本，以日本栽培品种‘旭港’（花色艳红，菊花或菊花台阁型，花枝直上，株型直立）为父本进行杂交，当年秋季播种。2011年春季开花，从数个开花杂种苗中选出。当年秋季嫁接繁殖，翌年以后观察其稳定性和一致性。

该品种株型半开展；二回三出复叶，叶片斜伸；单瓣型；花瓣质地厚，微有皱褶；花黑紫色，RHSCC N58A；花粉量大，花药长度长于花丝；花枝硬，花朵直开；抗性强。

秾墨重彩

（芍药属）

联系人：张秀新
联系方式：010-82105944 国家：中国

申请日： 2017年4月6日
申请号： 20170163
品种权号： 20180265
授权日： 2018年12月11日
授权公告号： 国家林业和草原局公告（2018年第17号）
授权公告日： 2018年12月18日
品种权人： 城发投资集团有限公司、中国农业科学院蔬菜花卉研究所
培育人： 杨德顺、薛传星、张秀新、刘永森、薛璟祺、孙青文、王顺利、范俊峰、薛玉前、吴蕊

品种特征特性： 2007年5月，育种人以紫斑牡丹ZB35-1（中国农业科学院自育中间材料，花浅粉色，花瓣基部有紫斑，荷花型，无雄蕊瓣化，株型开展）为母本，以日本牡丹‘花王’（花色深红，菊花或菊花台阁型，花枝直上，株型直立）为父本进行杂交，当年得到杂交种子，9月中旬进行温室穴盘播种，于2011年春季第一次开花，从数个开花杂种苗中选出，其后3年观察其开花稳定性。2014年秋季嫁接繁殖，植株间没有变异。

该品种株型直立；二回三出复叶，叶色中绿，边缘有浅色晕，叶片斜伸；荷花型；花紫红色，RHSCC58A，花型圆整；成花率强，花梗直，花朵与株丛近等高；抗寒，耐旱，耐日晒，病虫害少。

秾星璀月

（芍药属）

联系人：张秀新
联系方式：010-82105944　国家：中国

申请日： 2017年4月6日
申请号： 20170165
品种权号： 20180266
授权日： 2018年12月11日
授权公告号： 国家林业和草原局公告（2018年第17号）
授权公告日： 2018年12月18日
品种权人： 中国农业科学院蔬菜花卉研究所
培育人： 张秀新、薛璟祺、王顺利、朱富勇、任秀霞

品种特征特性： 2007年5月，育种人以中原栽培品种‘玉面桃花’（丰花、成花率高，结实率高，抗性强，花型散乱，株型开展，不够紧凑）为母本，以另一中原名贵品种‘丹顶鹤’（花色血红艳丽，荷花型，有少量雄蕊瓣化瓣，花枝直上，株型直立）为父本进行杂交，当年秋季播种。2011年春季开花，从数个开花杂种苗中选出。当年秋季嫁接繁殖（砧木为‘凤丹’），观察其稳定性和一致性。

该品种株型半开展；二回三出复叶，叶片斜伸，叶色中绿；荷花型；花型圆整，中到大型花；花瓣内侧有中型椭圆形斑块；花白色，RHSCC NN155-D；抗性强。

秾苑姝女

（芍药属）

联系人：张秀新
联系方式：010-82105944　国家：中国

申请日：2017年4月6日
申请号：20170167
品种权号：20180267
授权日：2018年12月11日
授权公告号：国家林业和草原局公告（2018年第17号）
授权公告日：2018年12月18日
品种权人：城发投资集团有限公司、中国农业科学院蔬菜花卉研究所
培育人：杨德顺、薛传星、张秀新、刘永森、薛璟祺、孙青文、王顺利、范俊峰、薛玉前

品种特征特性：2008年5月，育种人以中原牡丹栽培品种‘红姝女’为本（花色艳红，蔷薇型，花枝软，株型开散），以日本牡丹栽培品种‘阳’为父本（花紫红色，菊花型，花枝直立，叶色较深，株型直立）杂交。2011年春季开花，从数个开花杂种苗中选出。当年秋季嫁接繁殖，翌年观察其稳定性和一致性。

该品种株形半开展；二回三出复叶，叶片斜伸；蔷薇型；具雌雄蕊瓣化；花艳丽红色，RHSCC N57-A；花枝硬，花朵直上；抗性强。

秾苑玉辉

（芍药属）

联系人：张秀新
联系方式：010-82105944　国家：中国

申请日： 2017年4月6日
申请号： 20170168
品种权号： 20180268
授权日： 2018年12月11日
授权公告号： 国家林业和草原局公告（2018年第17号）
授权公告日： 2018年12月18日
品种权人： 中国农业科学院蔬菜花卉研究所
培育人： 张秀新、王顺利、薛璟祺、吴蕊、张萍

品种特征特性： 2007年5月，育种人以从云南引进种子繁殖的黄牡丹为母本，以中原牡丹栽培品种‘朝阳红’（花中粉色，蔷薇型，花枝中硬，株型半开展）为父本进行杂交，当年结实播种。2011年春季开花，从数个开花杂种苗中选出。2012年秋季嫁接繁殖，翌年观察其稳定性和一致性。

该品种株形半开张；二回三出复叶，叶片斜伸；荷花型；无瓣化瓣，花型圆整；花色清新，RHSCC 55D；花期中等；叶型、叶色遗传了黄牡丹的特性，叶片可赏；抗性强。

阳春白雪

（卫矛属）

联系人：孟伟芳
联系方式：13838335054　国家：中国

申请日：2017年4月12日
申请号：20170170
品种权号：20180269
授权日：2018年12月11日
授权公告号：国家林业和草原局公告（2018年第17号）
授权公告日：2018年12月18日
品种权人：河南红枫种苗股份有限公司、山东天序农林科技有限公司、天津天序林木种苗有限公司
培育人：张丹、张家勋、张茂

品种特征特性：该品种由普通的桃叶卫矛（*Euonymus maackii*）培育而成。

2006年春天，张家勋同志在东基地发现一棵桃叶卫矛一年生的枝条上部近白色，经过连续2个月的观察发现，随着生长，上部枝条由白色变回绿色。其他习性与桃叶卫矛一致。第二年春天，发现这棵桃叶卫矛还出现此种现象，张家勋同志开始用嫁接、扦插无性繁殖手段对这棵变异品种进行保存，经过6年的提纯、改良和观察，现在变异品种的性状均已稳定。此次申请的‘阳春白雪’即为此变异新品种，主要变现月期间（4）5～6（7）一年生枝条先梢为白色。其他习性与桃叶卫矛一致。

‘阳春白雪’与普通的桃叶卫矛，在对环境的适应性上基本一致。耐干旱、耐水湿、耐盐碱、耐沙荒，据此，在我国大部分地区都可栽培。且根系深而发达，栽植及移栽成活率都很高，能抗风，根蘖萌发力强。无白粉病、黑痘病、早期落叶病等常见疾病。

生产中采用嫁接繁殖方法，保持其优良性状，无变异现象，充分表现出与母株的一致性。

佛光

（卫矛属）

联系人：孟伟芳

联系方式：13838335054　国家：中国

申请日： 2017年4月12日

申请号： 20170172

品种权号： 20180270

授权日： 2018年12月11日

授权公告号： 国家林业和草原局公告（2018年第17号）

授权公告日： 2018年12月18日

品种权人： 河南红枫种苗股份有限公司、山东天序农林科技有限公司、天津天序林木种苗有限公司

培育人： 张丹、张家勋、张茂

品种特征特性： 该品种由黄金甲（*Euonymus japonicus* 'Huangjinjia'）选育而来。

2008年春天张家勋、张丹同志发现公司黄河滩生产基地的'黄金甲'叶片有的黄色部分较多，绿色部分较少，或是整片叶子呈现黄色，于是尝试运用嫁接等无性繁殖手段进行扩繁保存。经过近4年的不断筛选、培育，确定了此次申请鉴定的新品种'佛光'；叶片四季保持金黄色，叶片无绿色出现，且无焦边现象，色泽亮，抗性强；其他特性与原筛选品种一致，为变异品种中的上佳品种。

该品种与'黄金甲'在对环境的适应性上基本一致。耐阴、耐寒，对高温、干热风气候有较强的抵抗能力，并且对土壤的pH适应幅度较大。苗木叶片大、生长较快、干性好。

生产中采用嫁接、扦插的繁殖方法，无变异现象，表现出与母株的一致性，能稳定遗传。

毛紫

（山茶属）

联系人：韦晓娟
联系方式：13978899665　国家：中国

申请日：2017年4月14日
申请号：20170182
品种权号：20180271
授权日：2018年12月11日
授权公告号：国家林业和草原局公告（2018年第17号）
授权公告日：2018年12月18日
品种权人：广西壮族自治区林业科学研究院
培育人：李开祥、韦晓娟、马锦林、黄金使、梁文汇、廖健明

品种特征特性：‘毛紫’为常绿灌木或小乔木，高3～5m，单叶互生，叶片椭圆形，叶面颜色为绿色，光滑有光泽，叶缘具浅锯齿，叶长6.5～8.5cm，宽4.5～6.5cm。嫩枝及叶背密被茸毛，嫩芽紫红色，嫩枝黄绿色；花芽顶生，花为淡紫红色，花瓣倒卵形，花型单瓣形，花冠直径4.5～5.5cm。雄蕊多数，呈筒状排列，花药金黄色，柱头3～4裂，浅裂。花期1～3月，不结实。

‘毛紫’喜温暖湿润气候，耐高温，抗强光，要求年均温20℃以上，最低月均温不低于2℃；年均降水量在1000mm以上，日照1800～2200小时，酸性或微酸性的红壤、黄红壤适宜种植。

‘毛紫’自1986年移栽下地培育至今，期间通过扦插、嫁接等育苗方法得到的后代苗木进行定植后观察，苗木生长良好，性状稳定，未发现有任何变异。

京翠

（白蜡树属）

联系人：林富荣

联系方式：010-62889633　国家：中国

申请日： 2017年4月17日

申请号： 20170184

品种权号： 20180272

授权日： 2018年12月11日

授权公告号： 国家林业和草原局公告（2018年第17号）

授权公告日： 2018年12月18日

品种权人： 中国林业科学研究院林业研究所、湖北省京山县虎爪山林场

培育人： 林富荣、张荣洋、郑勇奇、刘晓武、李斌、杨清发、郭文英、朱波涛、刘海、张云超、黄平

品种特征特性： ‘京翠’为落叶乔木，奇数羽状复叶长15～30cm；叶轴具狭翅，小叶着生处有关节；小叶9枚，偶见7、11枚，革质，披针形至卵状披针形，长3～10cm，宽1～3cm，先端渐尖，基部楔形，叶缘具锐锯齿，上面无毛，下面沿中脉基部被短柔毛，侧脉6～7对；小叶柄长4～6mm。具有树枝夹角小、节间较短、成簇生状、叶片较大、叶色浓绿等特点。

该品种适应性强、喜光，也稍耐阴，喜温和湿润的气候和土层，病虫害少。冠形紧凑，枝叶浓密，无须修剪即可形成理想的树型，具有较高的开发利用价值。

‘京翠’与普通对节白蜡相比特异性见下表：

品种 / 种	顶生小叶大小	成熟叶上表面颜色	当年生枝节间长短	当年生枝粗度
‘京翠’	中	深绿	短	中
普通对节白蜡	小	中绿	长	细

‘京翠’嫁接苗植株

左：‘京翠’，右：对节白蜡

左：‘京翠’当年生枝，右：对节白蜡当年生枝

中闽1号

（叶子花属）

联系人：周群
联系方式：13599535812　国家：中国

申请日：2017年4月20日
申请号：20170199
品种权号：20180273
授权日：2018年12月11日
授权公告号：国家林业和草原局公告（2018年第17号）
授权公告日：2018年12月18日
品种权人：厦门市园林植物园
培育人：周群、张万旗

品种特征特性：‘中闽1号’是‘银边浅紫’的自然杂交株。花被管呈瓶状，外有5棱，长1.5～2cm，紫色，被毛；星状小花，中等，醒目，淡黄色；花苞着生于枝条顶端或上部，花梗绿色，苞片紫色，椭圆形，长3.0～4.5cm，宽1.2～2.6cm；叶片深绿色，圆形或近圆形，叶厚，叶长3～4cm，叶宽2～3cm，叶柄约3mm，被茸毛；刺长0.3～2cm，嫩刺绿色，被茸毛，老刺浅褐色，略弯曲；植株直立，嫩枝浅绿色，被茸毛，成熟枝灰棕色，粗糙无毛，叶节间距短（0.2～1.2cm）；9月始花，10月盛花，12月进入末花期。可以通过扦插或嫁接的无性繁殖方式进行快速扩繁，并可以保持该品种性状一致与稳定。

适宜于热带、亚热带地区栽培，最冷月平均气温不低于10℃。喜温暖湿润、阳光充足的环境条件。

洛红美

（杏）

联系人：梁臣
联系方式：13598178910　国家：中国

申请日： 2017年5月5日
申请号： 20170216
品种权号： 20180274
授权日： 2018年12月11日
授权公告号： 国家林业和草原局公告（2018年第17号）
授权公告日： 2018年12月18日
品种权人： 洛阳农林科学院
培育人： 梁臣、郭光伟、王治军、赵罕、朱高浦、尹华、魏素玲、畅凌冰、李豫生、王小耐

品种特征特性： 1980年以‘小红李’为父本，‘鸡蛋杏’为母本进行杂交试验，1981年将杂交种子实生繁育，1985年对杂交果实中表现较好的单株进行选择并嫁接扩繁，经过连续5年的连续观测，选出表现较好的无性系‘洛红杏李’。

‘洛红美’植株生长势中等，植株树姿半开张，花芽主要着生于花束状果枝，果实大小中，果实扁圆形，果实对称，缝合线浅，梗洼浅，果顶形状平，果面光滑，果皮有茸毛，果皮光泽中，果实底色黄色，果实着色面积中，果实着色类型红，着色深，着色样式片状，果肉颜色黄色，果肉质地中，果肉纤维中，果实硬，香气浓，汁液中，果肉与果核的黏离性黏，果核形状扁圆，核仁苦味中，核仁极小，核仁不饱满，初花期很晚，果实成熟期很晚。

‘洛红杏李’能够适应多种类型的土壤条件，较耐旱、耐寒、耐瘠薄。适合在杏树产区栽培。

典泛一品

（文冠果）

联系人：毕泉鑫
联系方式：18501995407　国家：中国

申请日：2017年5月16日
申请号：20170239
品种权号：20180275
授权日：2018年12月11日
授权公告号：国家林业和草原局公告（2018年第17号）
授权公告日：2018年12月18日
品种权人：中国林业科学研究院林业研究所、北京艾比蒂生物科技有限公司
培育人：毕泉鑫、王利兵、于海燕

品种特征特性：‘典泛一品’是野外调查发现而得，主要表现在盛花期花瓣基部为紫红色，花瓣上部有大量紫红色条纹，条纹长度长，远观整个花朵为紫红色。另外，花梗长，花瓣排列接触，先花后叶。2014年8月，在昌平基地选用文冠果作砧木，利用芽接方法进行嫁接，嫁接了20株，陆续观察了2年；期间在2015年8月，从上述20株上采集接穗，采用同样的嫁接方式嫁接了5株。通过嫁接繁殖，无性系群体内形态特征、生长特性表现一致，个体之间没有明显差异。通过多次嫁接繁殖，不同年龄的无性系子代，其形态特征和生长特性表现与母株相同，性状遗传稳定。此品种适合在我国北方栽植。适生区为我国北方14个省（自治区、直辖市），不适宜生长在排水不良的低湿地、重盐碱地、多石山地，土层50cm以上。

明月丹心

（文冠果）

联系人：毕泉鑫
联系方式：18501995407　国家：中国

申请日： 2017年5月16日
申请号： 20170241
品种权号： 20180276
授权日： 2018年12月11日
授权公告号： 国家林业和草原局公告（2018年第17号）
授权公告日： 2018年12月18日
品种权人： 中国林业科学研究院林业研究所、北京艾比蒂生物科技有限公司
培育人： 毕泉鑫、王利兵、于海燕

品种特征特性： ‘明月丹心’是野外调查发现而得，主要表现在该植株顶生花序轴长，长约35cm、花梗长、花径大，长2.5～3.2cm。与普通文冠果、‘森淼文冠果1号’的花序性状差异明显。2014年8月，在昌平基地选用文冠果作砧木，利用芽接方法进行嫁接，嫁接了20株，陆续观察了2年；期间在2015年8月，从上述20株上采集接穗，采用同样的嫁接方式嫁接了5株。通过嫁接繁殖，无性系群体内形态特征、生长特性表现一致，个体之间没有明显差异。通过多次嫁接繁殖，不同年龄的无性系子代，其形态特征和生长特性表现与母株相同，性状遗传稳定。此品种适合在我国北方栽植。适生区为我国北方14个省（自治区、直辖市），不适宜生长在排水不良的低湿地、重盐碱地、多石山地，土层50cm以上。

娇容

（蜡梅）

联系人：赵宏波
联系方式：13588883552　国家：中国

申请日：2017年5月16日
申请号：20170245
品种权号：20180277
授权日：2018年12月11日
授权公告号：国家林业和草原局公告（2018年第17号）
授权公告日：2018年12月18日
品种权人：浙江农林大学
培育人：赵宏波、付建新、张超、包志毅

品种特征特性：‘娇容’为蜡梅科蜡梅属蜡梅的优良单株。由浙江农林大学园林学院花卉遗传育种课题组在资源调查过程中发现，根据花部性状暂定名为‘娇容’。

该品种为落叶灌木；花型为荷花形，花簇生，中被片卵形、黄色、蜡质，边缘平展，内被片红色紫纹、条纹分布，中、内被片颜色对比鲜明，观赏价值高；最大花径可达2.5cm以上；花期为12月下旬至翌年2月上旬，初花期为12月下旬，盛花期为1月中旬；植株节间中等长度，生长势强，适合作为盆花和观赏灌木栽培。利用嫁接进行繁殖，以蜡梅实生苗为砧木，于春季芽萌动前采用腹接或劈接进行嫁接。

蜡梅适生区域均可以种植，以长江流域地区最为适宜，适合作为观花灌木或盆栽进行种植。

金铃

（蜡梅）

联系人：赵宏波
联系方式：13588883552　国家：中国

申请日：2017年5月16日
申请号：20170246
品种权号：20180278
授权日：2018年12月11日
授权公告号：国家林业和草原局公告（2018年第17号）
授权公告日：2018年12月18日
品种权人：浙江农林大学
培育人：赵宏波、张超、付建新、包志毅

品种特征特性：‘金铃’为蜡梅科蜡梅属蜡梅的优良实生单株。由浙江农林大学园林学院花卉遗传育种课题组在收集的蜡梅种质资源中筛选获得，根据花部性状暂定名为‘金铃’。

该品种花形为碗形，花径大小为中，最大花径可达2cm以上；中被片卵形、深黄色、蜡质，中被片先端外卷；内被片复色，次色为红色，条纹分布于内被片边缘；花期为12月中旬至翌年1月下旬，初花期为12月15日左右，盛花期为1月中旬。花型独特、花色鲜亮；同时生长势中等。利用嫁接进行繁殖，以普通蜡梅实生苗为砧木，于春季芽萌动前采用腹接或劈接进行嫁接。

蜡梅适生区域均可以种植，以长江流域地区最为适宜，适合作为观花灌木或盆栽进行种植。

早发(Zaofa)

（核桃属）

联系人：赵朝强
联系方式：13988659782　国家：中国

申请日：2017年5月18日
申请号：20170249
品种权号：20180279
授权日：2018年12月11日
授权公告号：国家林业和草原局公告（2018年第17号）
授权公告日：2018年12月18日
品种权人：赵朝强
培育人：赵朝强

品种特征特性：‘早发’树体较矮，3～6m，冠幅小而紧凑，6年树龄主干近灰色浅纵裂；一年生枝褐色，皮孔长椭圆形，黄白色，不规则分布；奇数羽状复叶，小叶5～11片，长椭圆形，先端渐尖，全缘，叶色深绿，羽状叶脉；腋芽三角形，顶端尖，离生；分枝力强，嫁接后第1年开花结果，短枝结果2～5个，坚果中等大小，平均单果重12.15g，卵圆形，平均纵径4.3cm、横径3.3cm、侧径3.2cm，果顶尖，果肩圆，果基圆，核壳浅褐色，壳面刻沟浅，刻窝大小不规则，缝合线隆起紧密，壳厚0.75mm，出仁率60.01%，内褶壁及隔膜革质，核仁饱满，口感甜香，无苦涩味。该品种在云南省怒江地区于3月初开始发芽，3月上旬展叶，3月底至4月初雄花开放，雄先型，4月下旬雌花开放结果，8月底至9月初果实成熟，具有三次开花的特征，10月下旬落叶。‘早发’树体矮小，根系发达，分枝力强，树生长快，耐干旱、耐瘠薄，抗性强，适应范围广，早实丰产优质，适宜在我国云南、广西、贵州、山东、陕西、河南、安徽、四川、湖北和西藏等地栽植。

紫霞

（野牡丹属）

联系人：宁祖林
联系方式：15820275910　国家：中国

申请日：2017年5月19日
申请号：20170250
品种权号：20180280
授权日：2018年12月11日
授权公告号：国家林业和草原局公告（2018年第17号）
授权公告日：2018年12月18日
品种权人：中国科学院华南植物园
培育人：宁祖林、曾振新、李冬梅、陈玲、何飞龙、吴兴、廖景平

品种特征特性：‘紫霞’是培育人于2014年7月在华南植物园第一村山坡林下发现一株匍匐型野牡丹植株，随即进行移植和扦插繁殖研究，后经扦插扩繁选育而来。

‘紫霞’常绿匍匐小灌木，高30～50cm，小枝粗壮，直径3～3.5mm，分枝多，披散，嫩枝紫红色，被糙伏毛。叶片中等大小，中绿色，椭圆形，基部近圆形，顶端渐尖，两面被糙伏毛，基生5出脉；叶柄紫红色。聚伞花序，有花3～5朵，花紫红色，花瓣倒卵形，顶端微凹，无刺毛。蒴果浅紫红色，被粗毛，成熟时侧裂。花期5～7月。

该品种适宜种植于热带至亚热带的大部分地区，匍匐性强，为优良观花地被植物，可用于林下裸地、花坛、公园、高速公路边坡等区域美化绿化种植。喜温暖湿润的环境，具有较好的耐阴性，栽培土质以疏松透气、土层深厚肥沃、排水良好的壤土为佳。

铺地花2号

（野牡丹属）

联系人：宁祖林
联系方式：15820275910　国家：中国

申请日： 2017年5月19日
申请号： 20170252
品种权号： 20180281
授权日： 2018年12月11日
授权公告号： 国家林业和草原局公告（2018年第17号）
授权公告日： 2018年12月18日
品种权人： 中国科学院华南植物园
培育人： 李冬梅、宁祖林、何飞龙、陈玲、翁楚雄、吴兴、曾振新、廖景平

品种特征特性： ‘铺地花2号’是由细叶野牡丹（♂父本）×地菍（♀母本）杂交授粉，后从杂交F_1代实生苗筛选出优良单株，采用扦插繁殖选育而来。

‘铺地花2号’为匍匐型小灌木，高20～40cm，小枝纤细，分枝多，披散，嫩枝浅绿色，被糙伏毛。叶片中绿色，阔卵形，基部近圆形，顶端渐尖，上面无毛，背面被短糙伏毛，基生5出脉；叶柄短，黄绿色，有翅状延展；聚伞花序，有花3～5朵，花浅紫色，花瓣宽倒卵形，花瓣基部边缘有凸起。蒴果，成熟时黄色。花期4～7月。

该品种适宜种植于热带至亚热带的大部分地区，匍匐性强，为优良观花地被植物，可用于林下裸地、花坛、公园、高速公路边坡等区域美化绿化种植。喜温暖湿润的环境，具有较好的耐阴性，栽培土质以疏松透气、土层深厚肥沃、排水良好的壤土为佳。

蒙山紫玉

（木瓜属）

联系人：王利
联系方式：13053852868　国家：中国

申请日： 2017年5月19日
申请号： 20170253
品种权号： 20180282
授权日： 2018年12月11日
授权公告号： 国家林业和草原局公告（2018年第17号）
授权公告日： 2018年12月18日
品种权人： 山东农业大学
培育人： 王利、丰震、刘国兴、王向来、王延玲

品种特征特性： ‘蒙山紫玉’属于蔷薇科木瓜属，2005年10月利用播种育苗技术，培育1万棵皱皮木瓜苗，通过观测花色、花径大小、叶片形状、花期等指标，选育出植株为灌木，高度1.4m；树皮褐色，皮孔横裂，有枝刺；叶片长椭圆形，叶尖渐尖，叶基楔形，叶长6.5cm，叶宽2.3cm；花单性，花瓣数量18，雄花花蕊数量112，花径4.5cm，花期4月上中旬，花色紫红的‘蒙山紫玉’新品种。

该品种抗性强，对土壤要求不高，除盐碱比较高的地方及比较涝的土壤外，均可栽培生长。

‘大富贵’　　　　‘蒙山紫玉’

齐鲁金

（槭属）

联系人：丰震
联系方式：13695389830　国家：中国

申请日：2017年5月23日
申请号：20170262
品种权号：20180283
授权日：2018年12月11日
授权公告号：国家林业和草原局公告（2018年第17号）
授权公告日：2018年12月18日
品种权人：山东农业大学
培育人：丰震、宋志恒、王延玲、李承水、李存华、任红剑、乔谦、安凯

品种特征特性：‘齐鲁金’是三角槭的实生变异。2014年春在山东农业大学林学院园林实训基地开展三角槭播种育苗时，发现1株金叶变异单株，2015年春从金叶变异单株采集接穗，在山东农业大学林学院园林实训基地进行嫁接繁殖，砧木为普通三角槭实生苗，现已经形成无性系。该品种为落叶乔木，主枝斜上伸展；当年生枝条绿色，近无毛；二年生枝条褐色。叶掌形，3裂，叶裂深度中，薄纸质；基部楔形或圆形，尖端渐尖；中裂片三角形，边缘疏浅锯齿；幼叶橙黄或橙红，新叶黄色，成熟叶片上表面浅绿色，叶背浅绿色，近无白粉；叶脉三出脉，绿色；叶柄主色黄绿色，长度中等，姿态直，无毛。

金边伞

（紫金牛属）

联系人：沈柏春
联系方式：13588461088　国家：中国

申请日：2017年5月24日
申请号：20170265
品种权号：20180284
授权日：2018年12月11日
授权公告号：国家林业和草原局公告（2018年第17号）
授权公告日：2018年12月18日
品种权人：杭州市园林绿化股份有限公司、陈焕伟、浙江理工大学
培育人：胡绍庆、陈焕伟、刘华红、沈柏春、冯建国

品种特征特性：灌木，高1～2m，稀达3m；茎粗壮，无毛，除侧生特殊花枝外，无分枝。叶片革质或坚纸质，椭圆形、椭圆状披针形至倒披针形，顶端急尖或渐尖，基部楔形，长7～15cm，宽2～4cm，边缘具明显褶皱波状或波齿状，边缘具黄色条纹，冬天条纹由黄色转为粉色；两面无毛，有时背面具极小的鳞片，侧脉12～18对，构成不规则的边缘脉；叶柄长约1cm；新叶黄绿色，叶片变异波状齿内凹处有红色腺点。伞形花序或聚伞花序，着生于侧生特殊花枝顶端；花枝近顶端常具2～3片叶或更多，或无叶，长4～16cm；花梗长7～10mm，几无毛，紫红色；花长4～6mm，花萼仅基部连合，萼片长圆状卵形，花萼稍带紫红色，顶端圆形或钝，长1.5mm或略短，稀达2.5mm，全缘，两面无毛，具腺点；花瓣白色，略带紫红色，盛开时反卷，卵形，顶端急尖，具腺点，外面无毛，里面有时近基部具乳头状突起；雄蕊较花瓣短，花药三角状披针形，背面常具腺点；雌蕊与花瓣近等长或略长，子房卵珠形，无毛，具腺点；胚珠5枚，1轮。果球形，直径6～8mm，鲜红色，具腺点。花期5～6月，果熟11月至翌年3月。

左：‘金边伞’，右：对照品种‘红凉伞’

左：‘金边伞’，右：对照品种‘红凉伞’

左：‘金边伞’，右：对照品种‘红凉伞’

左：‘金边伞’，右：对照品种‘红凉伞’

中科蓝1号

（忍冬属）

联系人：张平宇

联系方式：15046670548 0451-86603753 国家：中国

申请日： 2017年5月26日
申请号： 20170267
品种权号： 20180285
授权日： 2018年12月11日
授权公告号： 国家林业和草原局公告（2018年第17号）
授权公告日： 2018年12月18日
品种权人： 中国科学院东北地理与农业生态研究所农业技术中心
培育人： 赵恒田、范丽莉、李富恒、邵玲玲

品种特征特性： ‘中科蓝1号’是搜集野生种蓝靛果植株播种后在实生后代中选择后扩繁选育得到。

‘中科蓝1号’为落叶灌木，枝条呈红褐色、直立；株高1.8～2.0m，枝条疏密度中等，叶片长椭圆形，叶尖渐尖、叶基钝尖，叶长6.8cm，叶宽3.4cm，叶形指数2.0；果实蓝黑色，有白粉，茄型，果大，果实纵径3.6cm，横径1.1cm，果形指数3.2，口感酸甜，无苦味。4月初花芽展开，4月中上旬盛花期，4月下旬坐果盛期，5月中下旬果实膨大期，5月下旬果实转色期，5月末果实开始成熟，6月上中旬果实采收，10月中下旬植株停止生长。

叶片对比图

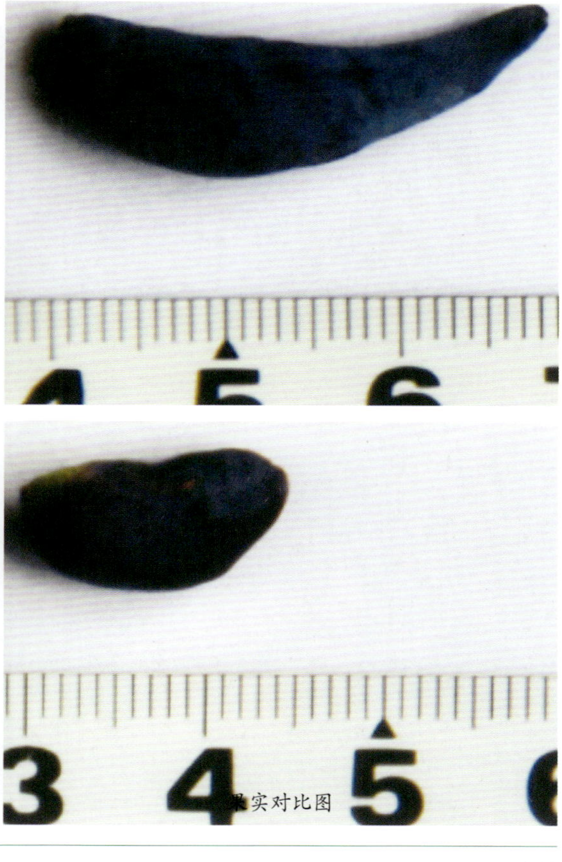

果实对比图

白碧红霞

（山茶属）

联系人：温强
联系方式：13907087913　国家：中国

申请日：2017年6月4日
申请号：20170290
品种权号：20180286
授权日：2018年12月11日
授权公告号：国家林业和草原局公告（2018年第17号）
授权公告日：2018年12月18日
品种权人：江西省林业科学院
培育人：周文才、龚春、雷小林、黄建建、高伟、孙颖、温强、左继林、徐林初、王玉娟、占志勇、幸伟年、黄文印、李进

品种特征特性：白碧红霞为山茶属*油茶*的自然变异类型中选育的无性系。

叶椭圆形，先端渐尖，长6.1～8.5cm，宽2.1～3.5cm，厚革质，深绿色；花冠直径4.5～6.5cm，顶生、腋生或簇生，花瓣5～6枚，基部白色，先端红色，苞片5～6枚，木质；花柱3～4裂，中裂；蒴果卵球形，果径2～3cm，果皮光滑，黄绿色，厚2～3mm，种子1～6粒。10月上旬开花，翌年10月果实成熟。通常普通油茶的花瓣及花苞为白色，而‘白碧红霞’的花瓣及花苞基部白色，先端红色；与同样是花瓣基部白色、先端红色的‘国油15’相比，‘国油15’的果皮底色是红色，而‘白碧红霞’的果皮底色是黄绿色；‘国油15’的花冠直径中等，而‘白碧红霞’的花冠直径较小。

相似品种名称	相似品种特征	授权品种特征
‘国油 15’	果：果皮底色 红色	黄绿色
	花：花冠直径 中	小（4.5 ～ 6.5cm）

‘白碧红霞’的果

‘白碧红霞’的花

‘国油15’的果

‘国油15’的花

南湘红

（山茶属）

联系人：王湘南
联系方式：13677351847　国家：中国

申请日：2017年6月4日
申请号：20170291
品种权号：20180287
授权日：2018年12月11日
授权公告号：国家林业和草原局公告（2018年第17号）
授权公告日：2018年12月18日
品种权人：湖南省林业科学院
培育人：王湘南、陈永忠、王瑞、彭邵锋、陈隆升、许彦明、张震

品种特征特性：‘南湘红’母本系野生浙江红山茶枝条嫁接在普通油茶大树上培育而成，正常开花结果后采其自然授粉种子播种繁殖实生苗，从实生苗中选育出的一个半重瓣型，花中型的变异品种。

‘南湘红’树高约1.8m，冠圆头形，长势旺盛。嫩枝无毛，老枝灰白或浅棕黄色，无毛；叶革质，椭圆形，长8～11cm，宽3.3～5.8cm，基部楔或近圆形，边缘锯齿浅，叶绿色有光泽，侧脉7～8对，叶柄无毛。花顶生，苞、萼片约13枚，萼片棕黄褐色，被毛，宿存；花半重瓣型，中型花，花径8～10cm，瓣倒心形，先端内凹，红色，瓣12～16枚，偶有白色拉丝状条纹，瓣长4.2～5.9cm，宽4.3～5.0cm，中心花瓣略不规则；雄蕊多数，子房无毛，花柱先端浅裂，能结果；花期中至晚，2月下旬至4月中旬。

连续多年观察其变异特征明显稳定。与母本浙江红山茶比较其枝、叶等形态特征相似，花型变异较大，具特异性、一致性和稳定性，是一款做抗寒育种和观赏性好的优良新品种。

南湘粉

（山茶属）

联系人：王湘南
联系方式：13677351847　国家：中国

申请日： 2017年6月4日
申请号： 20170292
品种权号： 20180288
授权日： 2018年12月11日
授权公告号： 国家林业和草原局公告（2018年第17号）
授权公告日： 2018年12月18日
品种权人： 湖南省林业科学院
培育人： 王湘南、陈永忠、王瑞、彭邵锋、陈隆升、许彦明

品种特征特性： ‘南湘粉’母本系野生浙江红山茶枝条嫁接在普通油茶大树上培育而成，正常开花结果后采其自然授粉种子播种繁殖实生苗，从实生苗中选育出的一个半重瓣型，花大到巨型的变异品种。

‘南湘粉’树高约1.9m，冠呈自然圆头形，长势旺盛。嫩无毛，绿色，老枝灰白或浅黄色，无毛；叶革质，椭圆或长椭圆形，叶长7.8～13cm，宽3.6～6.8cm，叶绿色有光泽，侧脉7～8对，边缘锯齿疏浅，叶柄无毛。花顶生，苞、萼片约13枚，萼片棕黄褐色，被毛，宿存；花半重瓣型，大到巨型，花径11～14cm，瓣阔，倒卵形，先端内凹，淡红至淡粉红色，花瓣12～21枚，偶有白色拉丝状条纹，瓣长6.5～8.0cm，宽4.0～7.5cm，中心花瓣略变小；雄蕊多数，子房无毛，花柱先端浅裂，少量结实；花期中至晚，2月下旬至4月中旬。连续多年观察其变异特征明显稳定。与母本浙江红山茶比较其枝、叶等形态特征相似，花型色及花大小较母本变异大，具特异性、一致性和稳定性，是一款可育且观赏性好的优良新品种。

‘南湘粉’

浙江红山茶

艳遇

（栎属）

联系人：黄利斌
联系方式：025-52745040　国家：中国

申请日： 2017年6月6日
申请号： 20170296
品种权号： 20180289
授权日： 2018年12月11日
授权公告号： 国家林业和草原局公告（2018年第17号）
授权公告日： 2018年12月18日
品种权人： 江苏省林业科学研究院
培育人： 黄利斌、董筱昀、窦全琴、孙海楠、吕运舟、李茹、张珺

品种特征特性： 落叶乔木，一年生枝冬季表皮灰绿色，当年生枝表皮呈红褐色，皮孔密度较稀疏；叶倒卵形或椭圆形，叶平展或近平展，叶缘裂片状锯齿很深，叶缘锯齿上部尖锐，有芒刺，叶基部中度楔形；叶片在生长过程中有明显的转色变化，幼叶上紫红色，新叶上表面主色黄到黄绿色，成熟叶上表面主色呈中绿色，表面主色成熟叶下表面主色呈浅绿色，新叶的色叶期较长，秋季季相主色呈橙红色。

适宜我国淮河以南区域种植，长江流域为最适宜栽培区。

中山红金彩

（栎属）

联系人：黄延芳
联系方式：13584040516　国家：中国

申请日：2017年6月6日
申请号：20170299
品种权号：20180290
授权日：2018年12月11日
授权公告号：国家林业和草原局公告（2018年第17号）
授权公告日：2018年12月18日
品种权人：南京彩树种植有限公司
培育人：黄延芳、胡建宁、辛文学

品种特征特性：该品种是从‘舒玛’栎实生变异中选育的无性系。于2012年从美国路易斯安那州引进舒玛栎种子在南京进行播种育苗，从实生苗中发现春季叶片呈金黄色的单株。2014—2017年从黄叶变异单株上采集当年生枝条，用1～2年生‘舒玛’栎实生苗做砧木进行嫁接繁殖，获得的无性系苗木生长适应性良好，其叶片呈金黄色的特异性状与母本一致，表现出较好的品种一致性和稳定性。

落叶乔木。幼叶上表面呈紫红色，春季新叶上表面呈黄色，夏季成熟叶上表面呈黄绿色，秋季叶片主色呈紫红色，落叶期晚。

我国黄河以南区域均可种植，长江、淮河流域为最适宜栽培区。

‘中山红金彩’

‘中山红金彩’叶

对照品种‘QSFTC’叶片

多娇

（苹果属）

联系人：张多娇
联系方式：18666730773　国家：中国

申请日：2017年6月6日
申请号：20170300
品种权号：20180291
授权日：2018年12月11日
授权公告号：国家林业和草原局公告（2018年第17号）
授权公告日：2018年12月18日
品种权人：张灿洪
培育人：张灿洪、宋洪波、连芳、吴其超、姜丽媛

品种特征特性：‘多娇’是从西府海棠嫁接苗的芽变选育而成，具有幼叶黄色的特点。

落叶小乔木，树姿直立。幼枝紫红色，被黄色茸毛，后变无，二年生枝条紫褐色；幼叶黄色，或带绿斑，椭圆形或卵状椭圆形，叶片正面无毛，背面仅脉上有毛，长5～9cm，宽3.5～4.6cm，叶片先端急尖，基部宽楔形或心形，边缘有钝锯齿，侧脉4～6对，叶柄略带紫红色，有茸毛，长1.2～2.3cm，托叶披针形，长5～7mm，宽1～2mm。

‘多娇’与近似西府海棠品种比较性状差异如下表：

品种	幼叶颜色	二年生枝条颜色
‘多娇’	黄色，或偶带绿斑	紫褐色
西府海棠	绿色或略带紫红色	灰褐色

‘多娇’可在华北、西北、华东等地栽植。喜光，耐寒，忌水涝，忌空气过湿，较耐干旱，喜微酸性至中性土，也可在微碱性土和钙质土上生长，适应性强；生长快，易繁殖。观赏价值极高，适于庭院、公园、道路绿化。

‘多娇’（西府海棠嫁接苗芽变母株）

‘多娇’当年生枝叶

西府海棠枝叶

新郑红11号

（枣）

联系人：赵旭升
联系方式：15736750861　国家：中国

申请日：2017年6月6日
申请号：20170302
品种权号：20180292
授权日：2018年12月11日
授权公告号：国家林业和草原局公告（2018年第17号）
授权公告日：2018年12月18日
品种权人：洛阳师范学院
培育人：赵旭升

品种特征特性：‘新郑红11号’母系来源于河南新郑灰枣系，2005年4月由新郑引入新疆巴州且末县，为天然变异优株，2007年秋季被发现，然后通过多年系统选育而成，该品种第一母株繁育采用绿枝扦插获得，其他母株采用硬枝嫁接获得。

‘新郑红11号’为优良制干与鲜食兼用品种，其枣果超大，平均单果重21.6g，是普通灰枣的近2倍；早果、稳产，5年生该品系树龄枣树平均株产11.2kg，比普通灰枣同树龄单株产量提高22.2%，定植后4～6年进盛果期，亩产可达1249.6kg。总糖含量47.8%，其中含果糖19.8%、葡萄糖17.9%，比普通灰枣分别高出35.3%、25.6%。

该品种适宜在我国中部枣产区栽培，尤其适宜我国新疆等西北部干旱地区大面积种植。该品种抗病性强，主要病害有枣锈病、枣轮纹病、裂浆果。

中枣东升1号

（枣）

联系人：赵旭升
联系方式：15736750861　国家：中国

申请日：2017年6月6日
申请号：20170303
品种权号：20180293
授权日：2018年12月11日
授权公告号：国家林业和草原局公告（2018年第17号）
授权公告日：2018年12月18日
品种权人：洛阳师范学院
培育人：赵旭升、李世鹏、郭明欣

品种特征特性：该品种为优良的早熟鲜食品种，丰产稳产，5年生该品系树龄枣树平均株产10.2kg，比普通灰枣同树龄单株产量提高12.5%。果实椭圆形。可食率95.7%，制干率60.4%。果实整齐度好、果肉厚、绿白色、肉质细松、汁多、味甜，制干后果肉密、香气浓郁、味道甘甜、有弹性、受压后易复原、耐贮运。枣果品质优良，其含果糖8.04%、葡萄糖7.55%，蔗糖4.92%，尤其适合糖尿病人及肥胖人群体食用。品种的主要特征见下表：

测试性状	中枣东升 1 号	灰枣
果皮颜色	浅红色	橙红色
枣吊长（cm）	8.3	24.6
着叶数	9.5	16.4
果实纵径（cm）	2.37	3.23
果实横径（cm）	2.95	2.33
单果重（g）	8.66	7.8
果核纵径（cm）	1.63	1.76
果核横径（cm）	0.75	0.56
果核重（g）	0.51	0.42
吊果比	1：1.9	1：0.55
可食率（%）	82.56	97.30

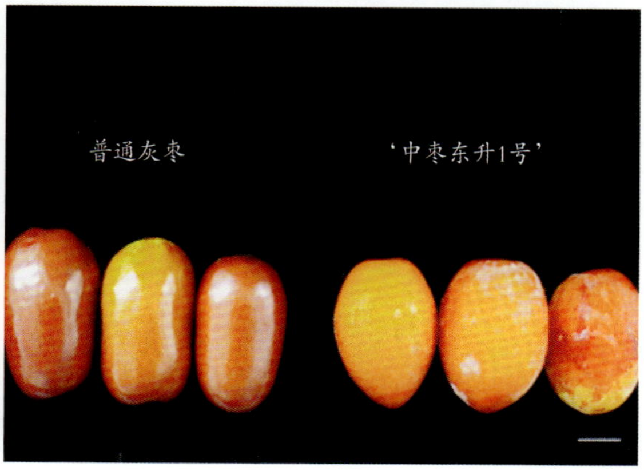

金星

（紫荆属）

联系人：张林
联系方式：13803848626　国家：中国

申请日： 2017年6月9日
申请号： 20170307
品种权号： 20180294
授权日： 2018年12月11日
授权公告号： 国家林业和草原局公告（2018年第17号）
授权公告日： 2018年12月18日
品种权人： 河南四季春园林艺术工程有限公司、鄢陵中林园林工程有限公司
培育人： 张林、刘双枝、张文馨、吴豪

品种特征特性： 2015年春以巨紫荆做砧木枝接加拿大紫荆获得嫁接苗近百株。2015年5月采上述嫁接苗新抽生健壮枝条的腋芽用巨紫荆做砧木芽接，获得数百株芽接苗。2015年6月，发现其中一株芽接苗发生了变异，抽生的枝条副梢一侧变为金黄色，叶色金黄色，个别叶片偶嵌绿色。我们随采变异副梢的腋芽进行芽接，获得3株变异单株，与变异副梢性状相同。2015年7月至2017年5月，我们通过8个继代嫁接，获得嫁接苗2000余株，其性状稳定、一致，叶色、枝色异于母株。

‘金星’与相似品种的主要不同点如下表：

性状	‘金星’	‘Hearts of Gold’	‘The Rising Sun’
小枝	金黄色	淡绿色	黄绿色
叶色	金黄色，偶嵌绿色	黄绿色	黄绿色，喷洒状绿色斑点
新叶	金黄色	淡黄绿色	杏黄色

国庆

（枫香属）

联系人：张往祥
联系方式：025-85427686/13151081062　国家：中国

申请日：2017年6月12日
申请号：20170308
品种权号：20180295
授权日：2018年12月11日
授权公告号：国家林业和草原局公告（2018年第17号）
授权公告日：2018年12月18日
品种权人：南京林业大学
培育人：张往祥、范俊俊、周婷、徐立安、张丹丹、李千惠、姜文龙、曹福亮

品种特征特性：2012年秋季，课题组成员从福建宁化县湖村镇原凉伞岗农场发现一株秋季红叶且红叶期较早的枫香特异单株，将其枝条采回，以枫香和细柄阿丁枫作为砧木嫁接保存。2013—2015年，以细柄阿丁枫和枫香作为砧木，通过嫁接方式繁育了3代嫁接苗，共30余株，申请者连续3年对这株单株进行观察，发现性状稳定。嫁接苗与亲本的叶片性状一致。

落叶乔木，以春季金叶为主要观赏特性。枝条斜上伸展，树皮平滑，当年生枝细，背部黄绿色(Yellow-Green 144A)、正面紫红色(Purple N77B)，当年生韧皮部颜色黄绿色(144C)，枝条略有茸毛。叶薄纸质，幼叶紫红色(Red-Purple 59B)，成熟叶春季亮黄绿色(Yellow-Green 154A)，叶边缘有紫红色嵌色，夏季叶色转绿(Yellow-Green 146A)，秋季转红(Red 46A)。叶三裂，裂片深度中，中裂片与两侧裂片夹角中，中裂片卵圆形，叶长6～11cm，宽6～12 cm，叶基部近心形，叶先端长渐尖，边缘尖锐细锯齿。叶无茸毛、有托叶。叶柄纤细，长2～6cm，叶柄正面为紫红色，叶柄背面为浅绿色。幼叶叶脉红色，成熟叶叶脉转为黄绿色。

‘国庆’秋叶变色期

‘南林红’秋叶变色期

红色依恋

（苹果属）

联系人：张往祥
联系方式：025-85427686/13151081062　国家：中国

申请日： 2017年6月12日
申请号： 20170315
品种权号： 20180296
授权日： 2018年12月11日
授权公告号： 国家林业和草原局公告（2018年第17号）
授权公告日： 2018年12月18日
品种权人： 南京林业大学
培育人： 张往祥、周婷、范俊俊、谢寅峰、彭冶、陈永霞、赵聪、曹福亮

品种特征特性： ‘红色依恋’为苹果属‘紫王子海棠’种子变异新品种。

‘红色依恋’株形直立，枝条棕红，伞状花序，花苞红色，花型单瓣，花朵大小中（花径3.7cm左右，花瓣压平后），浅杯型花型，花瓣窄椭圆形，花瓣分离排列，花瓣脉突出。花瓣正面边缘颜色N57D，正面中心颜色68B，正面基部颜色73B，花瓣背面颜色N66C。叶片红绿，叶片长宽比小，叶片长短中，叶片宽中，叶柄短，无叶耳，叶缘圆锯齿状。叶面绿色浅，光泽度弱。叶片花青素着色程度强。

该品种喜光照充沛，以地势平坦、土层深厚、疏松、肥沃、排水良好的砂壤土生长最佳，主要繁殖方法为嫁接繁殖，适宜在内蒙古中部以南至福建省中部以北地区种植。

晚宴

（苹果属）

联系人：张往祥
联系方式：025-85427686/13151081062　国家：中国

申请日：2017年6月12日
申请号：20170317
品种权号：20180297
授权日：2018年12月11日
授权公告号：国家林业和草原局公告（2018年第17号）
授权公告日：2018年12月18日
品种权人：南京林业大学
培育人：张往祥、范俊俊、徐立安、周婷、姜文龙、张丹丹、李千惠、曹福亮

品种特征特性：‘晚宴’为苹果属海棠新品种，来源于发现。

‘晚宴’以单瓣、深杯型红紫花为主要观赏特性。植株树势中，树形开张，枝条棕红色。伞形花序，花苞红色，花单瓣，压平后直径中，花型深杯型，花瓣圆形，排列方式重叠，脉纹突出。花瓣正面边缘颜色为红紫（64B）正面中心颜色为紫（64B）、基部颜色为红紫（69B）和背面颜色为红紫（64B）。开展叶片红绿色，叶长短，叶宽短，长宽比中，叶柄中，无叶耳。叶缘圆锯齿状，叶面光泽弱，叶面绿色中，花青素着色程度中。始花期中。

该品种喜光照充沛，以地势平坦、土层深厚、疏松、肥沃、排水良好的砂壤土生长最佳，主要繁殖方法为嫁接繁殖，适宜在内蒙古中部以南至福建省中部以北地区种植。

画轴

（苹果属）

联系人：张往祥
联系方式：025-85427686/13151081062　国家：中国

申请日：2017年6月12日
申请号：20170318
品种权号：20180298
授权日：2018年12月11日
授权公告号：国家林业和草原局公告（2018年第17号）
授权公告日：2018年12月18日
品种权人：南京林业大学
培育人：张往祥、穆茜、张丹丹、周道建、陈永霞、李鑫、杨祎凡、曹福亮

品种特征特性：‘画轴’为苹果属垂丝海棠种子变异新品种，来源于发现。

‘画轴’以树形开张、重瓣红紫色花为主要观赏特性。植株树势中，枝条深红色。伞形花序，花苞粉色，花重瓣，压平后直径中，花型深杯型，花瓣椭圆形，排列方式重叠，脉纹突出。花瓣正面边缘颜色为紫（76D）、正面中心颜色为红紫（73D）、基部颜色为紫（75D）和背面颜色为红紫（N74B）。开展叶片绿色，叶长中，叶宽中，长宽比中，叶柄短，无叶耳。叶缘锯齿状，叶面光泽中，叶面绿色中，花青素着色程度弱，始花期早。

该品种喜光，以土层深厚、疏松肥沃、排水良好的砂壤土为佳。主要采用嫁接繁殖，适宜内蒙古中部以南至福建中部以北地区种植。

胭脂雨

（苹果属）

联系人：张往祥
联系方式：025-85427686/13151081062　国家：中国

申请日： 2017年6月12日
申请号： 20170319
品种权号： 20180299
授权日： 2018年12月11日
授权公告号： 国家林业和草原局公告（2018年第17号）
授权公告日： 2018年12月18日
品种权人： 南京林业大学
培育人： 张往祥、赵聪、沈星诚、武启飞、王希、储吴樾、浦静、曹福亮

品种特征特性： ‘胭脂雨’为苹果属海棠新品种，来源于发现。

‘胭脂雨’以单瓣、浅杯型粉红紫花为主要观赏特性。植株树势中，树形开张，枝条棕红色。伞形花序，花苞粉色，花单瓣，压平后直径中，花型浅杯型，花瓣卵形，排列方式相连，脉纹突出。花瓣正面边缘颜色为红紫（65C）、正面中心颜色为红紫（69B）、基部颜色为白（N155B）和背面颜色为红紫（70B）。开展叶片绿色，叶长中，叶宽窄，长宽比中，叶柄短，无叶耳。叶缘锯齿状，叶面光泽中，叶面绿色浅，花青素着色无。始花期中。

该品种喜光照充沛，以地势平坦、土层深厚、疏松、肥沃、排水良好的砂壤土生长最佳，主要繁殖方法为嫁接繁殖，适宜在内蒙古中部以南至福建省中部以北地区种植。

‘胭脂雨’树形

‘Flame’

‘胭脂雨’花

诗人

（苹果属）

联系人：张往祥
联系方式：025-85427686/13151081062　国家：中国

申请日： 2017年6月12日
申请号： 20170320
品种权号： 20180300
授权日： 2018年12月11日
授权公告号： 国家林业和草原局公告（2018年第17号）
授权公告日： 2018年12月18日
品种权人： 南京林业大学
培育人： 张往祥、杨祎凡、李千惠、谢寅峰、穆茜、李鑫、周道建、曹福亮

品种特征特性： ‘诗人’为苹果属湖北海棠种子变异新品种。

‘诗人’以株形开张且花枝长、花色粉白、花瓣椭圆形、花萼片紫红色、不反卷为主要观赏特性。植株树势中，树形开张，枝条棕色。伞形花序，花苞浅粉，花单瓣，压平后直径中，花型平，花瓣椭圆形，排列方式相连，脉纹不突出。花瓣正面边缘颜色为红紫（65B）、正面中心颜色为白（NN155D）、基部颜色为白（NN155D）和背面颜色为红紫（69B）。开展叶片绿色，叶片长度较短，叶宽适中，长宽比中，叶柄短，无叶耳。叶缘锯齿状，叶面中度光泽，叶面绿色中，无花青素着色，着果量少，果实小，果实卵形，无果萼，果梗长度中，无果粉，果实无光泽度，果实主色红色，果肉色白色，挂果期中，始花期（花开10%）中。

该品种喜光照充沛，以地势平坦、土层深厚、疏松、肥沃、排水良好的砂壤土生长最佳，主要繁殖方法为嫁接繁殖，适宜在内蒙古中部以南至福建省中部以北地区种植。

鸿运当头

（紫荆属）

联系人：张林
联系方式：13803848626　国家：中国

申请日：2017年6月14日
申请号：20170321
品种权号：20180301
授权日：2018年12月11日
授权公告号：国家林业和草原局公告（2018年第17号）
授权公告日：2018年12月18日
品种权人：河南四季春园林艺术工程有限公司、鄢陵中林园林工程有限公司
培育人：张林、刘双枝、张文馨、吴豪

品种特征特性：‘鸿运当头’通过无性繁殖10个继代，繁殖2000余株，均保持与原变异株一致的特性。当年生枝疏生皮孔，幼枝棕红色；幼叶淡紫红色至棕橙色，叶尾钝圆，叶脉红色。

‘鸿运当头’与相似品种的主要不同点如下表：

性状	‘鸿运当头’	‘四季春1号’	巨紫荆
当年生枝皮孔	少	多	多
幼枝颜色	棕红	黄褐	棕绿
叶片顶部形状	钝圆	渐尖	渐尖
叶片幼叶颜色	淡紫红色至棕橙色	黄绿	淡棕橙
叶片主脉颜色	红色	黄绿	黄绿

凡适宜种植巨紫荆的环境和区域，‘鸿运当头’都能生长。栽培技术与巨紫荆栽培方式相同。

豫金1号

（忍冬属）

联系人：李建军
联系方式：13513895290　国家：中国

申请日： 2017年6月14日
申请号： 20170322
品种权号： 20180302
授权日： 2018年12月11日
授权公告号： 国家林业和草原局公告（2018年第17号）
授权公告日： 2018年12月18日
品种权人： 河南师范大学、刘保彬
培育人： 李建军、李景原、李明军、周延清、朱双营、王兰、段素芳、刘保彬、张光田、李军芳、贾国伦、王君、任美玲

品种特征特性： ‘豫金1号’是由封丘贾庄金银花3年树龄封丘大毛花的大田中发现的自然芽变植株，通过系统选育而成。

‘种豫金1号’花蕾大，花蕾腺毛密度19.6个/mm^2，千蕾质量20.71g，抗病虫害能力强，千蕾质量大，绿原酸含量高达2.256%，木犀草苷含量高达0.165%。

适宜在河南封丘辖区内大面积推广，也可推广到山东、河北等地金银花主产区。

适于各类质地土壤种植，最宜在疏松肥沃、排灌方便的砂质土上栽培。应远离工业“三废”污染源。

金色年华

（槭属）

联系人：寇新良
联系方式：13939690881　国家：中国

申请日：2017年6月23日
申请号：20170330
品种权号：20180303
授权日：2018年12月11日
授权公告号：国家林业和草原局公告（2018年第17号）
授权公告日：2018年12月18日
品种权人：河南名品彩叶苗木股份有限公司
培育人：王华明、邵明丽、刘鹏辉、闫立静、李建武、张熙、岳继贞、周艳宾、方圆圆、刘芳辉、杨谦、石海燕、寇新良、贾涛、魏奎娇

品种特征特性：2014年4月22在河南省遂平县朱屯场发现一株2年生秋焰槭扦插苗，出现叶片有淡黄色斑块的一个变异枝条。2015年3月，用此变异枝条进行嫁接繁殖，其后代性状保持稳定。2016年用继代植株进行扦插、嫁接扩繁，观察分析表明所有苗木无再变异现象，新品种生长健壮，性状保持良好，表现稳定。

落叶乔木，主枝直立，生长势较好，树皮灰褐色，树皮平滑；当年生枝圆柱形、生长季红色、无茸毛、有蜡粉；2年生枝条灰褐色、无茸毛、有蜡粉；叶单生、无托叶、叶纸质、掌形、基部心形、尖端渐尖、5裂；幼叶主色橘红色，叶片嵌色，上表面有不规则斑纹，斑纹黄色，成熟叶复色，秋季红色。

‘金色年华’适应性较强，耐寒、耐旱、耐湿。酸性至中性的土壤使秋色更艳。对有害气体抗性强，尤其对氯气的吸收力强。我国的大部分地区均可栽培。

‘金色年华’

‘秋焰槭’

‘金色年华’

威特141205（Wit141205）

（铁线莲属）

联系人：伊可敏
联系方式：0031-653550808　国家：荷兰

申请日：2017年6月25日
申请号：20170332
品种权号：20180304
授权日：2018年12月11日
授权公告号：国家林业和草原局公告（2018年第17号）
授权公告日：2018年12月18日
品种权人：马可·威特（Marco de Wit）
培育人：马可·威特（Marco de Wit）

品种特征特性：‘威特141205’为复叶对生，小叶形状卵形，顶端锐尖、基部心形；复叶长18.6cm、小叶长5.8cm，叶缘锯齿，颜色黄绿（首花时）、叶表光泽度弱；花朵下垂，花半重瓣，花瓣窄卵形，瓣缘全缘，颜色黄绿（144A），花瓣直径7.5cm。花期在荷兰可从5月开至10月。

适宜一般温室和露地条件下栽培生产，采用常规的工厂化生产管理方式栽培即可。

近似品种选择商业品种‘Lemon Bells’，其与本品种的特异性见下表：

品种	花朵直径、颜色	花瓣分裂	花瓣形状	叶缘锯齿
‘威特 141205’	大、黄绿色	全裂	窄卵形	粗
‘Lemon Bells’	中到小，黄绿色、外层泛红	半裂	阔披针形	细

‘威特141205’

近似品种‘Lemon Bells’

状元红1号

（大青属）

联系人：陈刚
联系方式：13760006356　国家：中国

申请日： 2017年6月25日
申请号： 20170333
品种权号： 20180305
授权日： 2018年12月11日
授权公告号： 国家林业和草原局公告（2018年第17号）
授权公告日： 2018年12月18日
品种权人： 肇庆学院
培育人： 陈刚、王瑛华

品种特征特性： ‘状元红1号’叶对生，心形，长10～15cm，宽10～15cm，纸质，腹面深绿色，背面灰绿色；叶缘浅齿状；叶柄特长，约为叶片的2倍，长20～25cm。总状圆锥花序，顶生，花序长达45cm、直径40cm左右；小花数目达600～950个，花丝长，花萼、花冠、花梗均为鲜艳的深红色。观赏价值高、适应性强，喜半阴湿润的生长环境。

本品种适合长江以南赪桐的自然分布区域内露地栽培应用。

近似种选择其亲本、野生种赪桐，其与本品种的特异性见下表：

品种 / 种	叶表疱状突起	株高	花序大小	小花数目
‘状元红 1 号’	明显	中	极大	极多
赪桐	弱	高	中到大	多

‘状元红1号’与近似种赪桐的花序大小与小花数目对比

红艳

（南天竹属）

联系人：陈岗
联系方式：0571-28931966　国家：中国

申请日： 2017年6月29日
申请号： 20170338
品种权号： 20180306
授权日： 2018年12月11日
授权公告号： 国家林业和草原局公告（2018年第17号）
授权公告日： 2018年12月18日
品种权人： 浙江森禾集团股份有限公司
培育人： 王春、郑勇平、魏斌、盛冬、尹庆平、陈慧芳、项美淑、杜三峰、陈岗、刘丹丹、顾慧

品种特征特性： ‘红艳’常绿直立灌木，高60～120cm，根际部位萌发分枝，丛生状；枝叶浓密，树形紧凑；老茎浅褐色，幼枝常红色；叶互生，二回羽状复叶，小叶奇数，卵形，长3～5cm，宽1～3cm，先端尖，基部楔形近无柄，全缘，薄革质，入秋冬和早春植株全部叶片叶色鲜红，夏季叶色深绿色。

该品种的小叶卵形，较短、较窄；对照品种的小叶宽卵形，较长、较宽。

该品种在南天竹的自然分布区域均适于种植，适宜种植主要在华东、华中、华北、华南及西南地区，包括江苏、浙江、安徽、江西、山东、河北、河南、湖北、湖南、陕西、四川、贵州、云南、广西、广东等地。同时，在日本、印度等地也可进行种植。

‘红艳’

左：‘红艳’小叶正面，
右：‘Fire Power’火焰小叶正面

左：‘红艳’复叶正面，
右：‘Fire Power’火焰复叶正面

金公主9号

（文冠果）

联系人：李耀明
联系方式：010-62337088　国家：中国

申请日：2017年6月30日
申请号：20170347
品种权号：20180307
授权日：2018年12月11日
授权公告号：国家林业和草原局公告（2018年第17号）
授权公告日：2018年12月18日
品种权人：北京林业大学、辽宁思路文冠果业科技开发有限公司、北京思路文冠果科技开发有限公司
培育人：王俊杰、唐桂辉、刘会军、汪舟、向秋虹、王馨蕊、周祎鸣、关文彬

品种特征特性：落叶乔木，枝条平展，当年新生枝为紫色，无毛；小叶披针形，无卷曲，幼叶绿具紫红色；花序轴长，花序轴无毛，颜色为绿具紫红色；单瓣花，花萼呈黄绿色，被毛；开花初期花蕾白色，花瓣倒卵形，初花期花瓣上部颜色白色，基部黄色，盛花期花瓣上部白色，基部紫红色，末花期花瓣上部颜色白色，基部紫色；叶片表面蜡质；果实形状为柱形，果瓣为3瓣。

品种特异性：叶表面具蜡质，花序轴长，花径较大、花瓣倒卵形。

适于整个文冠果分布与栽培区域。文冠果原产我国北方，北纬33°～46°，东经100°～125°，淮河、秦岭以北，内蒙古以南，东起辽宁，西至青海，南至河南及江苏北部，以内蒙古、山西和陕西等地的数量较多。生于海拔52～2260m处。适生区为黄土母质的山地、丘陵，沙地，不适宜排水不良的低湿地、重盐碱地、多石的山地；土层50cm以上、坡度<25°；适宜土壤类型为黑垆土、黄绵土、褐土、栗钙土、风沙土。可作用材林、城镇园林绿化树种。

金王1号

（文冠果）

联系人：李耀明
联系方式：010-62337088　国家：中国

申请日： 2017年6月30日
申请号： 20170348
品种权号： 20180308
授权日： 2018年12月11日
授权公告号： 国家林业和草原局公告（2018年第17号）
授权公告日： 2018年12月18日
品种权人： 北京林业大学、辽宁思路文冠果业科技开发有限公司、北京思路文冠果科技开发有限公司
培育人： 黄炎子、侯向林、李国军、王俊杰、向秋虹、王馨蕊、周祎鸣、关文彬

品种特征特性： 落叶乔木；枝斜上立，一年生枝条中等粗细，幼枝无毛，当年生枝颜色紫色；小叶披针形，中等大小，小叶无卷曲，幼叶颜色绿具紫红；顶生花序数量少，花序轴绿具紫红无毛，花序轴短；花蕾白色，花梗长，花径中偏小，花萼黄绿色被毛；花瓣接触排列，初花期花瓣上部白色，基部黄色，盛花期花瓣上部颜色白，基部浅红色，末花期花瓣上部颜色白，基部红色；果实形状为桃形，果皮绿色，果较长，果大且尖端尖，种子大。

品种特异性：成熟叶片蜡质，花序轴短，侧花序有两性花。

适于整个文冠果分布与栽培区域。文冠果原产我国北方，北纬33°～46°，东经100°～125°，淮河、秦岭以北，内蒙古以南，东起辽宁，西至青海，南至河南及江苏北部，以内蒙古、山西和陕西等地的数量较多。生于海拔52～2260m处。适生区为黄土母质的山地、丘陵，沙地，不适排水不良的低湿地、重盐碱地、多石的山地；土层50cm以上、坡度≤25°；适宜土壤类型为黑垆土、黄绵土、褐土、栗钙土、风沙土。可作用材林、城镇园林绿化树种。

金王2号

（文冠果）

联系人：李耀明
联系方式：010-62337088　国家：中国

申请日： 2017年6月30日
申请号： 20170349
品种权号： 20180309
授权日： 2018年12月11日
授权公告号： 国家林业和草原局公告（2018年第17号）
授权公告日： 2018年12月18日
品种权人： 北京林业大学、辽宁思路文冠果业科技开发有限公司、北京思路文冠果科技开发有限公司
培育人： 王馨蕊、李国军、侯向林、王青、于震、周祎鸣、向秋虹、王俊杰、关文彬

品种特征特性： 落叶乔木；枝条斜上立，一年生枝条较粗，幼枝无毛，当年生新枝绿具紫红；小叶狭披针形，微卷曲，幼叶绿具紫红；顶生花序较少，花序轴无毛，较长，绿具紫载红；花蕾白色，花梗较短，单瓣花，花萼呈黄绿色，被毛，花瓣倒卵形；初花期花瓣上部颜色白色、下部黄色，盛花期花瓣上部白具紫纹、下部红紫，末花期花瓣上部颜色粉色、下部紫色；果瓣3，物候期中偏晚。

品种特异性：短粗枝型，顶生花序离分生点远，顶生花序粗壮，果实为桃型，果皮厚。

适于整个文冠果分布与栽培区域。文冠果原产我国北方，北纬33°～46°，东经100°～125°，淮河、秦岭以北，内蒙古以南，东起辽宁，西至青海，南至河南及江苏北部，以内蒙古、山西和陕西等地的数量较多。生于海拔52～2260m处。适生区为黄土母质的山地、丘陵，沙地，不适宜排水不良的低湿地、重盐碱地、多石的山地；土层50cm以上、坡度≤25°；适宜土壤类型为黑垆土、黄绵土、褐土、栗钙土、风沙土。可作用材林、城镇园林绿化树种。

金帝3号

（文冠果）

联系人：李耀明
联系方式：010-62337088　国家：中国

申请日：2017年6月30日
申请号：20170350
品种权号：20180310
授权日：2018年12月11日
授权公告号：国家林业和草原局公告（2018年第17号）
授权公告日：2018年12月18日
品种权人：北京林业大学、辽宁思路文冠果业科技开发有限公司、北京思路文冠果科技开发有限公司
培育人：周祎鸣、张文臣、唐桂辉、向秋虹、王馨蕊、王俊杰、关文彬

品种特征特性：落叶乔木；枝条斜上立，幼枝无毛，当年生新枝绿具紫红；小叶披针形，微卷曲，幼叶绿具紫红；顶生花序较少，花序轴无毛，绿具紫红；花蕾白色，花梗较长，单瓣花，花萼呈黄绿色，被毛，花瓣披针形；初花期花瓣上部颜色白色、基部黄色，盛花期花瓣上部白色、基部紫红色，末花期花瓣上部颜色白色、基部紫色；物候期中偏晚。果实大小中型，果形为梨形，果皮绿色。

品种特异性：整枝良好，树型整齐，短粗枝型，小叶略卷，花序下垂，侧花序有两性花，果实梨形。

适于整个文冠果分布与栽培区域。适宜土壤类型为黑垆土、黄绵土、褐土、栗钙土、风沙土。可作用材林、城镇园林绿化树种。

京仲5号

（杜仲属）

联系人：康向阳
联系方式：010-62336168　国家：中国

申请日： 2017年7月11日
申请号： 20170357
品种权号： 20180311
授权日： 2018年12月11日
授权公告号： 国家林业和草原局公告（2018年第17号）
授权公告日： 2018年12月18日
品种权人： 北京林业大学
培育人： 康向阳、李赟、高鹏、张平冬、宋连君、李金忠

品种特征特性： ‘京仲5号’是通过高温处理诱导大孢子染色体加倍选育成功的杜仲三倍体新品种，其染色体数为2n=3x=51。品种性状稳定，苗期初生叶呈绿色且具有浓密白茸毛；叶片长卵形，边缘锯齿状，向上翘起，尾尖；叶面积是二倍体的1.15倍，厚度是二倍体的1.09倍，叶片主叶脉长与最宽处比值为1.80；叶基阔直楔形，幼叶基部的叶缘与叶柄有2～6个紫色或浅紫色腺点，其中叶柄上偶见1～4个；叶表面屋脊形，叶片中脉与第二条一级侧脉之间的夹角50°～60°；叶柄与茎夹角60°～70°，叶片斜下；皮孔椭圆形或圆形；成年树树皮灰褐色，皮孔大呈圆形，多连生。营养生长速度快，一年生苗平均株高为2.99m，年均胸径生长1.4cm；叶片的京尼平苷、京尼平苷酸、桃叶珊瑚苷和绿原酸药用成分含量高，分别为21.87ng/mg、2197.3ng/mg、1103.21ng/mg和14126.97ng/mg。

适宜栽植区与传统适生区无差异，如北京、天津、河北、河南、山西、陕西、山东、湖南、四川、湖北、贵州等地。

左：‘京仲5号’，右：‘秦仲1号’

京仲6号

（杜仲属）

联系人：康向阳

联系方式：010-62336168　国家：中国

申请日： 2017年7月11日

申请号： 20170358

品种权号： 20180312

授权日： 2018年12月11日

授权公告号： 国家林业和草原局公告（2018年第17号）

授权公告日： 2018年12月18日

品种权人： 北京林业大学

培育人： 康向阳、李赟、高鹏、王君、宋连君、李金忠

品种特征特性： ‘京仲6号’是通过高温处理诱导大孢子染色体加倍选育成功的杜仲三倍体新品种，其染色体数为2n=3x=51。品种性状稳定，苗期初生叶呈绿色且具有浓密白茸毛；叶片卵形，边缘锯齿状，向上翘起，阔尾尖；叶片大，叶面积是二倍体的1.42倍，厚度是二倍体的1.23倍，叶片主叶脉长与叶片最宽处比值为1.50；叶基微心形，幼叶基部的叶缘有2～4个紫色腺点，分布于主叶脉两侧；叶表面屋脊形，叶片中脉与第二条一级侧脉之间的夹角约70°；叶柄与茎夹角约60°，叶片斜下；皮孔竖生梭形；成年树树皮灰白色，皮孔多圆形，偶有椭圆形。营养生长速度快，一年生苗株高2.92m，年均胸径生长1.9cm；叶片的京尼平苷、京尼平苷酸、桃叶珊瑚苷和绿原酸药用成分含量高，分别为31.22ng/mg、2575.27ng/mg、697.06ng/mg和25269.92ng/mg。

适宜栽植区与传统适生区无差异，如北京、天津、河北、河南、山西、陕西、山东、湖南、四川、湖北、贵州等地。

左：‘京仲6号’，右：‘秦仲1号’

京仲7号

（杜仲属）

联系人：康向阳
联系方式：010-62336168　国家：中国

申请日：2017年7月11日
申请号：20170359
品种权号：20180313
授权日：2018年12月11日
授权公告号：国家林业和草原局公告（2018年第17号）
授权公告日：2018年12月18日
品种权人：北京林业大学
培育人：康向阳、李赟、高鹏、张平冬、宋连君、李金忠

品种特征特性：‘京仲7号’是通过高温处理诱导大孢子染色体加倍选育成功的杜仲三倍体新品种，其染色体数为2n=3x=51。品种性状稳定，苗期初生叶呈绿色且具白茸毛；叶片阔卵形，边缘深锯齿状，多向上翘起，阔尾尖；叶面积是二倍体的1.12倍，厚度是二倍体的1.14倍，叶片叶脉长与最宽处的比值为1.48；叶基微心形，幼叶基部的叶缘和叶柄上有2～4个紫色或淡紫色腺点，其中叶柄上1～2个；叶表面微屋脊形，叶面凹凸感较强，叶片中脉与第二条一级侧脉之间的夹角70°～80°；叶柄与茎夹角50°～60°，叶片斜下；成年树树皮灰白色，皮孔圆形或椭圆形。年均胸径生长1.5cm；叶片的京尼平苷、京尼平苷酸、桃叶珊瑚苷和绿原酸药用成分含量高，分别为21.87ng/mg、4166.74ng/mg、831.88ng/mg和30320.86ng/mg。

适宜栽植区与传统适生区无差异，如北京、天津、河北、河南、山西、陕西、山东、湖南、四川、湖北、贵州等地。

左：‘京仲7号’，右：‘秦仲1号’

京仲8号

（杜仲）

联系人：康向阳
联系方式：010-62336168　国家：中国

申请日： 2017年7月11日
申请号： 20170360
品种权号： 20180314
授权日： 2018年12月11日
授权公告号： 国家林业和草原局公告（2018年第17号）
授权公告日： 2018年12月18日
品种权人： 北京林业大学
培育人： 康向阳、李赟、高鹏、王君、宋连君、李金忠

品种特征特性： ‘京仲8号’是通过高温处理诱导大孢子染色体加倍选育成功的杜仲三倍体新品种，其染色体数为2n=3x=51。品种性状稳定，苗期初生叶呈嫩绿色且具有白茸毛；叶片长卵形，边缘锯齿状，向上翘起，阔尾尖；叶片大，叶面积是二倍体的1.84倍，厚度是二倍体的1.45倍，叶片叶脉长与最宽处的比值为1.42；叶基阔直楔形，幼叶基部的叶缘有2～6个紫色或黑紫色腺点，分布于主叶脉两侧；叶表面屋脊形，叶片中脉与第二条一级侧脉之间的夹角70°～80°；叶柄与茎夹角约60°，叶片斜下；成年树树皮灰白色，皮孔大，圆形或者椭圆形。营养生长速度快，一年生苗株高2.85m，年均胸径生长18cm；叶片的京尼平苷、京尼平苷酸、桃叶珊瑚苷和绿原酸药用成分含量分别为20.69ng/mg、1250.45ng/mg、455.24ng/mg和11082.51ng/mg。

适宜栽植区与传统适生区无差异，如北京、天津、河北、河南、山西、陕西、山东、湖南、四川、湖北、贵州等地。

左：‘京仲8号’，右：‘秦仲1号’

红满棠

（木瓜属）

联系人：毕玉科
联系方式：021- 54363369-1012　国家：中国

申请日：2017年7月13日
申请号：20170363
品种权号：20180315
授权日：2018年12月11日
授权公告号：国家林业和草原局公告（2018年第17号）
授权公告日：2018年12月18日
品种权人：上海植物园
培育人：蒋昌华、张亚利、奉树成、毕玉科、费建国、周永元、李湘鹏、莫健彬

品种特征特性：采用传统杂交手段选育的F_1代。父本为品种‘红宝石’（‘长寿冠’）*Chaenomeles* ‘Hongbaoshi’，母本为‘四季红’*C.* ‘Sijihong’。

‘红满棠’灌木，树皮无片状剥落，枝条斜上伸展，枝刺较少，2年生枝具疣状突起；幼叶黄绿色且边缘红，幼叶及枝无毛，叶片椭圆形，叶尖微山或微凹，叶缘具芒尖锯齿，叶基楔形或近圆形，叶小（长约3cm，宽约2cm），秋叶黄褐色；花多2～6朵簇生，花蕾椭球形，花朵极密，且花短枝相距极近（3cm左右），形成花串；单色，单瓣，碗形，花小，花径2.5～3.5cm，花瓣5枚，花瓣橘红色34-A，有光泽，圆勺形，凹陷不平展，重叠，瓣爪短，0.3cm左右；花丝绿白色，部分雌蕊退化；花萼倒圆锥形，紫红色；花梗极短近无，先花后叶，花期3月中旬至4月中旬；结实，果扁球形，具棱，果实长3cm左右，有果点，干燥后皱缩。

性喜阳光，耐干旱瘠薄，耐寒，可在华北、华南及华东等地区进行露地种植和应用。

墨菊堂

（木瓜属）

联系人：毕玉科
联系方式：021-54363369-1012　国家：中国

申请日：2017年7月13日
申请号：20170366
品种权号：20180316
授权日：2018年12月11日
授权公告号：国家林业和草原局公告（2018年第17号）
授权公告日：2018年12月18日
品种权人：上海植物园
培育人：毕玉科、蒋昌华、奉树成、张亚利、费建国、李湘鹏、周永元、莫健彬

品种特征特性：采用传统杂交手段选育的F_1代。父本为品种'红宝石'*Chaenomeles* 'Hongbaoshi'，母本为品种'四季红'*C.* 'Sijihong'。

'墨菊棠'灌木，树皮无片状剥落，枝斜向上伸展，枝刺中等，2年生枝具疣状突起；幼枝黄绿色；幼叶黄绿色，幼叶及枝无毛，叶片椭圆形，叶尖尖，叶片大（长约5cm，宽约2.2cm），叶缘稀疏具芒圆钝锯齿，叶基楔形，秋叶黄褐色；花多2～6朵簇生，花蕾椭球形，花繁密，单色，重瓣，碗形，花大，花径3～5cm，花瓣数量约20枚，花瓣深红色（42-A），长勺形，平展，瓣爪短；部分雄蕊瓣化，花丝绿白色，雌蕊大多退化；花萼钟形，绿色晕染紫红色，花梗极短近无，花期3月上旬至4月上旬；结实极少，长椭圆形，无棱脊，长约4cm，有果点，干燥后皱缩。

性喜阳光，耐干旱瘠薄，耐寒，可在华北、华南及华东等地区进行露地种植和应用。

德瑞斯蓝九（DrisBlueNine）

（越橘属）

联系人：辛西娅
联系方式：010-62357029　国家：美国

申请日： 2017年7月14日
申请号： 20170369
品种权号： 20180317
授权日： 2018年12月11日
授权公告号： 国家林业和草原局公告（2018年第17号）
授权公告日： 2018年12月18日
品种权人： 德瑞斯克公司（Driscoll's, Inc.）
培育人： 布赖恩·K·卡斯特（Brian K. CASTER）、珍妮弗·K·伊佐（Jennifer K. IZZO）、阿伦·德雷珀（Arlen DRAPER）

品种特征特性： ‘德瑞斯蓝九’（DrisBlueNine）是以编号MS122为母本，以编号G292为父本进行控制授粉杂交选育而成。

‘德瑞斯蓝九’植株长势为强，植株半直立生长，一年生枝条颜色为绿色、节间长度为长，叶片长度为强、宽度为中，叶片长宽比为大，叶片形状为椭圆形，叶片上表面颜色为深绿色，叶全缘，花芽花青素着色为中，花序长度为长，花冠形状为瓮状，花冠筒大小为大，花冠筒花青素着色为中，花冠筒有皱褶，花簇密度为中，未成熟果实为绿色，果实大小为大，果实纵切面形状为扁圆形，果实萼片姿态为半直立、萼片类型为上卷，果实萼孔直径为大、深度为深，果霜程度为强，果实果皮颜色为深蓝，果实紧实程度为紧实、甜度为低、酸度为高，结果类型为一年生枝条结果，叶芽萌发时间为晚，一年生枝条开花期为晚、果实成熟期为晚。

‘德瑞斯蓝九’适宜栽植于纬度低于35°的冬季不冷、温暖气候条件生态区域。

德瑞斯蓝十一（DrisBlueEleven）

（越橘属）

联系人：辛西娅
联系方式：010-62357029　国家：美国

申请日： 2017年7月14日
申请号： 20170370
品种权号： 20180318
授权日： 2018年12月11日
授权公告号： 国家林业和草原局公告（2018年第17号）
授权公告日： 2018年12月18日
品种权人： 德瑞斯克公司（Driscoll's, Inc.）
培育人： 布赖恩·K·卡斯特（Brian K. CASTER）、珍妮弗·K·伊佐（Jennifer K. IZZO）、阿伦·德雷珀（Arlen DRAPER）

品种特征特性： ‘德瑞斯蓝十一’（DrisBlueEleven）是以编号G455为母本，以MS122为父本进行控制授粉杂交选育而成。

‘德瑞斯蓝十一’植株长势为中，植株半直立生长，一年生枝条颜色为黄绿色、节间长度为中，叶片长度为中、宽度为中，叶片长宽比为大，叶片形状为椭圆形，叶片上表面颜色为深绿色，叶全缘，花芽花青素着色为弱，花序长度为长，花冠形状为瓮状，花冠筒大小为中，花冠筒花青素着色为中，花冠筒有皱褶，花簇密度为疏，未成熟果实为绿色，果实大小为小，果实纵切面形状为圆形，果实萼片姿态为直立、萼片类型为上卷，果实萼孔直径为中、深度为中，果霜程度为中，果实果皮颜色为深蓝，果实紧实程度为紧实、甜度为低、酸度为中，结果类型为一年生枝条结果，叶芽萌发时间为晚，一年生枝条开花期为晚、果实成熟期为晚。

‘德瑞斯蓝十一’适宜栽植于纬度低于35°的冬季不冷、温暖气候条件生态区域。

玫瑰蓉

（杜鹃花属）

联系人：刘晓青
联系方式：13645194178　国家：中国

申请日：2017年7月17日
申请号：20170379
品种权号：20180319
授权日：2018年12月11日
授权公告号：国家林业和草原局公告（2018年第17号）
授权公告日：2018年12月18日
品种权人：江苏省农业科学院
培育人：肖政、陈尚平、刘晓青、何丽斯、李畅、邓衍明、孙晓波、贾新平、苏家乐

品种特征特性：‘玫瑰蓉’是2005年4月，以进口西鹃品种‘小叶铁红’为母本，以引自丹东的地方品种‘红珍珠’为父本配置杂交组合。2006年春将873株杂种苗进行上盆定植，置于智能温室中，2007年春杂种单株进入开花期，07-04-01符合目标性状，遂进行扦插快繁，扦插苗翌年开花，性状表现优良、稳定，2010—2016年继续进行扦插快繁及小范围区试。结果表明：‘玫瑰蓉’株型紧凑美观，枝条开张度中等，1年生枝条浅绿色，2年生枝条褐色。叶常二型（春生叶大，夏生叶小），幼叶淡绿色，老叶深绿色，茸毛或糙伏毛较多，叶片无光泽感，叶尖凸尖，老叶长椭圆形，宽1.1～1.3cm，长2.2～2.5cm，花2～3朵聚生于枝顶，花色为艳丽的玫红色（RED PURPLE GROUP N57A），萼片绿色5裂，花冠类型为半重瓣；雄蕊5～7枚，不等长，且近等长于雌蕊；雌蕊1枚，柱头盘状，红色，花药黑色；单花形态为漏斗形，5裂，中间上部裂片有深色斑点，花径3.0～3.5cm；叶片基部楔形，叶柄长0.5～0.6cm。长势缓慢，株型紧凑，宜做设施微型盆栽。

樱歌

（杜鹃花属）

联系人：刘晓青
联系方式：13645194178　国家：中国

申请日：2017年7月17日
申请号：20170380
品种权号：20180320
授权日：2018年12月11日
授权公告号：国家林业和草原局公告（2018年第17号）
授权公告日：2018年12月18日
品种权人：江苏省农业科学院
培育人：刘晓青、邓衍明、李畅、孙晓波、肖政、贾新平、何丽斯、陈尚平、苏家乐

品种特征特性：‘樱歌’是2006年4月，以引自丹东的单套东鹃品种‘秋霞’为母本，以江、浙、沪等地传统绿化用锦绣杜鹃为父本配置杂交组合。2007年春将485株杂种苗进行上盆定植，置于智能温室中，2008年春杂种单株进入开花期，08-06-02符合目标性状，遂进行扦插快繁，扦插苗翌年开花，性状表现优良、稳定，2010—2016年继续进行扦插快繁与观察试验。结果表明：‘樱歌’株形美观，枝条开张度中等，1年生枝条浅绿色，2年生枝条褐色。叶常二型（春生叶大，夏生叶小），幼叶淡绿色，老叶深绿色，茸毛或糙伏毛较少，叶片有光泽感，叶尖凸尖，老叶倒卵形，宽1.5～1.8cm，长2.8～3.5cm。花2～3朵聚生于枝顶，花色为明亮欢快的粉橙色（RED GROUP 52D），盛开时灿若云霞，有樱花之韵；萼片绿色5裂，花冠类型为单瓣；雄蕊5～7枚，不等长，且短于雌蕊；雌蕊1枚，柱头盘状，黄绿色，花药黄色；单花形态为漏斗形，5裂，中间上部裂片有深色斑点，花径5.0～5.5cm；叶片基部楔形，叶柄长0.7～0.9cm。长势强健，抗病性好。适宜在高温多湿的长江流域，尤其是江苏省及周边地区栽培。

玲珑

（紫薇属）

联系人：王佳
联系方式：13910229248　国家：中国

申请日： 2017年7月19日
申请号： 20170386
品种权号： 20180321
授权日： 2018年12月11日
授权公告号： 国家林业和草原局公告（2018年第17号）
授权公告日： 2018年12月18日
品种权人： 北京林业大学
培育人： 潘会堂、冯露、鞠易倩、张启翔、胡杏、叶远俊、焦垚、蔡明、程堂仁、王佳

品种特征特性： ‘玲珑’属低矮灌木，3年生苗株高约0.2m，冠幅60～70cm，枝条下垂，老枝褐色，小枝四棱明显，翅短，柔毛密度低。叶片小，长椭圆形，绿色，无洒金，叶缘不起伏，叶片扭曲。花萼长度居中，微具棱，无柔毛。花芽长度短，宽度窄，圆锥形，呈绿和红色，缝合线突起弱，无附属物，顶端有突起。花径小，单色花，粉红色（RHS 67A），花瓣边缘明显褶皱，瓣爪长度短，粉红色（RHS 67A），雄蕊无瓣化。果实小，圆形，褐色。萌芽期呈中等水平，初花期居中，花期居中，落叶期居中。

‘玲珑’同对照品种‘David Hanging Basket’主要差异见下表：

性状	‘David Hanging Basket’	‘玲珑’
叶片：形状	倒卵形	长椭圆形
叶片：扭曲	否	是
花：单色花颜色或复色花主色	粉红 RHS N66C	粉红 RHS 67A

适宜种植于北京及以南地区，作为盆栽，观赏效果佳，亦可用于公共绿化及庭院栽培，养护上需注意水肥管理、修剪整形和病虫害防治等。

单花对比照片

楚林保胜

（核桃属）

联系人：徐永杰
联系方式：13476816574　国家：中国

申请日： 2017年7月19日
申请号： 20170393
品种权号： 20180322
授权日： 2018年12月11日
授权公告号： 国家林业和草原局公告（2018年第17号）
授权公告日： 2018年12月18日
品种权人： 湖北省林业科学研究院、保康县核桃技术推广中心
培育人： 徐永杰、陈万胜、李孝鑫、邓先珍、王代全、王其竹、余正文

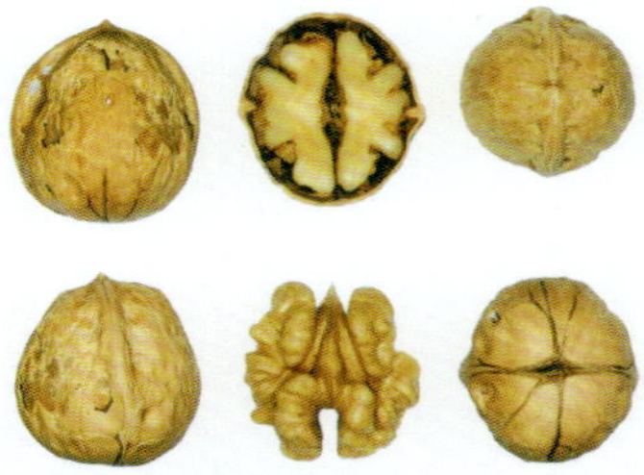

品种特征特性：‘楚林保胜’是由湖北省保康县城关镇黄土岭村选出，2015年开始从母株采集接穗进行嫁接繁殖，在保康县城关镇建立了无性系试验林。

‘楚林保胜’树姿开张，树体矮化，8年生树体高4.8m，地径12.5cm，树势中庸，分枝角度平缓。1年生枝青绿色。顶芽为混合芽，较大，圆形或卵圆形；侧芽卵圆形或圆球形，少有芽座。芽体密被白色茸毛。主、副芽离生明显。奇数羽状复叶，小叶7～11片，多9片，顶叶椭圆形，长约12.9cm，宽约7cm，叶脉≤12对；侧叶长椭圆形，先端渐尖，背面无毛，长约10.5cm，宽约5.8cm。青果圆形，果点明显，青绿色，果面光滑无茸毛，果序单果枝结果数1～2个，多为2个，成熟青果纵径4.48cm，横径4.68cm，平均质量43.77g，青皮平均厚度为0.69cm，基本不发生日灼危害，采摘后常温放置20天不开裂。由于坚果横隔膜退化，用刀切开即可鲜食，鲜食期7月上旬至9月上旬，核仁呈乳白色。坚果圆形，果顶稍尖，果肩圆，果底稍凸，露仁，表面刻纹浅，缝合线2条，平，平均纵径34.67mm，横径33.74mm，侧径32.08mm，平均单果重10.2g，单仁重6.94g，出仁率68.04%，平均壳厚0.62mm，易取整仁，横隔膜膜质，内褶壁退化，内种皮黄色。雄先型，雄花长6～14cm，雌花淡黄色。

‘楚林保胜’在保康于3月下旬叶片开始萌动，4月上旬展叶，雄花期4月上中旬开放，雌花期4月中旬放。果实9月上旬成熟，9月下旬落叶。该亲本嫁接亲和力强，嫁接第2年可结果，结果以双果为主，双果率达90%以上，连续结果能力强。

‘楚林保胜’适宜在大巴山区500～1000m区域种植，栽培技术与其他核桃相同。

德瑞斯蓝十（DrisBlueTen）

（越橘属）

联系人：辛西娅
联系方式：010-62357029　国家：美国

申请日： 2017年7月21日
申请号： 20170394
品种权号： 20180323
授权日： 2018年12月11日
授权公告号： 国家林业和草原局公告（2018年第17号）
授权公告日： 2018年12月18日
品种权人： 德瑞斯克公司（Driscoll's, Inc.）
培育人： 布赖恩·K·卡斯特（Brian K. CASTER）、珍妮弗·K·伊佐（Jennifer K. IZZO）、阿伦·德雷珀（Arlen DRAPER）

品种特征特性： ‘德瑞斯蓝十’（DrisBlueTen）是以蓝莓品种努伊（Nui）为母本，以编号MS122为父本进行控制授粉杂交选育而成。

‘德瑞斯蓝十’植株长势为强，植株半直立和开展生长，一年生枝条颜色为中等黄绿色、节间长度为短，叶片长度为中、宽度为中，叶片长宽比为大，叶片形状为椭圆形，叶片上表面颜色为深绿色，叶全缘，花芽花青素着色为中，花序长度为长，花冠形状为瓮状，花冠筒大小为大，花冠筒花青素着色为无或极弱，花冠筒有皱褶，花簇密度为中，未成熟果实为绿色，果实大小为大，果实纵切面形状为扁圆形，果实萼片姿态为半直立、萼片类型为上卷，果实萼孔直径为中、深度为中，果霜程度为强，果实果皮颜色为深蓝，果实紧实程度为中到紧实、甜度为中到高、酸度为低到中，结果类型为一年生枝条结果，叶芽萌发时间为中，一年生枝条开花期为早、果实成熟期为早。

‘德瑞斯蓝十’适宜栽植纬度低于35°的冬季不冷、温暖气候条件生态区域。

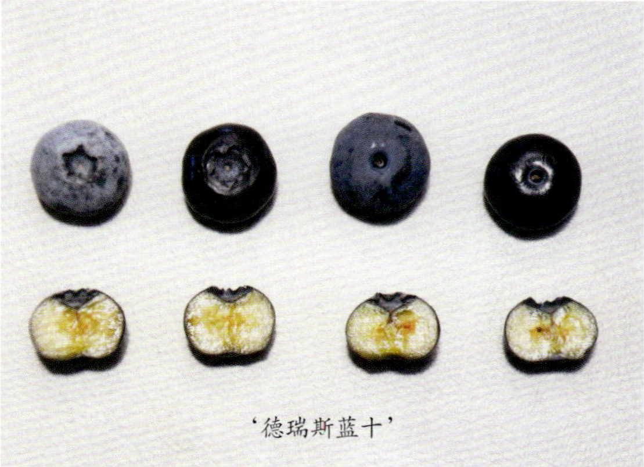

‘德瑞斯蓝十’

‘德瑞斯蓝十二’

‘德瑞斯蓝十’

‘德瑞斯蓝十二’

宁农杞8号

（枸杞属）

联系人：戴国礼
联系方式：13995203004　国家：中国

申请日：2017年8月3日
申请号：20170425
品种权号：20180324
授权日：2018年12月11日
授权公告号：国家林业和草原局公告（2018年第17号）
授权公告日：2018年12月18日
品种权人：宁夏农林科学院枸杞工程技术研究所
培育人：焦恩宁、秦垦、戴国礼、曹有龙、石志刚、何军、李彦龙、李云翔、闫亚美、黄婷、张波、周旋、何昕儒、米佳

品种特征特性：‘宁农杞8号’是从母本（♀）‘宁农杞1号’×父本（♂）“09-03”人工杂交获得F_1代群体中优选的无性系。

‘宁农杞8号’植株直立，株高为中，均值为135±29cm；冠幅中，均值为145±34cm。一年生枝长度高，均值为77.61±5.62cm；节间长度短，均值为1.77±0.17cm；棘刺数量无或极少，果枝数量多，均值为79±3条；颜色为灰褐，硬度软，短枝簇生小花最大数量为3，无末端条纹。多年生枝条颜色为褐色。叶片长度长，均值为4.84±0.24cm；叶片宽中，均值为1.05±0.09cm；厚度为中，均值为0.07±0.01cm；叶柄长为中，均值为0.29±0.07cm；绿色强度为浅，形状为窄披针，叶片为渐尖。花冠颜色为紫色，形状为漏斗状，花冠裂片缘毛无或极少；花冠筒长，均值为0.83±0.03cm；萼片长，均值为0.74±0.07cm；萼片为卵形，萼片数量为2片。果形状为长椭圆形，无表面突起，果肉颜色为红色；鲜果纵径长，均值为3.46±0.21cm；横径中，均值为1.30±0.07cm。

‘宁农杞8号’物候期与标准品种相比主要表现在，展叶、现蕾、果实始收期早；自交不亲和，需配置授粉树。

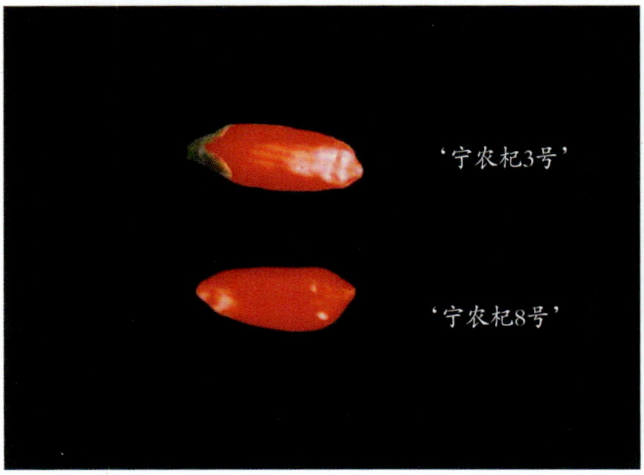

科杞6081

（枸杞属）

联系人：戴国礼
联系方式：13995203004　国家：中国

申请日： 2017年8月3日
申请号： 20170426
品种权号： 20180325
授权日： 2018年12月11日
授权公告号： 国家林业和草原局公告（2018年第17号）
授权公告日： 2018年12月18日
品种权人： 宁夏农林科学院枸杞工程技术研究所
培育人： 曹有龙、贾义科、戴国礼、秦垦、刘占贵、石志刚、何军、李云翔、闫亚美、张波、周旋、何昕儒、段淋渊

品种特征特性：‘科杞6081’是内蒙古自治区巴彦淖尔杭锦后旗沙海镇五星村一社实生苗，通过优选、无性繁育的优系。

‘科杞6082’植株直立；株高中，均值为183±13cm；冠幅中，均值为188±29cm。一年生枝长度高，均值为63.21±9.01cm；节间长度短，均值为1.80±0.31cm，棘刺数量无或极少；果枝数量多，均值为86±7条；颜色为灰褐；硬度软；短枝簇生小花最大数量为3；多年生枝条褐色。叶片长，均值为6.46±0.05cm；宽度宽，均值为1.73±0.06cm；厚度中，均值为0.07±0.01cm；叶柄长中，均值为0.59±0.04cm；绿色强度中；形状为宽披针形；叶尖形态为急尖。花冠紫色，漏斗状，花冠裂片缘毛无或极少；花冠筒长度长，均值为0.85±0.06cm；喉部颜色为鹅黄；萼片卵形，长，均值为0.73±0.04cm；萼片数量为2。果为长椭圆形；果尖急尖；果肉红色；鲜果纵径长，均值为3.01±0.21cm；鲜果横径中，均值为1.21±0.09cm。

‘科杞6081’物候期与标准品种相比主要表现在，展叶、现蕾、果实始收期早；自交不亲和，需配置授粉树。

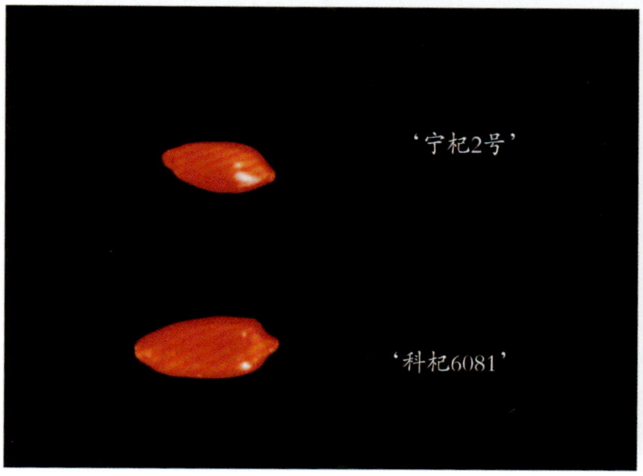

科杞6082

（枸杞属）

联系人：戴国礼

联系方式：13995203004　国家：中国

申请日：2017年8月3日

申请号：20170427

品种权号：20180326

授权日：2018年12月11日

授权公告号：国家林业和草原局公告（2018年第17号）

授权公告日：2018年12月18日

品种权人：宁夏农林科学院枸杞工程技术研究所

培育人：曹有龙、贾义科、秦垦、刘占贵、戴国礼、石志刚、何军、李云翔、闫亚美、张波、周旋、何昕儒、段淋渊

品种特征特性：‘科杞6082’为内蒙古自治区巴彦淖尔杭锦后旗沙海镇五星村一农户2010年播种的实生苗代群体中优选的无性系。

‘科杞6082’植株直立；株高中，均值为176±23cm；冠幅中，均值为143±26cm。一年生枝长度高，均值为73.11±13.01cm；节间长度短，均值为1.67±0.29cm；棘刺数量无或极少，果枝数量多，均值为96±11条；颜色为灰褐，硬度软，短枝簇生小花最大数量为3；多年生枝条褐色；叶片长，均值为4.87±0.03cm；叶片宽，均值为1.52±0.01cm；厚度为中，均值为0.06±0.003cm；叶柄长为中，均值为0.50±0.01cm；绿色强度为中；形状为宽披针，叶片为渐尖；花冠紫色，漏斗状；花冠裂片缘毛无或极少；花冠筒长，均值为8.44±0.7cm；喉部颜色为堇紫，萼片长，均值为7.33±0.27cm；萼片为卵形，2片，果长椭圆形，无果尖，果肉红色；鲜果纵径长，均值为2.65±0.38cm；横径中，均值为1.19±0.11cm；物候期展叶期为3月28日，现蕾期为4月24日，果实始收期为5月29日均较标准品种早。

‘科杞6082’物候期与标准品种相比主要表现在，展叶，现蕾，果实始收期早；自交不亲和，需配置授粉树。

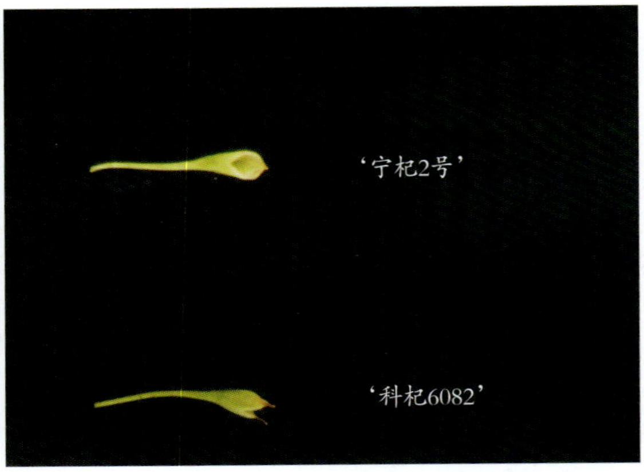

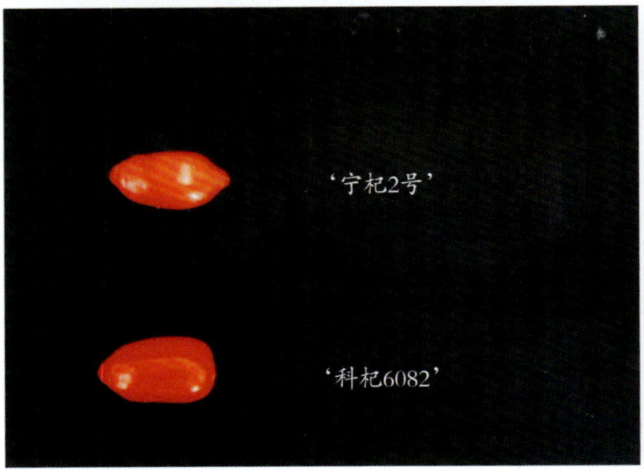

金石

（鹅掌楸属）

联系人：李斌
联系方式：15311236206　国家：中国

申请日： 2017年8月16日
申请号： 20170443
品种权号： 20180327
授权日： 2018年12月11日
授权公告号： 国家林业和草原局公告（2018年第17号）
授权公告日： 2018年12月18日
品种权人： 中国林业科学研究院林业研究所、中国林业科学研究院亚热带林业实验中心
培育人： 李斌、郑勇奇、林富荣、郭文英、刘儒、潘文婷、孙建军、谭新建、袁小军、原勤勤、陈传松

品种特征特性： ‘金石’为乔木，小枝浅褐色。嫩叶叶色嫩黄，叶柄黄褐色，树皮浅褐色，皮孔较少。叶马褂状或鹅掌形，长4～12（18）cm，近基部每边具1侧裂片，先端具2浅裂，下面苍白色，叶柄长4～8（～16）cm。花杯状，花被片9，外轮3片绿色，萼片状，向外弯垂，内两轮6片、直立，花瓣状、倒卵形，长4cm，绿色，具黄色纵条纹，花药长10～16mm，花丝长5～6mm，花期时雌蕊群超出花被之上，心皮黄绿色。聚合果长7～9cm，具的小坚果长约6mm，顶端钝或钝尖，具种子1～2颗。花期5月，果期9～10月。

‘金石’与鹅掌楸比较性状差异如下表：

品种 / 种	新叶颜色	叶柄颜色	树皮颜色	树皮皮孔数量
‘金石’	黄绿色	褐色	浅褐色	少
鹅掌楸	绿色	绿色	灰色	多

‘金石’，肉质根，根系发达，适宜微酸、中性至微碱性土壤，春季开花，春季嫩叶金黄色，夏天以后叶色逐渐恢复绿色，幼叶刚长出时仍然发黄。适合列植、片植、丛植，具有极高的观赏性。

粉玲珑

（桃花）

联系人：王燕
联系方式：13873604030　国家：中国

申请日： 2017年8月7日
申请号： 20170446
品种权号： 20180328
授权日： 2018年12月11日
授权公告号： 国家林业和草原局公告（2018年第17号）
授权公告日： 2018年12月18日
品种权人： 王燕
培育人： 王燕

品种特征特性： ‘粉玲珑’是以‘照手姬’为亲本、系统选育得到的新品种。其性状具有稳定性和一致性。

‘粉玲珑’属帚型、寿星混合枝型新品种，株型矮小，枝条直立向上；干皮灰褐色，小枝绿色、节间短。叶片深绿色、宽椭圆披针形，长22.0cm，宽3.8cm，叶柄长1.8cm，叶腺2～4个，叶边有明显波折、叶缘细锯齿较密。该品种成蕾能力强，着花繁密（4.1个/cm）、双花率高（87.2%）。花梗长0.7cm，花蕾卵圆形，萼片红褐色泛青，花色红色RHS：62C（英国皇家园艺学会色谱），花径4.5cm，花瓣20个；雄蕊38.4个，花丝白色，花药红色、饱满；雌蕊1个，花柱上端为紫红色。长江流域花期为3月中下旬。

‘粉玲珑’株形紧凑、直立，着花繁密，是营造花墙、篱笆的良好材料。它喜光、忌积水，环境条件要求与其他品种相同；栽培管理技术与帚型桃品种相同；我国南北方均可栽培应用。

‘粉玲珑’

‘照手姬’

柔彩

（绣球属）

联系人：唐宇丹
联系方式：13691193595　国家：中国

申请日： 2017年8月24日
申请号： 20170447
品种权号： 20180329
授权日： 2018年12月11日
授权公告号： 国家林业和草原局公告（2018年第17号）
授权公告日： 2018年12月18日
品种权人： 中国科学院植物研究所、青岛中科景观植物产业化发展有限公司
培育人： 唐宇丹、白红彤、安玉来、李霞、李慧、孙雪琪、法丹丹、尤洪伟

品种特征特性： 自‘银边’八仙花枝条变异中选育而成的新品种，主要特异性为：叶片复色，夏秋季新叶主色鹅黄色、次色仅分布叶边缘、白色，整体颜色柔和、明亮。

半直立落叶灌木，生长势中等至较弱，冠形多近半球形，较密集。当年生枝较粗壮、表面无毛、浅绿色、成熟枝条秋季皮孔无或近无，皮孔颜色紫色、点状或空心，无扁化现象。叶片单叶对生，长卵圆形，复色，春季叶片主色绿、次色白、分布于叶缘；夏秋季新叶主色黄色、颜色均匀，次色乳白色、分布叶缘、较窄，植株中、下部成熟叶片主色绿或灰绿色，次色分布叶缘、乳白或灰绿色；叶表面无光泽、近平展，营养枝上叶片长15.6 ± 101cm（13～17cm）、宽8.61 ± 0.68cm（6～9cm），较肥大，叶缘无裂片，叶片顶端渐尖，基部近圆形，叶缘锯齿中等。

本品种夏秋季新叶颜色柔和、明亮，具有喜强光等特性，土壤pH适应宽泛。繁殖简单，快速。适于在中国中东部和华北地区、欧洲和北美的生态环境相似区域栽培应用。

新叶和成熟叶正反面

瑛霞

（丁香属）

联系人：郁永英
联系方式：15699662766　国家：中国

申请日： 2017年8月28日
申请号： 20170449
品种权号： 20180330
授权日： 2018年12月11日
授权公告号： 国家林业和草原局公告（2018年第17号）
授权公告日： 2018年12月18日
品种权人： 黑龙江省森林植物园
培育人： 郁永英、李长海、翟晓鸥、宋莹莹、范淼、张少琳、王颖

品种特征特性： 该品种为黑龙江省森林植物园于2008年在紫丁香播种苗中选育的新品种。

通过逐年扦插繁殖，其无性系苗木均保持其叶色暗橙红色和紫红色的独特性状，且表现稳定。具有抗寒性强、适应性广，叶色橙红至紫红鲜艳亮丽，花色亮紫红色、芳香浓郁，观赏期长，易于繁殖等优良特性，弥补了高寒地区彩叶树种贫乏的缺陷。该品种的主要特征是春夏季叶色橙红至紫红鲜艳亮丽，花色亮紫红色、芳香浓郁，一般6月下旬以后叶色逐渐变成深绿色，如果对当年生枝条进行修剪，其生长出的嫩枝、幼叶还呈紫红色。该品种与‘De jussieu’的最大区别是‘瑛霞’的花单瓣；‘De jussieu’的花重瓣。

‘瑛霞’喜光，要求阳光充足的环境，蔽阴处则长势弱，开花稀少，叶色浅淡。抗寒性，耐旱性强；对土壤要求不严且能耐瘠薄，除重盐碱土壤外，几乎各类土壤上均能正常生长，但以排水良好、疏松，含腐殖质较多的中性土壤为佳。一般忌在低洼地栽植。

该品种可以在东北、华北、西北地区种植。主要适宜在黑龙江省、吉林、辽宁、内蒙古等昼夜温差大，光照充足的地区应用。

涌霞

（丁香属）

联系人：张多娇
联系方式：15699662766　国家：中国

申请日： 2017年8月28日
申请号： 20170450
品种权号： 20180331
授权日： 2018年12月11日
授权公告号： 国家林业和草原局公告（2018年第17号）
授权公告日： 2018年12月18日
品种权人： 黑龙江省森林植物园
培育人： 郁永英、李长海、翟晓鸥、宋莹莹、范淼、张少琳、王颖

品种特征特性： 该品种为黑龙江省森林植物园于2006年在紫丁香播种苗中选育的新品种。

通过逐年扦插繁殖，其无性系苗木均保持其叶色亮黄的独特性状，且表现稳定。具有抗寒性强、适应性广、叶色亮黄、花色紫红、芳香浓郁、观赏期长、易于繁殖等优良特性，弥补了高寒地区彩叶树种贫乏的缺陷。该品种的主要特征是春夏季叶色亮黄，紫花芬芳，一般6月下旬以后叶色逐渐变成浅黄绿色，如果对当年生枝条进行修剪，其生长出的嫩枝、幼叶还呈亮黄色。该品种与紫丁香最大区别：其春夏之际叶色为亮黄色，质薄；紫丁香为深绿色，叶大，质厚。

‘涌霞’喜光，要求阳光充足的环境，蔽阴处则长势弱，开花稀少，叶色浅淡。抗寒性，耐旱性强；对土壤要求不严且能耐瘠薄，除重盐碱土壤外，几乎各类土壤上均能正常生长，但以排水良好、疏松，含腐殖质较多的中性土壤为佳，一般忌在低洼地栽植。该品种可以在东北、华北、西北地区种植，在昼夜温差大、光照充足的地区表现更为优良。

‘金色时光’　　‘涌霞’

春韵

（李属）

联系人：胡丁猛
联系方式：13606372095　国家：中国

申请日： 2017年8月28日
申请号： 20170452
品种权号： 20180332
授权日： 2018年12月11日
授权公告号： 国家林业和草原局公告（2018年第17号）
授权公告日： 2018年12月18日
品种权人： 山东省林业科学研究院、青岛樱花谷科技生态园有限公司、青岛市黄岛区林业局
培育人： 胡丁猛、王松、许景伟、囤兴建、刘桂民、李贵学、王教全、王清华

品种特征特性： ‘春韵’是自然杂交产生的新品种。小乔木，植株半开张，树皮不开裂，皮孔密度中，横向排列，嫩枝棕褐色，一年生枝条无毛，腋芽单生。叶片长10～13cm，宽6～8cm，长宽比中等，倒卵状椭圆形，表面深绿色，背表面浅绿色，无茸毛，叶尖形状渐尖，基部钝形或圆形，叶缘单锯齿，锯齿芒状，无腺体，幼叶黄绿色，叶柄中等长度，绿色，有2～4枚黄色腺体，托叶叶状无腺体。花叶同放，一年开花一次，伞房花序，每花序有花3～5朵，中等数量，总花序梗长2.5～3cm，中等粗度，绿褐色。花芽紫红色，苞片匙形褐色，花萼筒中等长度，钟形，红绿色，无毛，萼片平展、长卵状三角形、红绿色。复瓣花，花瓣8～15枚，花冠浅杯状，花瓣覆瓦状排列，花径3～4cm，中等大小，花瓣近圆形，粉红色，基部圆形，先端2裂，质地较薄，有褶皱，有旗瓣，花瓣脉纹明显，雄蕊40～50枚，花丝长3～6mm，中等长度，白色，花柱中等长度，无毛被，与雄蕊等长，无雌蕊叶化，花梗绿褐色，中等长度和粗度，无毛被，花无芳香，始花期4月上旬，属中樱。果实近球形，横径0.8～1.1cm，纵径1.0～1.2cm，成熟时果皮紫黑色，不易落。

本品种与‘八重红大岛’在嫩枝、花序类型、花型、花瓣形状等方面有明显差异。

相似品种名称	相似品种特征	授权品种特征
‘八重红大岛’	枝条：嫩枝颜色 灰棕色	棕褐色
	花：花序类型 过渡型	伞房花序
	花：花型 重瓣	复瓣
	花：花瓣形状 椭圆形	近圆形

本品种适应性较强，造林成活率高，在鲁西南、鲁中和胶东等地区生长良好、喜疏松肥沃、排水良好的土壤和背风向阳湿润的环境。与上述地区气候土壤条件相似的华北地区也可推广应用。

矮杰

（李属）

联系人：朱东姿
联系方式：18660899258　国家：中国

申请日： 2017年8月29日
申请号： 20170455
品种权号： 20180333
授权日： 2018年12月11日
授权公告号： 国家林业和草原局公告（2018年第17号）
授权公告日： 2018年12月18日
品种权人： 山东省果树研究所
培育人： 刘庆忠、朱东姿、魏海蓉、王甲威、谭钺、宗晓娟、陈新、徐丽、张力思

品种特征特性： 该品种是以‘吉塞拉6号’组培苗为实验材料，通过秋水仙素处理获得‘吉塞拉6号’的六倍体植株，收集‘吉塞拉6号’六倍体植株的种子，并从中选育出。

‘矮杰’小乔木，8年生树高3m左右，树姿半开张，主干红褐色、粗糙。1年生成熟枝条红褐色、粗糙，皮孔长扁圆形、一般，新梢枝条密被茸毛；多年生枝条红褐色；新梢幼叶叶面与叶背均具短茸毛；幼叶红褐色，叶脉红色或黄色；成熟叶椭圆形，深绿色，平展，边缘具粗重锯齿；叶片平均长9.45cm，平均宽6.25cm；叶片长宽比1.51，叶柄长1.40cm。叶柄红色，紧邻叶基部位有2.4个黄色肾形蜜腺。山东泰安地区4月上旬盛花。花序伞房总状，基部有2～3片退化小叶，花序长4.5～6cm，花2～3朵；花梗长2～3cm，无毛；花蕾白色，花瓣白色，近圆形，先端圆钝；雄蕊25～35枚，稍长于雌蕊；有极少量果实。

‘矮杰’适应性强，在山东地区种植表现良好，适合做甜樱桃砧木，适宜种植于北方温带大部分甜樱桃产区。

‘吉塞拉6号’

‘矮杰’

‘矮杰’

矮特

（李属）

联系人：朱东姿
联系方式：18660899258　国家：中国

申请日： 2017年8月29日
申请号： 20170456
品种权号： 20180334
授权日： 2018年12月11日
授权公告号： 国家林业和草原局公告（2018年第17号）
授权公告日： 2018年12月18日
品种权人： 山东省果树研究所
培育人： 刘庆忠、朱东姿、魏海蓉、王甲威、谭钺、宗晓娟、陈新、徐丽、张力思

品种特征特性： 该品种是从‘吉塞拉6号’和甜樱桃‘拉宾斯’的杂交后代中筛选出的极矮化品种。

‘矮特’小乔木，6年生树高1.5～2m，树姿开张。主干红褐色、粗糙；1年生成熟枝条米灰色，皮孔圆形、密，无毛；多年生枝条红褐色。新梢花青苷显色浅，初展叶片叶柄黄绿色。成熟叶长椭圆形，平均长9.04cm，平均宽5.21cm，叶片长宽比1.74；叶片不平展，叶缘具钝重锯齿，叶片基部的锯齿顶端具有黄色或者紫红色腺体；初展叶黄绿色，有光泽，正面与背面均有短茸毛；叶柄长1.33cm，红色或黄绿色，紧邻叶基部位常有2个黄色或紫红色肾形蜜腺；托叶狭针形，基部略大。伞形花序，花序基部有鳞片包被，内部3～4片鳞片叶状，花序长3～4cm，花2～3朵；花梗长1.5～2cm，无毛；花瓣白色；雄蕊25～35枚，稍长于雌蕊；无果实。

‘矮特’适应性极强，在耐旱性、耐盐性上比‘吉塞拉5号’‘吉塞拉6号’等现有矮化砧木表现优良。适宜种植于北方温带大部分甜樱桃产区。

傲霜

（桂花）

联系人：臧德奎
联系方式：13583807200　国家：中国

申请日：2017年8月30日
申请号：20170457
品种权号：20180335
授权日：2018年12月11日
授权公告号：国家林业和草原局公告（2018年第17号）
授权公告日：2018年12月18日
品种权人：山东农业大学
培育人：臧德奎、吴其超、张晴、步俊彦、王一、刘虹佑

品种特征特性：常绿乔木或灌木，小枝绿色或略带紫色，无毛。幼叶橙紫色，后变为黄绿色，最终变为深绿色，叶革质，椭圆形，V形内折，长6.5～7.5cm，宽3～3.5cm，先端渐尖，基部楔形或宽楔形，叶缘有10～19对不整齐粗大锯齿，齿长3～4mm，两面无毛，中脉在上面凹入，下面凸起；侧脉6～9对，在上面凹入，下面凸起，叶脉间叶面平滑，叶柄长6mm左右，无毛，绿色。

本品种与近似品种（种）比较性状差异如下表：

品种 / 种	幼叶颜色	叶缘锯齿	叶缘锯齿对数	齿长（mm）
‘傲霜’	橙紫色	不整齐粗大锯齿	10 ～ 19 对	3 ～ 4
桂花	紫色	全缘或上半部具细锯齿	10 ～ 14 对或全缘	不足 1.5
柊树	绿色	刺状牙齿或全缘	3 ～ 4 对或全缘	5 ～ 9

本品种傲霜耐寒性强，除了在华东、华中、西南及华南地区栽植外，还可在华北南部露地越冬，冬季叶片不枯萎不落叶。适应性强，喜光，对土壤要求不严格，在酸性和中性土上均可生长，较耐干旱瘠薄；生长快，寿命长，易繁殖。

冬荣

（桂花）

联系人：臧德奎
联系方式：13583807200　国家：中国

申请日： 2017年8月30日
申请号： 20170458
品种权号： 20180336
授权日： 2018年12月11日
授权公告号： 国家林业和草原局公告（2018年第17号）
授权公告日： 2018年12月18日
品种权人： 山东农业大学
培育人： 臧德奎、吴其超、张晴、步俊彦、王一、刘虹佑

品种特征特性： 常绿灌木，小枝绿色，无毛。幼叶紫红色，后逐渐变浅，最终变为深绿色，叶革质，椭圆形，V形内折，长6～8cm，宽2.5～4cm，先端渐尖，基部宽楔形，叶缘有密的细锯齿，齿长不足2mm，两面无毛，中脉在上面凹入，下面凸起，侧脉7～10对，在上面凹入，下面凸起，叶柄长3～5mm，无毛，幼时深紫红色，后变为绿色。

本品种与近似品种比较性状差异如下表：

品种	幼叶颜色	叶片横切面形状	叶缘锯齿
‘冬荣’	紫红	V 形	全具齿，细密锯齿
‘Ninth & Polk’	黄绿	V 形	稀疏刺状齿
‘财缘’	紫红	一字形	近全缘

本品种冬荣耐寒性强，除了在华东、华中、西南及华南地区栽植外，还可在华北南部露地越冬，冬季叶片不枯萎不落叶。适应性强，喜光，对土壤要求不严格，在酸性和中性土上均可生长，较耐干旱瘠薄；生长快，寿命长，易繁殖。

龙榆

（榆属）

联系人：李严广
联系方式：18945909278　国家：中国

申请日：2017年9月1日
申请号：20170464
品种权号：20180337
授权日：2018年12月11日
授权公告号：国家林业和草原局公告（2018年第17号）
授权公告日：2018年12月18日
品种权人：李严广
培育人：李严广

品种特征特性：该品种为2006年在家榆播种苗中选育的榆科榆属新品种。通过逐年嫁接繁殖，其无性系苗木均保持其枝条弯曲的独特性状，且表现稳定。10年来对其开展了植物学、生物学及生态学等方面研究，证明该品种适应黑龙江寒冷的气候环境，具有抗寒性强、适应性广、枝条弯曲、叶片扭曲、易于繁殖等优良特性。该品种的主要特征是枝条弯曲，叶片扭曲，尤其是落叶后弯曲的枝条或如蟒蛇盘转、或如龙须密集、或如燃烧的火苗冉冉升起。总之，姿态万千、形式迥异，不加人工干预即可形成丰富多彩的形态，是景观园林不可多得的优良树种。

该品种与相似品种龙爪榆的最大区别：其枝条弯曲向上生长，叶小且扭曲；龙爪榆的枝条向下生长，叶大平展。

喜光，要求阳光充足的环境，耐阴。抗寒性，耐旱性强；对土壤要求不严且能耐瘠薄，除重盐碱土壤外，几乎各类土壤上均能正常生长，但以排水良好、疏松、含腐殖质较多的中性土壤为佳。该品种可以在东北、华北、西北地区种植。

'龙榆'6年生植株

多年生龙爪榆

春彩凤羽

（槭属）

联系人：杨金财
联系方式：15928540336　国家：中国

申请日： 2017年9月1日
申请号： 20170466
品种权号： 20180338
授权日： 2018年12月11日
授权公告号： 国家林业和草原局公告（2018年第17号）
授权公告日： 2018年12月18日
品种权人： 四川七彩林业开发有限公司
培育人： 高尚、杨金财、郑超、蔡世林、吴佳川、尹林、银征、罗雪梅

品种特征特性： ‘春彩凤羽’是槭树科槭属（*Acer*）植物。于2011年10月在四川省巴中市南江县槐树村基地采集鸡爪槭种子，2012年2月播种，6月发现变异单株。该品种为落叶小乔木；生长势好，主枝姿态直立，分枝密度中；当年生枝条圆柱形，生长季颜色紫红，无茸毛，无蜡粉；二年生枝条颜色中绿，无茸毛，无蜡粉。单叶，无托叶；叶柄直，极短，中等粗度，无被毛，主色紫红；叶片纸质，掌形，5裂，裂片全裂，尖端渐尖，边缘无波状；中裂片披针形，边缘裂片状重锯齿；叶片无嵌色；幼叶主色红褐；新叶主色红褐；成熟叶上表面深绿，背面中绿、无白粉或近无；秋季季相颜色紫红；五出脉，叶脉绿色。萌动期中，春叶变色期中，春叶变色持续期中；秋叶变色期中，秋季叶相持续期短，秋叶落叶期中。

‘春彩凤羽’在四川、贵州、山西、陕西、云南、浙江、广西等地适宜种植。为弱阳性树种，耐半阴，在阳光直射处孤植夏季易遭日灼之害；喜温暖湿润气候及肥沃而排水良好之土壤，耐寒性强，酸性、中性及石灰质土均能适应。生长速度中等。

‘春彩凤羽’新叶

秋季季相为紫红色

澧滨早凤

（木通属）

联系人：李斌
联系方式：15311236206　国家：中国

申请日：2017年9月1日
申请号：20170467
品种权号：20180339
授权日：2018年12月11日
授权公告号：国家林业和草原局公告（2018年第17号）
授权公告日：2018年12月18日
品种权人：中国林业科学研究院林业研究所
培育人：李斌、郑勇奇、林富荣、郭文英、肖光所、王汝平、张秋红、肖光所、黄廷武

品种特征特性：‘澧滨早凤’是木质藤本，多分枝，无毛，落叶或半常绿。小叶3片，卵形，叶缘微波状锯齿。花单性，总状花序，雌雄同株同序，雌花着生于花序基部，雄花着生于花序上部，雌花较大，紫色，雄花较小，紫色。果实椭圆形，肉质，成熟时沿腹缝线自然裂开；成熟果实外果皮淡紫色，质地光滑；果肉乳白色，肉质细腻甘甜。种子呈黑色，埋于果肉中。喜微酸至微碱性砂壤土，喜爱温暖湿润气候。花期3月；果期8月。

‘澧滨早凤’与相似种三叶木通比较性状差异如下表：

种类	叶形	叶缘	果皮颜色	成熟期
‘澧滨早凤’	卵形	微波状锯齿	淡紫色	8月
三叶木通	长卵形	全缘	麻黄色	9月

‘澧滨早凤’适应性强，适生范围广，在长江流域各省区均可露地栽植，在北方冬季温度不低于-10℃的地区也适合种植。

‘澧滨早凤’果实外观

‘澧滨早凤’果实裂开形态

‘澧滨早凤’叶形态

对照三叶木通原株果实与叶

甬之洁

（杜鹃花属）

联系人：谢晓鸿
联系方式：13957878585　国家：中国

申请日：2017年9月3日
申请号：20170468
品种权号：20180340
授权日：2018年12月11日
授权公告号：国家林业和草原局公告（2018年第17号）
授权公告日：2018年12月18日
品种权人：浙江万里学院、宁波北仑亿润花卉有限公司
培育人：谢晓鸿、吴月燕、沃科军、沃绵康

品种特征特性：品种权人于2011年3月以白色的锦绣杜鹃‘白大叶’为母本，以粉红色的春鹃‘粉红泡泡’为父本，进行人工授粉；2011年11月收集F_1代种子，于2012年4月播种于塑料大棚育苗盆内。2015年3月上旬开花，性状明显不同于父、母本，适合于盆栽和绿地栽植，具重要商业开发价值。

本品种属常绿杜鹃花，灌木状。花色在花苞时为黄绿色，开展后为白色，花冠2轮深裂合瓣花，花瓣外缘波浪形。花冠呈喇叭状，花径7.5cm左右；每轮花瓣上有3张裂片内饰淡黄绿色斑块，部分花朵的花瓣上有条状红色斑块；花柱、花丝均为白色；柱头淡黄绿色，花药黄褐色，子房绿色密被白色茸毛。雄蕊7～8根。在宁波的盛花期为3月中旬。

本品种适宜于长江以南地区栽培。

在全光照及半遮阴栽培环境中均能正常生长。生长适温为12～25℃。喜湿润环境。空气湿度以70%～90%为宜。pH在5～6.5，浇水宜采用偏酸性或中性水质。追肥的氮磷钾比例为3：1：1，并适当补施Fe^{2+}，以利于生长发育。修剪在5月底至6月上旬进行。

甬粉佳人

（杜鹃花属）

联系人：谢晓鸿
联系方式：13957878585　国家：中国

申请日：2017年9月3日
申请号：20170469
品种权号：20180341
授权日：2018年12月11日
授权公告号：国家林业和草原局公告（2018年第17号）
授权公告日：2018年12月18日
品种权人：浙江万里学院、宁波北仑亿润花卉有限公司
培育人：谢晓鸿、吴月燕、沃科军、沃绵康、章辰飞

品种特征特性：品种权人于2011年3月以白色的锦绣杜鹃‘白大叶’为母本，以粉红色的春鹃‘粉红泡泡’为父本，进行人工授粉，套袋，以防其他花粉污染；2011年11月收集F_1代种子，于2012年4月播种于塑料大棚育苗盆内。2015年3月上旬开花，花色在花苞时为浅紫色，开展后裂片上端为浅紫粉色，花冠管端近白色，花朵簇生枝顶，花很大。明显不同于父、母本，适合于盆栽和绿地栽植，具重要商业开发价值。

本品种半常绿灌木，枝条中等密集，当年生枝条绿色，且有白灰毛；叶片倒卵形，纸质，密被灰白色毛，叶端突尖，叶基楔形，叶缘光滑；花簇顶生成伞形，萼片绿色，花漏斗形，单瓣，花瓣卵形，花色浅紫粉色，花瓣内饰红色斑点，雌蕊长于雄蕊，花药棕色，柱头白色。在宁波的盛花期4月中旬。

本品种适宜于长江以南地区栽培。在全光照及半遮阴栽培环境中均能正常生长。生长适温为12～25℃。喜湿润环境。空气湿度以70%～90%为宜。pH在5～6.5，浇水宜采用偏酸性或中性水质。

甬紫雀

（杜鹃花属）

联系人：谢晓鸿
联系方式：13957878585　国家：中国

申请日：2017年9月3日
申请号：20170472
品种权号：20180342
授权日：2018年12月11日
授权公告号：国家林业和草原局公告（2018年第17号）
授权公告日：2018年12月18日
品种权人：浙江万里学院、宁波北仑亿润花卉有限公司
培育人：吴月燕、谢晓鸿、沃科军、沃绵康

品种特征特性：品种权人于2011年3月以白色的锦绣杜鹃‘白大叶’为母本，以粉红色的春鹃‘粉红泡泡’为父本，进行人工授粉，套袋，以防其他花粉污染；2011年11月收集F_1代种子，于2012年4月播种于塑料大棚育苗盆内。2015年3月上旬开花，性状明显不同于父、母本，适合于盆栽和绿地栽植，具重要商业开发价值。

本品种属常绿杜鹃花，灌木状。花为紫色，花冠2轮深裂合瓣花，裂片直挺开展。花冠呈喇叭状，花径6cm左右；每轮花瓣裂片有3个内饰红紫色斑点；花柱、花丝均为白色；柱头淡黄绿色，花药黑色，子房绿色密被白色茸毛。雄蕊5根左右。在宁波的盛花期3月中旬。

本品种适宜于长江以南地区栽培。在全光照及半遮阴栽培环境中均能正常生长。生长适温为12～25℃。喜湿润环境。空气湿度以70%～90%为宜。pH在5～6，浇水宜采用偏酸性或中性水质。

甬品红

（杜鹃花属）

联系人：谢晓鸿
联系方式：13957878585　国家：中国

申请日：2017年9月3日
申请号：20170473
品种权号：20180343
授权日：2018年12月11日
授权公告号：国家林业和草原局公告（2018年第17号）
授权公告日：2018年12月18日
品种权人：浙江万里学院、宁波北仑亿润花卉有限公司
培育人：吴月燕、谢晓鸿、沃科军、沃绵康、章辰飞

品种特征特性：品种权人于2011年3月以白色的锦绣杜鹃‘白大叶’为母本，以粉红色的春鹃‘粉红泡泡’为父本，进行人工授粉，套袋，以防其他花粉污染；2011年11月收集F_1代种子，于2012年4月播种于塑料大棚育苗盆内。2015年3月上旬开花，花色为品红色，2轮深裂合瓣花，花瓣外缘开展呈波浪形，簇生枝顶花朵的花大、量多、色艳，明显不同于父、母本，适合于盆栽和绿地栽植，具重要商业开发价值。

本品种属半常绿灌木，枝条中等密集，当年生枝绿色，表皮毛白灰色；叶片长椭圆形，纸质，密被灰白色毛，叶端突尖，叶基楔形，叶缘光滑。花很大，开阔状漏斗形，套筒花，萼片瓣化，瓣化程度近等大；花瓣卵形，花色深紫粉色，花瓣内饰棕褐色斑点，雌雄蕊近等长，花药棕色，柱头青黄色。在宁波的盛花期4月中旬。

本品种适宜于长江以南地区栽培。在全光照及半遮阴栽培环境中均能正常生长。生长适温为12～25℃。喜湿润环境。空气湿度以70%～90%为宜。pH在5～6，浇水宜采用偏酸性或中性水质。

甬之皎

（杜鹃花属）

联系人：谢晓鸿
联系方式：13957878585　国家：中国

申请日：2017年9月3日
申请号：20170475
品种权号：20180344
授权日：2018年12月11日
授权公告号：国家林业和草原局公告（2018年第17号）
授权公告日：2018年12月18日
品种权人：宁波北仑亿润花卉有限公司
培育人：沃科军、沃绵康

品种特征特性：品种权人于2011年3月以白色的锦绣杜鹃‘白大叶’为母本，以粉红色的春鹃‘粉红泡泡’为父本，进行人工授粉，套袋，以防其他花粉污染；2011年11月收集F_1代种子，于2012年4月播种于塑料大棚育苗盆内。2015年3月上旬开花，花色在花苞时为黄绿色，开展后为白色，花冠2轮深裂合瓣花，花瓣外缘波浪形。明显不同于父、母本，适合于盆栽和绿地栽植，具重要商业开发价值。

本品种属半常绿灌木，枝条中等密集，当年生枝表皮绿色，具白灰色毛；叶片倒卵形，纸质，有灰白色毛，叶端突尖，叶基楔形，叶缘光滑。花簇顶生成伞形，萼片瓣化，花朵很大，开阔状漏斗形，套筒花，花瓣卵形，花白色，花瓣裂片内饰浅绿色斑点。柱头淡黄绿色，雄蕊8根左右，花药棕色，子房绿色密被白色茸毛。在宁波的盛花期4月中旬。

本品种适宜于长江以南地区栽培。

在全光照及半遮阴栽培环境中均能正常生长。生长适温为12～25℃。喜湿润环境。空气湿度以70%～90%为宜。pH在5～6.5，浇水宜采用偏酸性或中性水质。

甬之辉

（杜鹃花属）

联系人：谢晓鸿
联系方式：13957878585　国家：中国

申请日： 2017年9月3日
申请号： 20170478
品种权号： 20180345
授权日： 2018年12月11日
授权公告号： 国家林业和草原局公告（2018年第17号）
授权公告日： 2018年12月18日
品种权人： 宁波北仑亿润花卉有限公司
培育人： 沃科军、沃绵康

品种特征特性： 品种权人于2011年3月以‘迎春’杜鹃为母本，收集‘粉红泡泡’杜鹃花粉，进行人工授粉，套袋，以防其他花粉污染；2011年11月收集F_1代种子，于2012年4月播种于塑料大棚育苗盆内。2015年3月上旬始见开花，性状明显不同于父、母本，适合于盆栽和绿地栽植，具重要商业开发价值。

本品种属常绿杜鹃花，灌木状。花色为紫红色，2轮深裂合瓣花，花瓣外缘波浪形，顶生花量大。花冠呈喇叭状，花径8cm左右，每轮花瓣裂片上有2～3张内饰暗红色斑点；花柱、花丝均为紫红色；柱头和花药均为黑色，子房红色密被红色茸毛。雄蕊6～8根，短于雌蕊。在宁波的盛花期3月中旬。

本品种适宜于长江以南地区栽培。在全光照及半遮阴栽培环境中均能正常生长。生长适温为12～25℃。喜湿润环境。空气湿度以70%～90%为宜。pH在5～6.5，浇水宜采用偏酸性或中性水质。

甬之妃

（杜鹃花属）

联系人：谢晓鸿
联系方式：13957878585　国家：中国

申请日： 2017年9月3日
申请号： 20170480
品种权号： 20180346
授权日： 2018年12月11日
授权公告号： 国家林业和草原局公告（2018年第17号）
授权公告日： 2018年12月18日
品种权人： 宁波北仑亿润花卉有限公司
培育人： 沃绵康、沃科军

品种特征特性： 品种权人于2011年3月以白色的锦绣杜鹃‘白大叶’为母本，以粉红色的春鹃‘粉红泡泡’为父本，进行人工授粉，套袋，以防其他花粉污染；2011年11月收集F_1代种子，于2012年4月播种于塑料大棚育苗盆内。2015年3月上旬始见开花，性状明显不同于父、母本，适合于盆栽和绿地栽植，具重要商业开发价值。

本品种属常绿杜鹃花，灌木状。花粉红色，花单轮深裂合瓣花，3～5朵簇生顶端，花径8cm左右，花大色艳；花冠呈喇叭状，花瓣裂片有3个内饰红色斑点；花柱和花丝均为淡粉红色，子房绿色密被白色茸毛。雄蕊7根左右，短于雌蕊。在宁波的盛花期3月中旬。

本品种适宜于长江以南地区栽培。在全光照及半遮阴栽培环境中均能正常生长。生长适温为12～25℃。喜湿润环境。空气湿度以70%～90%为宜。pH在5～6.5，浇水宜采用偏酸性或中性水质。

圃柿1号

（柿）

联系人：关长飞
联系方式：15929982989　国家：中国

申请日：2017年9月4日
申请号：20170489
品种权号：20180347
授权日：2018年12月11日
授权公告号：国家林业和草原局公告（2018年第17号）
授权公告日：2018年12月18日
品种权人：西北农林科技大学
培育人：杨勇、阮小凤、王仁梓、关长飞、井赵斌、王建平、边建设

品种特征特性：‘圃柿1号’表现为完全涩柿类型。是申请人于2009年7月在陕西省大荔县城关镇新丰村进行资源调查时发现，并当年采集接穗，翌年在君迁子砧上进行高接。2011年开始结果，在国家柿种质资源圃内所有资源中，其成熟期表现为最为早熟；果形及叶片的表现均稳定，已连续结果6年（2011—2016），因每年物候期不同，该品种每年份的成熟日期也稍有差异，但均表现极早熟的特性，其他遗传性状也表现稳定。

‘圃柿1号’表现为极扁平（果形指数0.41），成熟极早，叶片浓绿，厚实，且叶片叶缘有波浪状，叶面有失绿斑块；此类性状均为‘圃柿1号’的特异性表现。

该品种属于深根性树种，适于年均温高于10℃的地区栽植，尤其适合陕西渭北南部、关中等地。喜温暖气候和排水良好，pH 7.0～8.3的土壤，耐寒性强，耐瘠薄，抗旱性强。

圃杂2号

（柿）

联系人：关长飞
联系方式：15929982989　国家：中国

申请日：2017年9月4日
申请号：20170490
品种权号：20180348
授权日：2018年12月11日
授权公告号：国家林业和草原局公告（2018年第17号）
授权公告日：2018年12月18日
品种权人：西北农林科技大学
培育人：杨勇、王仁梓、阮小凤、关长飞、王建平、井赵斌

品种特征特性：‘圃杂2号’是申请人于1991年选用优良亲本组合‘次郎’×‘杂样景’通过人工杂交获得。

‘圃杂2号’表现为不完全甜柿，可以在树上自行脱涩，且果实较大。经过持续9年的系统观察和性状评价（2008—2016年），‘圃杂2号’与君迁子嫁接亲和力强，树势强旺，生理落果较轻，较抗圆斑病、炭疽病；陕西成熟期为10月上旬，表现为中早熟，果实扁方圆形，成熟期橙红色，平均果重218g，最大果重287.8g，汁多脆甜，硬果期约25天，可溶性固形物18.0%，适合脆食，综合表现优良。

该品种属于深根性树种，适于年均温高于10℃的地区栽植，可在全国大部分地区栽培。喜温暖气候和排水良好、pH为7.0～8.3的土壤，耐寒性、抗旱性中等。

杞鑫3号

（枸杞属）

联系人：朱金忠
联系方式：13895181605　国家：中国

申请日：2017年9月5日
申请号：20170491
品种权号：20180349
授权日：2018年12月11日
授权公告号：国家林业和草原局公告（2018年第17号）
授权公告日：2018年12月18日
品种权人：中宁县杞鑫枸杞苗木专业合作社
培育人：郭玉琴、朱金忠、李惠军、刘冰、安魏、葛谦、陈卫宁、郝红伟、俞建忠、马利奋、任娟、高婧娥

品种特征特性：‘杞鑫3号’母树于2014年7月在甘肃发现，和黑果的遗传相似性系数0.6522，和‘宁杞4号’遗传相似性系数0.6667，亲本不详。呈野生状态，树高3m左右，冠幅3～4m，没有明显主干，从生。果粒大小均匀，鲜食口感好。

该品种自交亲和力强，可单一建园；树势强健，成枝力强，枝条稠密，易发七寸果枝，结果枝每叶腋为2个果，从基部到梢部果枝的果实均匀度一致，细弱小针刺繁多。鲜果紫色，果皮光亮，平均单果质量0.7g，最大单果质量0.75g。果腰部平直，纵剖面近似圆形，先端钝圆，平均纵径13.17mm，横径8.87mm，果肉厚0.701mm，鲜果千粒重344.8g，鲜食口感好。

经过3年试种抗根腐病能力强，较其他枸杞品种抗病虫能力强，喜光，耐盐碱、耐寒、耐旱，适宜种植区域广泛。

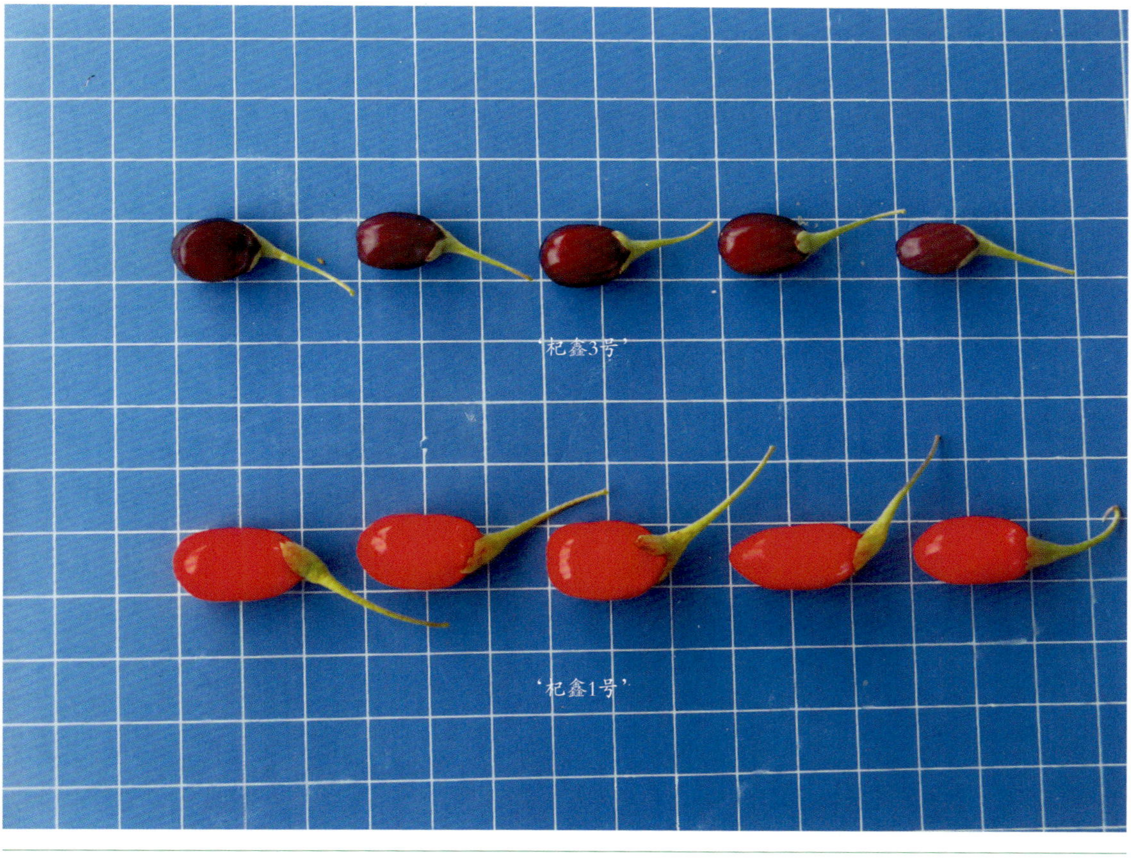

四明火焰

（槭属）

联系人：祝志勇
联系方式：13805833862　国家：中国

申请日： 2017年9月6日
申请号： 20170495
品种权号： 20180350
授权日： 2018年12月11日
授权公告号： 国家林业和草原局公告（2018年第17号）
授权公告日： 2018年12月18日
品种权人： 宁波城市职业技术学院
培育人： 林乐静、祝志勇、叶国庆

品种特征特性： 该品种是从毛鸡爪槭自然群落中发现的变异植株，并在苗圃长期栽培。通过选取变异植株枝条嫁接繁殖后代，经过6年多的观测，繁殖后代其叶颜色变化特征与母树特征一致，性状稳定。

该品种为落叶乔木。当年生的枝条绿色或紫绿色，被白色宿存茸毛，多年生枝条灰绿色或灰褐色，近于无毛。叶片膜质，基部截形或近于心形，掌状5或5～7深裂，裂片披针形，先端长渐尖，边缘具有锯齿，叶片嫩时两面被短柔毛，后仅下面被长柔毛，叶绿色带有浅黄色花纹，叶柄嫩时密被长柔毛，老时逐渐脱落而多少有毛；花萼片5，红紫色；花瓣5，淡黄色。

该品种与原种毛鸡爪槭相似，幼时可在林下生长，耐半阴；喜温凉湿润气候，对土壤要求不严，在中性、酸性及石灰性土上均能生长，但以土层深厚、肥沃及湿润之地生长最好。

四明玫舞

（槭属）

联系人：祝志勇
联系方式：13805833862　国家：中国

申请日：2017年9月6日
申请号：20170496
品种权号：20180351
授权日：2018年12月11日
授权公告号：国家林业和草原局公告（2018年第17号）
授权公告日：2018年12月18日
品种权人：宁波城市职业技术学院
培育人：祝志勇、林乐静、林立、叶国庆

品种特征特性：本品种为大面积播种的秀丽槭实生苗中发现的变异植株，并在苗圃长期栽培。通过选取变异植株枝条嫁接繁殖后代，经过2年多的观测记载，繁殖后代其叶、枝颜色变化特征与母树特征一致，性状稳定。

该品种落叶乔木，树皮灰绿色。叶片纸质，基部近于心形，掌状5深裂，中央裂片与侧裂片披针形或不规则，先端长渐尖，边缘具有锯齿，春叶玫红色带有黄绿色斑块和斑点，夏叶粉色带有绿色斑块和斑点。

该品种与原种秀丽槭相似，幼时可在林下生长，耐半阴；喜温凉湿润气候，对土壤要求不严，在中性、酸性及石灰性土上均能生长，但以土层深厚、肥沃及湿润之地生长最好。生长速度较快，深根性，抗风力强，病虫害少。

寨选4号

（越橘属）

联系人：吴文龙
联系方式：025-84347063　国家：中国

申请日： 2017年9月6日
申请号： 20170497
品种权号： 20180352
授权日： 2018年12月11日
授权公告号： 国家林业和草原局公告（2018年第17号）
授权公告日： 2018年12月18日
品种权人： 江苏省中国科学院植物研究所
培育人： 吴文龙、闾连飞、李维林、张春红、赵慧芳、王小敏、朱泓、杨海燕、黄正金

品种特征特性： ‘寨选4号’蓝莓是越橘属的高度杂种（*Vaccinium* ‘Zhaixuan 4’）。

灌木，植株较高大，成年植株株高和冠幅1.50～1.80m，生长旺盛，早熟，6月初开始成熟，采果期25天左右，浆果蓝紫色，果表面白粉明显，果实中等大小，果形指数（果高/果径）0.78～0.83，平均单果重1.5～1.8g。果实可溶性固形物1.0%～12.5%，含酸0.40%～0.60%，口感较甜，较丰产，盛果期平均产量8～12t/hm^2。

适宜种植于江苏、浙江、安徽等长江流域及我国南部多数地区。冬季最低温度-10℃以上，土壤pH4.0～6.5，地下水位1m以下。

寨选7号

（越橘属）

联系人：吴文龙
联系方式：13805833862　国家：中国

申请日：2017年9月6日
申请号：20170498
品种权号：20180353
授权日：2018年12月11日
授权公告号：国家林业和草原局公告（2018年第17号）
授权公告日：2018年12月18日
品种权人：江苏省中国科学院植物研究所
培育人：吴文龙、闾连飞、李维林、张春红、赵慧芳、王小敏、朱泓、杨海燕、黄正金

品种特征特性：‘寨选7号’蓝莓是越橘属的高度杂种（*Vaccinium* ‘Zhaixuan 7’），属于南方高丛蓝莓。

灌木，植株较高大，成年植株株高和冠幅1.50～1.80m，生长旺盛，早熟，5月下旬开始成熟，采果期约20天，浆果蓝紫色，果表面白粉明显，果实中等大小，果形指数（果高/果径）0.80左右，平均单果重1.5～1.7g。果实可溶性固形物10.5%～13.5%，含酸0.25%～0.40%，口感甜，较丰产，盛果期平均产量10～12t/hm^2。

适宜种植于江苏、浙江、安徽等长江流域及我国南部多数地区。冬季最低温度-10℃以上，土壤pH4.0～6.0，地下水位1m以下。

旱雄柳1号

（柳属）

联系人：秦光华
联系方式：13791060960　国家：中国

申请日：2017年9月12日
申请号：20170504
品种权号：20180354
授权日：2018年12月11日
授权公告号：国家林业和草原局公告（2018年第17号）
授权公告日：2018年12月18日
品种权人：山东省林业科学研究院
培育人：秦光华、宋玉民、乔玉玲、于振旭、焦传礼、刘德玺、康智、董玉峰、燕丽萍

品种特征特性：‘旱雄柳1号’是2013年在山东省东营市垦利县胜坨镇发现的。通过多年多点栽植观察，该株系表现出干直、抗干旱、耐盐碱、雄性不飘絮等优良性状，优于当地栽培的柳树品种。

树干通直，冠形优美，3年生树皮灰绿色。侧枝分枝角度中等水平，小枝上弯。叶片披针形，长11～18cm，宽1.3～2cm，叶基楔形，叶柄长0.6～0.9cm，托叶耳形。

在山东济南长清地区3月上旬芽膨大，3月下旬展叶，果熟期4月下旬，落叶末期在12月上旬。

‘旱雄柳1号’与对照品种‘鲁柳2号’性状差异如下表：

品种	叶片：最宽处位置	叶片：基部形状	叶片：下表面被粉	托叶：类型
‘旱雄柳 1 号’	中部以下	楔形	无	耳形
‘鲁柳 2 号’	近中部	圆形	有	披针形

适生范围较广，包括黄河、淮河流域及类似地区。主要用于园林绿化和用材林建设。

旱雄柳2号

（柳属）

联系人：秦光华
联系方式：13791060960　国家：中国

申请日：2017年9月12日
申请号：20170505
品种权号：20180355
授权日：2018年12月11日
授权公告号：国家林业和草原局公告（2018年第17号）
授权公告日：2018年12月18日
品种权人：山东省林业科学研究院
培育人：秦光华、宋玉民、乔玉玲、于振旭、焦传礼、康智、杨庆山、董玉峰、燕丽萍

品种特征特性：‘旱雄柳2号’是2013年在山东省济宁市泗水县中兴大桥东河岸发现的。通过多年多点栽植观察，该株系表现出干直、抗干旱、耐盐碱、雄性不飘絮等优良性状，优于当地栽培的柳树品种。

树干通直，顶端优势明显，树皮灰绿。侧枝分枝角度中等水平，小枝上弯。叶片阔披针形，长15～18cm，宽2.6～3.1cm，叶基圆形，叶柄长0.6～1.0cm，托叶披针形。

在山东济南长清地区3月上旬芽膨大，3月下旬展叶，果熟期4月下旬，落叶末期在12月上旬。

‘旱雄柳2号’与对照品种‘鲁柳1号’性状差异如下表：

品种	叶片：基部形状	叶片：上表面被毛	托叶：类型
‘旱雄柳2号’	圆形	中	披针形
‘鲁柳1号’	楔形	无或很少	耳形

适生范围较广，包括黄河、淮河流域及类似地区。主要用于园林绿化和用材林建设。

‘旱雄柳2号’

‘鲁柳1号’

湿地柳1号

（柳属）

联系人：秦光华
联系方式：13791060960　国家：中国

申请日：2017年9月12日
申请号：20170506
品种权号：20180356
授权日：2018年12月11日
授权公告号：国家林业和草原局公告（2018年第17号）
授权公告日：2018年12月18日
品种权人：山东省林业科学研究院
培育人：秦光华、宋玉民、乔玉玲、于振旭、焦传礼、刘桂民、康智、董玉峰、燕丽萍

品种特征特性：‘湿地柳1号’是2013年在山东省东营市黄河三角洲自然保护区大汶流管理站发现的。通过多年多点栽植观察，该株系表现出干直、耐水湿、耐盐碱、雄性不飘絮等优良性状，优于当地栽培的柳树品种。

树干稍弯，冠形好。侧枝分枝角度大，小枝上弯。叶片披针形，长10～20cm，宽1.2～1.5cm，叶基窄楔形，叶柄长0.4～0.6cm，托叶耳形，较短。

在山东济南长清地区3月上旬芽膨大，3月下旬展叶，果熟期4月下旬，落叶末期在12月上旬。

‘湿地柳1号’与对照品种‘鲁柳1号’性状差异如下表：

品种	主干：干形	分枝：侧枝基部与中部主干的夹角	叶片：基部性形状	叶片：叶基部腺点
‘湿地柳1号’	稍弯	大	窄楔形	有
‘鲁柳1号’	直立	中	楔形	无

耐水湿，耐盐碱，适生范围较广，包括黄河、淮河流域及类似地区。主要用于湿地绿化和盐碱地绿化。

湿地柳2号

（柳属）

联系人：秦光华
联系方式：13791060960　国家：中国

申请日：2017年9月12日
申请号：20170507
品种权号：20180357
授权日：2018年12月11日
授权公告号：国家林业和草原局公告（2018年第17号）
授权公告日：2018年12月18日
品种权人：山东省林业科学研究院
培育人：秦光华、宋玉民、乔玉玲、于振旭、焦传礼、康智、胡丁猛、董玉峰、燕丽萍

品种特征特性：'湿地柳2号'是2013年在山东省泰安市新泰市青云街道东关平阳河发现的。通过多年多点栽植观察，该株系表现出干直、耐水湿、耐盐碱等优良性状，优于当地栽培的柳树品种。

树干通直。侧枝分枝角度大，小枝直伸。叶片阔披针形，长14～18cm，宽18～2.3cm，叶基楔形，叶柄长0.8～1.5cm，托叶卵形，较短。

在山东济南长清地区3月上旬芽膨大，3月下旬展叶，果熟期4月下旬，落叶末期在12月上旬。

'湿地柳2号'与对照品种'鲁柳1号'性状差异如下表：

品种	植株：性别	分枝：侧枝基部与中部主干的夹角	枝条：姿态	托叶：类型
'湿地柳2号'	雌株	大	直伸	卵形
'鲁柳1号'	雄株	中	上弯	耳形

耐水湿、耐盐碱，适生范围较广，包括黄河、淮河流域及类似地区。主要用于湿地绿化和盐碱地绿化。

金脉红

（槭属）

联系人：丁增成
联系方式：13505515872 国家：中国

申请日：2017年9月18日
申请号：20170513
品种权号：20180358
授权日：2018年12月11日
授权公告号：国家林业和草原局公告（2018年第17号）
授权公告日：2018年12月18日
品种权人：安徽东方金桥农林科技股份有限公司
培育人：丁增成、丁燕

品种特征特性：‘金脉红’是2005年12月从加拿大安大略省引进红花槭混合家系的种子，经播种育苗、栽植试验，采用选择育种的方式，以秋季叶色观赏价值、观赏期和特异性、一致性、稳定性等为主要指标，通过苗期株系选择和栽植试验的预选、初选、复选、决选四个阶段，筛选出优良株系并采用无性繁殖方式，培育无性后代，并与国内外同类品种进行对比，最终选出‘金脉红’新品种。

该品种为落叶乔木，树势中庸，枝干直立而上，树冠呈长椭圆形；幼年树皮呈浅灰色，老年树皮灰色；多年生枝皮灰白色、光滑；单叶对生，叶片五裂、掌状，叶长12cm左右，宽11cm左右，叶背背面泛白，新生叶正面呈微红色，之后变为绿色；特异性主要表现在秋季叶色变化，叶子的叶脉变为黄色，叶面其余部分变为红色。

该品种适宜在华东中北部、华北、东北等地推广；选择在pH为酸性或中性、排水良好的地块栽培。

泉金柳

（柳属）

联系人：李克俭
联系方式：0531-88783926 13475964736 国家：中国

申请日：2017年9月22日
申请号：20170525
品种权号：20180359
授权日：2018年12月11日
授权公告号：国家林业和草原局公告（2018年第17号）
授权公告日：2018年12月18日
品种权人：济南市园林花卉苗木培育中心
培育人：李克俭、张保全、刘红权、孟清秀、孙燕、占习林、柴哲、王洪磊、张广杰、李超

品种特征特性：该品种是在济南市园林花卉苗木培育中心自然杂交育种中选育出来的新品种，母本为济南当地垂柳，父本为引进金丝柳。

落叶乔木，雄株，主干直立，顶端优势较为明显，自然接干能力强。枝条平展，下垂，侧枝分布均匀且数量较多，下垂小枝又细且长，下垂几近到地，随风飘舞，生长季节枝条淡橘黄色，冬季枝条橘黄色，分枝角度较大。叶片长披针形，叶片平均长15cm，宽2cm，叶柄长1cm，叶缘细锯齿状，先端长渐尖。落叶较晚，观赏性较佳。

‘泉金柳’与‘J1011’性状差异如下表：

品种	侧枝分布	树冠形状	下垂细枝颜色	叶片形状
‘泉金柳’	均匀	椭圆形	橘黄	长披针形
‘J1011’	不均	倒卵形	黄色	阔披针形

‘泉金柳’适生范围较广，除在济南市适宜栽植外，还可在类似立地条件气温不低于-21℃的地区推广。可用于城市园林水体四周、庭院、街头绿地栽植。

泉丝柳

（柳属）

联系人：李克俭
联系方式：0531-88783926 13475964736 国家：中国

申请日：2017年9月22日
申请号：20170526
品种权号：20180360
授权日：2018年12月11日
授权公告号：国家林业和草原局公告（2018年第17号）
授权公告日：2018年12月18日
品种权人：济南市园林花卉苗木培育中心
培育人：李克俭、张保全、刘红权、孟清秀、孙燕、占习林、柴哲、王洪磊、张广杰、李超

品种特征特性：‘泉丝柳’是在济南市园林花卉苗木培育中心自然杂交育种中选育出来的新品种，母本为济南当地垂柳，父本有济南当地垂柳、引进金丝柳、曲柳、旱柳。

落叶乔木，雄株，主干直立，顶端优势较为明显，自然接干能力强。枝条平展，下垂，侧枝分布均匀，下垂小枝又细且长，下垂几近到地，随风飘舞，生长季节枝条橙黄色，冬季枝条淡橙红色，分枝角度较大。叶片窄披针形，叶柄短。叶片平均长13cm，宽1.7cm，叶柄长0.8cm，叶缘细锯齿状。

‘泉丝柳’与‘垂柳’性状差异如下表：

品种	侧枝分布	主干干型	下垂细枝颜色	叶片形状
‘泉丝柳’	均匀	直立	橙黄	窄披针形
垂柳	不均	中等弯曲	绿色	阔披针形

‘泉丝柳’适生范围较广，除在济南市适宜栽植外，还可在类似立地条件气温不低于-21℃的地区推广。可用于城市园林水体四周、庭院、街头绿地栽植。

‘泉丝柳’

垂柳

泉翠柳

（柳属）

联系人：李克俭
联系方式：0531-88783926 13475964736 国家：中国

申请日：2017年9月22日
申请号：20170527
品种权号：20180361
授权日：2018年12月11日
授权公告号：国家林业和草原局公告（2018年第17号）
授权公告日：2018年12月18日
品种权人：济南市园林花卉苗木培育中心
培育人：李克俭、张保全、刘红权、孟清秀、孙燕、占习林、柴哲、王洪磊、张广杰、李超

品种特征特性：该品种是在济南市园林花卉苗木培育中心自然杂交育种中选育出来的新品种，母本为济南当地的垂柳，父本有济南当地垂柳、引进金丝柳、曲柳、旱柳。

落叶乔木，雄株，主干直立，顶端优势较为明显，自然接干能力强。枝条斜展，树冠下部枝条下垂，上部不下垂，侧枝分布均匀，下垂小枝较细且短，生长季节枝条黄绿色，冬季枝条褐色，分枝角度中等。叶片长度中等、披针形，叶片平均长11.5cm，宽1.2cm，叶柄长0.7cm，叶缘细锯齿状。

'泉翠柳'与'垂柳'性状差异如下表：

品种	侧枝分布	主干干型	枝条姿态	叶片长度
'泉翠柳'	均匀	直立	树冠下部下垂	中等
垂柳	不均	中等弯曲	下垂	较长

'泉翠柳'适生范围较广，除在济南市适宜栽植外，还可在类似立地条件气温不低于-21℃的地区推广。可用于城市道路绿化、庭院、街头绿地栽植。

泉曲柳

（柳属）

联系人：李克俭
联系方式：0531-88783926　13475964736　国家：中国

申请日： 2017年9月22日
申请号： 20170528
品种权号： 20180362
授权日： 2018年12月11日
授权公告号： 国家林业和草原局公告（2018年第17号）
授权公告日： 2018年12月18日
品种权人： 济南市园林花卉苗木培育中心
培育人： 李克俭、张保全、刘红权、孟清秀、孙燕、占习林、柴哲、王洪磊、张广杰、李超

品种特征特性： 该品种是在济南市园林花卉苗木培育中心自然杂交育种中选育出来的新品种，母本为济南当地的垂柳，父本为曲柳。

落叶乔木，雄株，主干曲弯，顶端优势不太明显。侧枝分枝角较大，侧枝分布均匀，小枝较细，弯弯曲曲下垂，枝条褐色。叶片披针形，弯曲，叶柄0.9cm，叶片平均长11.4cm，宽1.2cm，叶缘细锯齿状。

‘泉曲柳’与‘P102龙爪柳’性状差异如下表：

品种	侧枝分枝角	枝条姿态	叶片姿态
‘泉曲柳’	分枝角大	下垂	弯曲
‘P102 龙爪柳’	较小	不下垂	不弯曲

‘垂丝曲柳’适生范围较广，除在济南市适宜栽植外，还可在类似立地条件气温不低于-21℃的地区推广。可用于城市园林景观带、庭院、街头绿地片植或独立栽植。

‘泉曲柳’

左：‘P102龙爪柳’，右：‘泉曲柳’

澧滨天凤

（木通属）

联系人：李斌
联系方式：15311236206　国家：中国

申请日：2017年9月25日
申请号：20170529
品种权号：20180363
授权日：2018年12月11日
授权公告号：国家林业和草原局公告（2018年第17号）
授权公告日：2018年12月18日
品种权人：中国林业科学研究院林业研究所
培育人：李斌、郑勇奇、林富荣、郭文英、向明宏、王汝平

品种特征特性：‘澧滨天凤’是木质藤本，多分枝，无毛，落叶或半常绿。叶形近三角形，叶缘全缘。花单性，总状花序，雌雄同株同序，雌花着生于花序基部，雄花着生于花序上部，雌花较大，紫红色，雄花较小，淡紫色。果实长椭圆形，成熟时沿腹缝线自然裂开；成熟果实外果皮蓝紫色，质地光滑；果肉乳白色，肉质细腻甘甜。种子数量少，种皮呈黑色，埋于果肉中，果肉含量高。喜微酸至微碱性砂壤土，喜爱温暖湿润气候。花期3～4月；果实成熟期9月中下旬。适应范围广。

‘澧滨天凤’与相似品种比较性状差异如下表：

品种	叶缘	成熟果皮颜色	果实成熟期
‘澧滨天凤’	全缘	蓝紫色	9月中下旬
‘澧滨早凤’	波状锯齿	紫红色	8月中下旬

‘澧滨天凤’适应性强，适生范围广，在长江流域各地均可露地栽植，在北方冬季温度低于-10℃的地区适合大棚种植。

‘澧滨天凤’果实外观

‘澧滨天凤’叶

对照‘澧滨早凤’果实外观

‘澧滨天凤’果实与叶形态

泰加（Taiga）

（铁线莲属）

联系人：金幂（Kim）
联系方式：0031-653550808　国家：日本

申请日： 2017年10月28日
申请号： 20170551
品种权号： 20180364
授权日： 2018年12月11日
授权公告号： 国家林业和草原局公告（2018年第17号）
授权公告日： 2018年12月18日
品种权人： 落合小一郎（Koichiro Ochiai）
培育人： 宇田川正毅（Masatake Udagawa）

品种特征特性： ‘泰加’来源于铁线莲的株系×*C. integrifolia*株系。

近似品种选择同一色系的商业品种‘Vyvyan Pennell’，其与本品种的特异性如下表：

品种	花心开闭	花瓣主色	花瓣顶端形状
‘泰加’	紧闭	主色淡蓝紫、副色乳白	渐尖
‘Vyvyan Pennell’	散开	粉紫	尾尖

该品种主要采用无性的扦插繁殖方法，所以表现出很好的稳定性和一致性。经对大量植株观察测试，未发现有非典型植株；采用扦插繁殖，同一批次植株高度几乎一致，花序大小和花朵个数与立地条件有关。连续观测3年，主要性状特征表现稳定。

适宜一般温室和露地条件下栽培生产，采用常规的工厂化生产管理方式栽培即可。

‘泰加’

近似品种‘Vyvyan Pennell’

德瑞斯马拉维利亚（Driscoll Maravilla）

（悬钩子属）

联系人：辛西娅

联系方式：010-62357029　国家：美国

申请日：2017年11月3日
申请号：20170568
品种权号：20180365
授权日：2018年12月11日
授权公告号：国家林业和草原局公告（2018年第17号）
授权公告日：2018年12月18日
品种权人：德瑞斯克公司（Driscoll's, Inc.）
培育人：卡洛斯·D·费尔（Carlos D. Fear）、理查德·E·哈里森（Richard E. HARRISON）、弗雷德·M·库克（Fred M. COOK）、加文·西尔斯（Gavin SILLS）

品种特征特性：‘德瑞斯马拉维利亚’（Driscoll Maravilla）是以编号Q491.1为母本，以Q480.3为父本进行人工定向杂交选育而成。

‘德瑞斯马拉维利亚’植株半直立生长，当年生枝条数量为中，极嫩枝快速生长时有花青素显色，着色程度为中，当年生枝条表面粉状程度为强，结果类型为秋季在当年生枝条坐果，枝条刺密度为中，刺颜色为紫色，叶片为绿色，叶片为5小叶，叶片皱褶程度为中，两侧小叶相对位置为相叠，花梗无花青素显色，花大小为中，坐果枝长度为中，果实大，长宽比为相等，颜色为红色，光泽度为中，果实紧实，与果梗附着程度为中；当年生枝抽出时间为晚、开花时间为中、果实成熟时间为中、果实结果期长度为中。

‘德瑞斯马拉维利亚’适宜栽植于10～21℃冷凉的地中海气候条件生态区域。

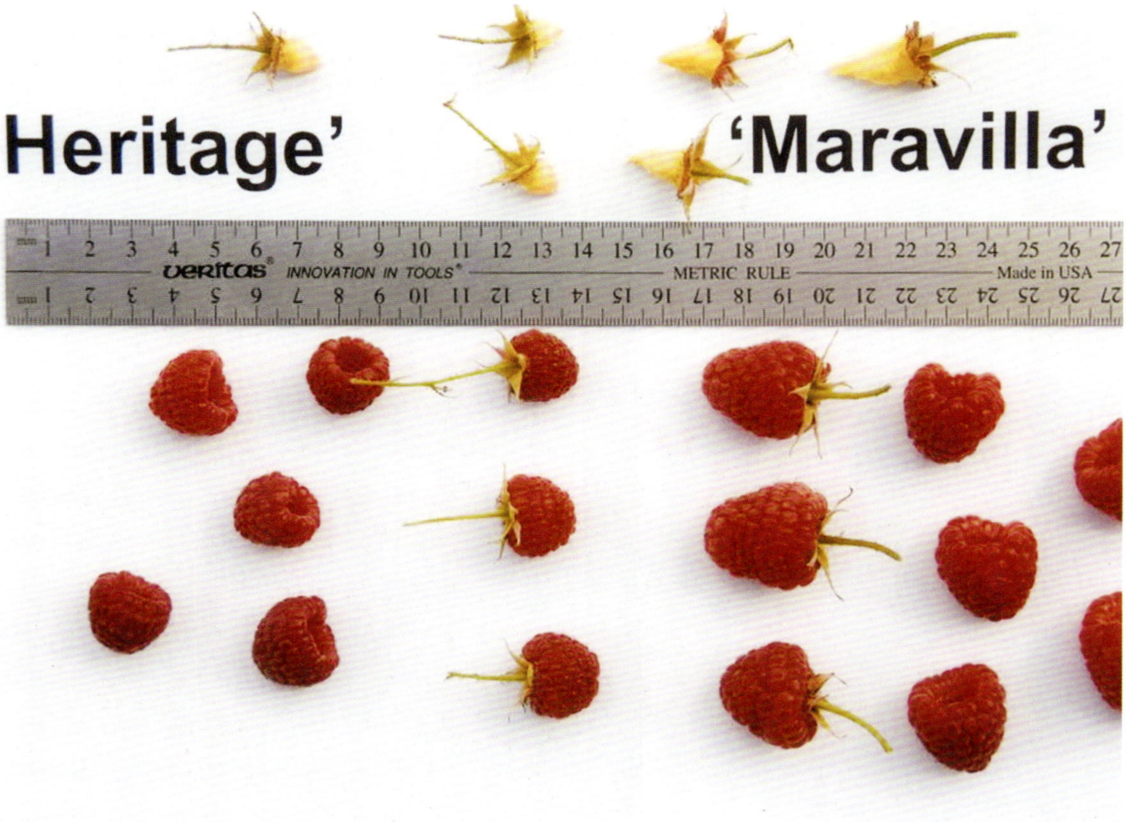

丹青

（金露梅）

联系人：郑健
联系方式：13810409711　国家：中国

申请日： 2017年11月13日
申请号： 20170578
品种权号： 20180366
授权日： 2018年12月11日
授权公告号： 国家林业和草原局公告（2018年第17号）
授权公告日： 2018年12月18日
品种权人： 北京农学院
培育人： 郑健、关雪莲、张睿鹏、胡增辉、张泽、冷平生、窦德泉

品种特征特性： ‘丹青’株型直立，株高中等；枝粗度中等，粉红色，被中等程度毛；奇数掌状复叶，小叶常7，长椭圆形，长2.0～3.0cm，宽0.8～1.0cm，叶先端急尖，叶基部偏斜，叶缘全缘、无反卷，上、下表面被疏毛，下表面侧脉凸出；托叶鞘绿色；花单生或数朵呈聚伞花序状，花梗被中等程度毛；主萼片卵状三角形，先端渐尖，副萼片椭圆形，先端渐尖；花单瓣，大小中等；花瓣近圆形，黄色，花瓣边缘部分重叠排列；果实瘦果，种子具毛，花期5月中旬至9月底，盛花期5～6月，果期9～10月。

适宜北京及与北京相近的气候和土壤条件的地区种植，常规栽培技术可使其生长良好，不需特殊养护。

好运来

（山茶属）

联系人：胡文翠
联系方式：13665879599　国家：中国

申请日：2017年11月21日
申请号：20170597
品种权号：20180367
授权日：2018年12月11日
授权公告号：国家林业和草原局公告（2018年第17号）
授权公告日：2018年12月18日
品种权人：东阳市歌山镇绿峰珍稀花卉苗木场
培育人：胡祖兰

品种特征特性：选育方法为无性系选择，2002年东阳市绿峰珍稀苗木场场主在众多茶花扦插苗中发现的一株生长速度特别快、直立性强、花朵较大的一个单株。

该品种为常绿小乔木，树势强健，直立性好，自然树冠生长均匀圆球形；花，粉红色，直径13～15cm，最大达18cm，花期12月中下旬至翌年4月下旬，无香味；叶革质，墨绿色，长椭圆形，叶先端尖形成尾状，叶长8～12cm，宽3～5cm，叶柄长5～10mm，侧脉8～9对，上下两面均能见，边缘有细锯齿，萌芽期3月中下旬，展叶期4月中下旬，成枝立强；耐高温，抗寒性强，扦插易成活，观赏性强，具有较大的园林应用潜力。

浙江省内或相似环境均可种植，该品种喜温暖湿润的气候环境，肥沃、疏松、排水良好、pH为5.5～6的土壤适合种植；一般采用扦插、嫁接的方法繁育。

太行福星

（杜鹃花属）

联系人：李志斌
联系方式：13703319706　国家：中国

申请日： 2017年11月27日
申请号： 20170611
品种权号： 20180368
授权日： 2018年12月11日
授权公告号： 国家林业和草原局公告（2018年第17号）
授权公告日： 2018年12月18日
品种权人： 石家庄市神州花卉研究所有限公司、石家庄市农林科学研究院
培育人： 白霄霞、李志斌、蒋淑磊、李振勤、张文芝、刘伟、李萍、张骁骁

品种特征特性： ‘太行福星’为常绿灌木，枝干疏密度中等，枝条舒展，株形圆满。新枝黄绿色，老枝褐色；叶片绿色，革质，长椭圆形，长7.0～14.0cm，宽3.0～5.5cm，先端渐尖，基部宽楔形，叶缘无锯齿，无睫毛，无反卷，幼叶浅绿色，后变为叶面绿色，背面浅绿色；中脉浅黄绿色，在叶面略凹下，在叶背凸起，侧脉与叶片同色，平整不明显，10～12对；叶柄扁平，长1～1.5cm；枝叶均无鳞片或毛。顶生总状球形花序，有花18～25朵；花梗长3.5～4cm；花冠漏斗形，花冠裂片淡紫色，阔椭圆形裂片5，裂片顶部圆形，裂片内有棕色的大斑点；雄蕊10，不等长，花丝粉红色或近白色，底部有白色细茸毛，花药浅棕；雌蕊长，花柱白色，无毛，柱头紫色，花期3～4月，稀见8～9月二次花。果实椭圆形。

品种	花冠裂片颜色	花冠裂片纹饰颜色	花冠裂片顶部形状
‘太行福星’	淡紫	棕色	圆形
‘珊瑚公主’	红紫	红色	波状

作为盆花栽培可适应任何地区，室外景观应用适宜湿润、凉爽的气候条件。

‘太行福星’开花盛况

‘太行福星’花朵

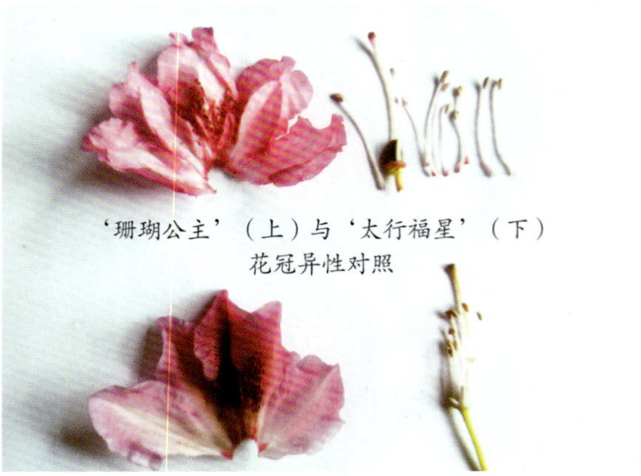

‘珊瑚公主’（上）与‘太行福星’（下）花冠异性对照

太行新星

（杜鹃花属）

联系人：李志斌
联系方式：13703319706　国家：中国

申请日： 2017年11月27日
申请号： 20170613
品种权号： 20180369
授权日： 2018年12月11日
授权公告号： 国家林业和草原局公告（2018年第17号）
授权公告日： 2018年12月18日
品种权人： 石家庄市神州花卉研究所有限公司
培育人： 李志斌、白霄霞、蒋淑磊、刘伟、李萍、张骁骁

‘太行新星’花朵

‘红河谷之星’花朵

‘太行新星’二年生苗

‘太行新星’花朵盛况

品种特征特性： 2002年由欧洲引进一批园艺栽培品种，2003年3月，在石家庄市神州花卉研究所有限公司试验基地，从品种‘红河谷之星’发现突变的母本，从中采集外植体进行组培繁育，在繁育出来的2年生‘红河谷之星’群体中发现有1株在叶片形态、叶片颜色、叶脉、叶柄颜色、花序形状、花冠颜色、裂片个数、花柱和花药颜色以及株形等多个方面与其他植株均有明显差异。2006年又从该株上取外植体进行再次组培繁育，幼苗栽培至开花后再取外植体，经过重复试验，繁育的幼苗各方面性状均与该株保持一致。

常绿灌木，枝干疏密度中等。幼叶浅绿色，后变为叶面深绿色，背面浅绿色，厚革质，长椭圆形，长11.0～18.0cm，宽4.0～7.5cm，先端渐尖，基部宽楔形，叶缘无锯齿，无睫毛，无反卷；中脉与侧脉颜色较叶片颜色浅，均为浅黄绿色，在叶面略凹下，在叶背凸起，侧脉11～16对；叶柄上部扁平，长1.5～2.5cm，新生叶柄紫红色，颜色逐渐变为不太明显的暗红色；枝叶均无鳞片或毛。顶生总状花序，较紧凑，有花15～22朵；花梗长1.5～2cm，花冠阔漏斗形，鲜红色，圆形裂片5，顶部圆形有明显小缺刻，裂片内有深红色的斑点，花冠筒内壁淡粉渐变；雄蕊10，不等长，花柱浅粉色，柱头紫色，花药为浅棕色，花柱与花丝下部均有白色茸毛。花期4～5月。果实椭圆形。

品种	花冠裂片数量	花冠筒内壁颜色	雄蕊：花药颜色
‘太行新星’	5	淡粉渐变	浅棕
‘红河谷之星’	6	红色无渐变	深棕

作为盆花栽培可适应任何地区，室外景观应用适宜湿润、凉爽的气候条件。

紫銮

（紫薇）

联系人：王晓明
联系方式：13974938264 0731-85313036 国家：中国

申请日：2017年11月29日
申请号：20170617
品种权号：20180370
授权日：2018年12月11日
授权公告号：国家林业和草原局公告（2018年第17号）
授权公告日：2018年12月18日
品种权人：湖南省林业科学院、临颍县美如画绿化工程有限公司、汝南县中原绿野农业科技有限公司
培育人：王晓明、杨保玉、张伟中、乔中全、蔡能、陈艺、曾慧杰、李永欣、刘思思、臧洪

品种特征特性：'紫銮'是申请人从种子实生苗中选育出的紫薇新品种。

'紫銮'为乔木，枝条直立，干皮褐色、脱落；小枝四棱明显、柔毛密度高、翅较短；叶片椭圆形或倒卵形，叶背柔毛密度中，叶缘没有起伏，叶片绿色（RHS 137A），叶长8.1～10.8cm、叶宽5.0～6.1cm；圆锥花序，花芽为圆锥形，绿和红相间，花芽长0.59～0.74cm、宽0.52～0.72cm，花芽缝合线较强凸起、有顶端凸起，花芽有附属物；花萼棱明显、有柔毛、长0.90～0.94cm；花色紫红色（RHSN74B），花径4.2～5.3cm，花瓣边缘褶皱，瓣爪长0.8～1.2cm、紫红色（RHS N63B）；花期6～10月；果椭圆形，长1.18～1.37cm，宽0.92～1.37cm，成熟时褐色，果期10～11月。

'紫銮'耐干旱，在我国江苏、安徽、河南、四川等地及以南的紫薇适生地区均可种植。其对土壤要求不严，但种植在肥沃、深厚、疏松的土壤中生长更健壮；喜光，略耐阴，忌涝，适宜在温暖湿润的气候条件下生长。

苍翠

（紫薇）

联系人：王晓明
联系方式：13974938264　0731-85313036　国家：中国

申请日： 2017年11月29日
申请号： 20170618
品种权号： 20180371
授权日： 2018年12月11日
授权公告号： 国家林业和草原局公告（2018年第17号）
授权公告日： 2018年12月18日
品种权人： 湖南省林业科学院、临颍县美如画绿化工程有限公司、汝南县中原绿野农业科技有限公司
培育人： 王晓明、杨保玉、张伟中、乔中全、蔡能、陈艺、曾慧杰、李永欣、刘思思、臧洪

品种特征特性： ‘苍翠’是品种权人从种子实生苗中选育出的紫薇新品种。

‘苍翠’为乔木，枝条直立，干皮褐色、脱落；小枝四棱明显、柔毛密度高、翅较短；叶片椭圆形，叶背柔毛密度中，叶缘没有起伏，叶片绿色（RHS NN137A），叶长8.0～13.7cm、叶宽5.6～6.7cm；圆锥花序，花芽为圆锥形，绿和红，花芽长0.55～0.74cm、宽0.58～0.74cm，花芽缝合线较强后果凸起、有顶端凸起，花芽有附属物；花萼棱明显、有柔毛、长0.90～0.94cm；花色紫红色（RHS74B），花径4.2～5.3cm，花瓣边缘褶皱，瓣爪长0.9～1.1cm、紫红色（RHS67A）；花期6～10月；蒴果椭圆形，0.96～1.10cm，宽0.78～0.93cm，成熟时褐色，果期10～11月。

‘苍翠’耐干旱，在我国江苏、安徽、河南、四川等地及以南紫薇适生地区均可种植。其对土壤要求不严，但种植在肥沃、深厚、疏松的土壤中生长更健壮；喜光，略耐阴，忌涝，适宜在温暖湿润的气候条件下生长。

壮竹

（槭属）

联系人：唐宇丹
联系方式：13691193595　国家：中国

申请日： 2017年12月18日
申请号： 20180003
品种权号： 20180372
授权日： 2018年12月11日
授权公告号： 国家林业和草原局公告（2018年第17号）
授权公告日： 2018年12月18日
品种权人： 中国科学院植物研究所、青岛中科景观植物产业化发展有限公司
培育人： 唐宇丹、白红彤、法丹丹、安玉来、李慧、孙雪琪、姚涓、李霞、尤洪伟、石雷

品种特征特性： 落叶乔木，生长势强，主干通直；主枝斜上伸展，分枝角度较小；树冠枝叶密度较稀疏至中等。3年生枝干表皮较光滑、微纵向纹裂，黄白色，皮孔凸起、横向；2年枝冬季表面平滑、浅灰绿色至黄白色、粗壮，皮孔较多或连接成线或片，呈现黄白色；1年生枝冬季浅灰绿色、密被白霜，皮孔密集、凸起、圆形；当年生枝夏季绿色，皮孔密度较密；幼枝花青素着色程度很弱；当年生枝中段节间长度较长。冬芽对生、卵圆形、外侧被毛，紫色，鳞片6枚、卵圆形。羽状复叶对生，3～7小叶、多5小叶，2年生苗的复叶长度27.87±1.73cm、宽度27.4±2.76cm，顶生小叶长度11.59±0.91cm、宽度9.02±1.73cm；叶厚度中等至较厚，叶柄和复叶中脉阳面紫红色、阴面绿色，基部膨大；顶生小叶片宽卵圆形，顶端渐尖，基部宽楔形、圆形或浅心形，叶缘通常具1对裂片或粗齿、波状齿；幼叶和新叶花青素着色程度弱，浅绿或绿色，偶具红色边缘，成熟叶绿或深绿色，两面光滑、近无毛。花果未见。

本品种冬季观干，干性通直，生长势和抗寒性强，适于中国的华北、东北和西北及欧洲和北美生态环境相似区域园林应用。

墨竹

（槭属）

联系人：唐宇丹
联系方式：13691193595　国家：中国

申请日：2017年12月18日
申请号：20180004
品种权号：20180373
授权日：2018年12月11日
授权公告号：国家林业和草原局公告（2018年第17号）
授权公告日：2018年12月18日
品种权人：中国科学院植物研究所、青岛中科景观植物产业化发展有限公司
培育人：唐宇丹、白红彤、李霞、安玉来、李慧、孙雪琪、姚涓、法丹丹、尤洪伟、石雷

品种特征特性：落叶乔木，生长势强，主干通直；主枝斜上伸展，分枝角度较小；树冠枝叶密度较稀疏至中等。4年生枝干表皮较光滑、微纵向纹裂，浅黄褐色；2～3年生枝冬季表面平滑、紫黑色、粗壮，皮孔较多、凸起、近白色；1年生枝冬季紫黑色，表面无毛、稀被白霜，皮孔密度较密、近白色、圆形；当年生枝夏季深绿色、紫绿色，皮孔密度中等；幼枝花青素着色程度强，多呈现紫红色或红色；当年生枝中段节间长度较长。冬芽单一对生、卵圆形、外侧被毛，紫黑色，鳞片6枚、卵圆形。羽状复叶对生，3～7小叶、多5小叶，2年生苗复叶长度23.31±1.96cm、宽度19.81±1.56cm，顶生小叶长度10.51±1.01cm、宽度8.34±1.66cm；叶厚度中等，叶柄紫红色或紫黑色，基部膨大；顶生小叶片卵圆形或长卵圆形，顶端渐尖，基部楔形、圆形或浅心形，叶缘通常具1对裂片或粗齿或重锯齿；幼叶和新叶花青素着色程度强，常呈紫红色或红色，成熟叶上表面深绿色、背面绿色，两面光滑、近无毛。花果未见。

本品种冬季观干，新梢、幼叶和新叶呈现紫红或红色，干性通直，生长势和抗寒性强，适于中国的华北、东北和西北及欧洲和北美生态环境相似区域园林应用。

翠竹

（槭属）

联系人：唐宇丹
联系方式：13691193595　国家：中国

申请日：2017年12月18日
申请号：20180006
品种权号：20180374
授权日：2018年12月11日
授权公告号：国家林业和草原局公告（2018年第17号）
授权公告日：2018年12月18日
品种权人：中国科学院植物研究所、青岛中科景观植物产业化发展有限公司
培育人：唐宇丹、白红彤、法丹丹、李慧、安玉来、李霞、李锐丽、孙雪琪、尤洪伟、石雷

品种特征特性：落叶乔木，生长势强，主干通直；主枝斜上伸展，分枝角度较小；树冠枝叶密度较稀疏至中等。4年生枝干表皮较光滑，褐绿色或灰白色；2～3年枝冬季表面平滑、浅绿色、粗壮，皮孔多、凸起、浅黄褐色；1年生枝冬季深绿色或绿色、纵向灰白色被霜形成条纹，表面无毛，皮孔密度中等、浅黄褐色、形状不规则；当年生枝夏季绿色，皮孔密度中等；幼枝花青素着色程度近无；当年生枝中段节间长度较长。冬芽单芽对生、卵圆形、紫红色，鳞片6枚、卵圆形。羽状复叶对生，3～5小叶、多5小叶，2年生苗复叶长度24.95±3.22cm、宽度22.55±3.46cm，顶生小叶长度11.49±1.41cm、宽度7.53±1.56cm；叶厚度中等，叶柄、复叶中脉紫红色或红色，基部膨大；顶生小叶片卵圆形、宽卵圆形，顶端渐尖、基部楔形、圆形或浅心形，叶缘通常具1对裂片或粗齿；幼叶和新叶花青素着色程度近无，常呈黄绿或浅绿，成熟叶两面绿色、光滑、近无毛。花果未见。

本品种冬季观干，干性通直，生长势和抗寒性强，适于中国的华北、东北和西北及欧洲和北美生态环境相似区城园林应用。

圆大硕种

（文冠果）

联系人：毕泉鑫
联系方式：18501995407　国家：中国

申请日： 2017年12月27日
申请号： 20180027
品种权号： 20180375
授权日： 2018年12月11日
授权公告号： 国家林业和草原局公告（2018年第17号）
授权公告日： 2018年12月18日
品种权人： 中国林业科学研究院林业研究所、彰武县德亚文冠果专业合作社
培育人： 王利兵、崔德石、毕泉鑫、于海燕、崔天鹏

品种特征特性： ‘圆大硕种’是文冠果种来自遴选的实生苗，种子千粒重较大，种子较圆。相对‘中石9号’，‘圆大硕种’果实背缝线凸，果实长度短，果实均单序结果数少。在2013年8月，利用芽接方法嫁接了10株，陆续观察了4年；并在2015年8月，从上述10株上采集接穗，采用同样的嫁接方式嫁接了20株。通过嫁接繁殖，无性系群体内形态特征、生长特性表现一致，个体之间没有明显差异。通过多次嫁接繁殖，不同年龄的无性系子代，其形态特征和生长特性表现与母株相同，性状遗传稳定。

此品种适合在我国北方栽植。适生区为黄土母质的山地、丘陵、沙地，不适宜排水不良的低湿地、重盐碱地、多石的山地。土层50cm以上、坡度≤25°。

悄然薄壳

（文冠果）

联系人：毕泉鑫
联系方式：18501995407　国家：中国

申请日：2017年12月27日
申请号：20180029
品种权号：20180376
授权日：2018年12月11日
授权公告号：国家林业和草原局公告（2018年第17号）
授权公告日：2018年12月18日
品种权人：中国林业科学研究院林业研究所、彰武县德亚文冠果专业合作社
培育人：毕泉鑫、崔德石、王利兵、于海燕、崔天鹏

品种特征特性：‘悄然薄壳’是文冠果种来自遴选的实生苗，果壳厚度较小，平均厚度3.00mm。在2013年8月，利用芽接方法嫁接了10株，陆续观察了4年；并在2015年8月，从上述10株上采集接穗，采用同样的嫁接方式嫁接了20株。通过嫁接繁殖，无性系群体内形态特征、生长特性表现一致，个体之间没有明显差异。通过多次嫁接繁殖，不同年龄的无性系子代，其形态特征和生长特性表现与母株相同，性状遗传稳定。

此品种适合在我国北方栽植。适生区为黄土母质的山地、丘陵、沙地，不适宜排水不良的低湿地、重盐碱地、多石的山地；土层50cm以上、坡度≤25°。

‘悄然薄壳’种子重量

‘金帝1号’种子重量

‘悄然薄壳’当年生枝条

‘金帝1号’当年生枝条

云密

（圆柏属）

联系人：张玉平
联系方式：13552604931，（010）82591641　国家：中国

申请日： 2017年12月29日
申请号： 20180049
品种权号： 20180377
授权日： 2018年12月11日
授权公告号： 国家林业和草原局公告（2018年第17号）
授权公告日： 2018年12月18日
品种权人： 北京市林业果树科学研究院
培育人： 张玉平、白金、曹均、刘国彬、潘青华、姚砚武、廖婷

品种特征特性： 1997年在北京地区调查发现，采集穗条扦插并嫁接，2005年初选优株，树形呈规则的窄圆锥状，枝条浓密，叶型多鳞叶，2006—2016年复选并扩繁无性系，继续观察其植物学性状、物候期等特性，2017年进行决选。

树冠窄圆锥形，一年生枝条生长为半直立，长势均匀，树皮灰褐色，纵裂成不规则薄片脱落或反卷。小枝圆柱形，具二型叶，刺叶和鳞叶；刺叶三叶轮生或两叶对生，长6～12mm，披针形，先端渐尖，下面有两条白色气孔带；鳞叶两叶对生或三叶轮生，长2～5mm，顶端钝尖，近披针形，腺槽位于鳞叶中部。幼树多刺叶，壮龄树和老龄树以鳞叶为主。叶色随季节不同变化明显，冬季和早春随气温降低绿色变暗，夏秋季为亮丽的绿色，雌雄同株，球果极少，花期3～4月。

适宜在京津冀地区、山东、山西、河南等地种植，喜光，喜温凉、温暖气候及湿润土壤，但在轻度盐碱地也能正常生长，耐瘠薄、适应性和抗旱抗寒能力强。

叠翠

（圆柏属）

联系人：张玉平
联系方式：13552604931，（010）82591641　国家：中国

申请日： 2017年12月29日
申请号： 20180050
品种权号： 20180378
授权日： 2018年12月11日
授权公告号： 国家林业和草原局公告（2018年第17号）
授权公告日： 2018年12月18日
品种权人： 北京市林业果树科学研究院
培育人： 曹均、张玉平、白金、刘国彬、潘青华、姚砚武、廖婷

品种特征特性： 1997年在北京地区调查发现，采集穗条扦插并嫁接，2005年初选优株，树冠呈规则的圆锥形，枝条浓密，叶型中幼龄树以刺形叶为主，2006—2016年复选并扩繁无性系，经一致性、稳定性测验和特异性观测及观察其植物学性状、物候期等特性，2017年进行决选。

树皮灰褐色，纵裂，成长条片开裂或剥离。当年生枝条圆柱形，具二型叶，鳞叶和刺叶；中幼龄树以刺叶为主，交叉对生或三叶轮生，长6～12mm，叶上面微凹，有2条白色气孔带。老龄树鳞叶和刺叶均有，鳞叶交叉对生或三叶轮生，长2～5mm，顶端钝尖，腺槽位于鳞叶中部。因主枝伸展成半直立，且生长势强于其上着生侧枝，使其生长呈现出小峰状，植株整体看上去似多个小峰层叠。叶色随季节略有不同，生长旺季黄绿色，冬季和早春绿色稍变暗。雄株，花期3～4月。

适宜在京津冀地区、山东、山西、河南等地种植，喜光，喜温凉、温暖气候及湿润土壤，但在轻度盐碱地也能正常生长，耐瘠薄、适应性和抗旱抗寒能力强。

叠翠

对照品种

粉蝶

（胡枝子属）

联系人：杨晓红
联系方式：13520553365　国家：中国

申请日：2018年1月2日
申请号：20180057
品种权号：20180379
授权日：2018年12月11日
授权公告号：国家林业和草原局公告（2018年第17号）
授权公告日：2018年12月18日
品种权人：北京农学院
培育人：杨晓红、陈晓阳、刘可心

品种特征特性：申请品种是从北京房山窦店苗圃引种栽植的美国佐治亚州的二色胡枝子植株上经过混合采种，播种育苗后再进行田间单株选择，后经扦插扩繁而成。该品种经过连续3代扦插扩繁及植株性状观测，主要具备以下性状特征：

①花朵大小方面比‘波浪’胡枝子明显偏大，也比普通的二色胡枝子明显偏大，营养生长时期的顶芽颜色比普通二色胡枝子的深，为深绿色（green group 137C）；②植株粗壮，基本不结种子，花粉也不具备活性，绝大多数果荚空瘪；③刚开放的花朵花色浅紫红色（red-purple 64D），旗瓣基部有紫红色色斑（red-purple 64B），翼瓣浅紫红色（red-purple 64D），龙骨瓣浅紫色（purple 75D），残花蓝紫色（violet-blue 90D），花序密实，景观效果好；④花期在北京地区为8月下旬至10月上旬，比‘波浪’胡枝子花期长1～2周；⑤生物量与华北二色胡枝子、‘波浪’胡枝子相同，不存在显著性差异。具备二色胡枝子的抗逆性。

该品种适合栽植在华北地区，能适应瘠薄土壤。

‘波浪’胡枝子营养生长阶段顶芽

‘粉蝶’胡枝子（左）与‘波浪’胡枝子（右）花枝及叶片比较

选育的‘粉蝶’胡枝子

紫玉

（紫薇）

联系人：王晓明
联系方式：13974938264　0731-85313036　国家：中国

申请日：2018年1月3日
申请号：20180059
品种权号：20180380
授权日：2018年12月11日
授权公告号：国家林业和草原局公告（2018年第17号）
授权公告日：2018年12月18日
品种权人：湖南省林业科学院、长沙湘莹园林科技有限公司
培育人：乔中全、王晓明、曾慧杰、李永欣、蔡能、王湘莹、刘思思

品种特征特性：‘紫玉’是品种权人从种子实生苗中选育出的紫薇新品种。

小乔木，枝条直立，干皮褐色、脱落，小枝四棱明显、柔毛密度低、翅短；叶片椭圆形、叶背柔毛密度低，叶缘有起伏，嫩叶红色；成熟叶紫红色（RHS 200A），叶长5.3～5.9cm、宽2.8～3.3cm；圆锥花序；花芽圆锥形、绿和红色、长0.87～0.93cm、宽0.59～0.70cm、缝合线中度凸起、有顶端凸起；花萼微具棱、没有密被柔毛、长1.01～1.10cm；花白色（RHS NN155D），花径3.31～4.37cm，花瓣边缘褶皱，瓣爪长0.51～0.67cm，瓣爪颜色为黄白色（RHS Yellowish White 155B）；花期6～10月；蒴果椭圆形，长0.91～1.12cm，宽0.66～0.89cm，成熟时深褐色，果期10～11月。

‘紫玉’适应性较强，较耐旱，在我国湖南、江苏、安徽、河南、湖北、四川等地及以南地区均可种植。其对土壤要求不严，但种植在肥沃、深厚、疏松的土壤中生长更健壮；喜光，略耐阴，忌涝，适宜在温暖湿润的气候条件下生长。

紫霞

（紫薇）

联系人：王晓明
联系方式：13974938264　0731-85313036　国家：中国

申请日：2018年1月3日
申请号：20180060
品种权号：20180381
授权日：2018年12月11日
授权公告号：国家林业和草原局公告（2018年第17号）
授权公告日：2018年12月18日
品种权人：湖南省林业科学院、长沙湘莹园林科技有限公司
培育人：王晓明、蔡能、李永欣、曾慧杰、乔中全、王湘莹、刘思思

品种特征特性：‘紫霞’是品种权人从种子实生苗中选育出的紫薇新品种。

小乔木，枝条直立，干皮褐色、脱落，小枝四棱明显、柔毛密度低、翅短；叶片椭圆形、叶背柔毛密度低，叶缘有起伏；成熟叶紫红色（RHS 200A），叶片大，长7.2～8.0cm、宽3.9～4.8cm；圆锥花序；花芽圆柱形、紫红色（RHS 59A）、长0.94～1.03cm、宽0.73～0.90cm、缝合线中度凸起、有顶端凸起；花萼微具棱、没有密被柔毛、长1.27～1.35cm；花紫红色（RHS 58B），花径3.57～5.00cm，花瓣边缘褶皱，瓣爪长0.49～0.60cm，瓣爪颜色为紫红色（RHS 58B）；花期6～10月；蒴果椭圆形，长1.40～1.51cm，宽1.05～1.20cm，成熟时深褐色，果期10～11月。

‘紫霞’适应性较强，较耐旱，在我国湖南、江苏、安徽、河南、湖北、四川等地及以南地区均可种植。其对土壤要求不严，但种植在肥沃、深厚、疏松的土壤中生长更健壮；喜光，略耐阴，忌涝，适宜在温暖湿润的气候条件下生长。

玲珑红

（紫薇）

联系人：王晓明
联系方式：13974938264 0731-85313036 国家：中国

申请日：2018年1月3日
申请号：20180061
品种权号：20180382
授权日：2018年12月11日
授权公告号：国家林业和草原局公告（2018年第17号）
授权公告日：2018年12月18日
品种权人：湖南省林业科学院、长沙湘莹园林科技有限公司
培育人：王晓明、曾慧杰、乔中全、李永欣、蔡能、王湘莹、刘思思

品种特征特性：‘玲珑红’是申请人从种子实生苗中选育出的紫薇新品种。

灌木，植株生长习性开展，干皮褐色、脱落，小枝四棱明显、柔毛密度低、翅短；叶片椭圆形和倒卵形、叶背柔毛密度低，叶缘无起伏，叶片绿色（RHS NN137A），叶长2.2～3.2cm、宽1.0～1.6cm；圆锥花序；花芽圆柱形、绿和红色、长0.71～0.80cm、宽0.59～0.62cm、缝合线凸起弱、无顶端凸起；花萼棱明显、没有密被柔毛、长0.97～1.12cm；花鲜红色（RHS N45B），花径3.28～4.02cm，花瓣边缘褶皱，瓣爪长0.57～0.82cm，瓣爪颜色为鲜红色（RHS N45C）；花期6～10月；蒴果椭圆形，长1.09～1.19cm，宽0.61～0.80cm，成熟时深褐色，果期10～11月。

‘玲珑红’适应性较强，较耐旱，在我国湖南、江苏、安徽、河南、湖北、四川等地及以南地区均可种植。其对土壤要求不严，但种植在肥沃、深厚、疏松的土壤中生长更健壮；喜光，略耐阴，忌涝，适宜在温暖湿润的气候条件下生长。

绚紫

（紫薇属）

联系人：杨彦伶
联系方式：13628621485　国家：中国

申请日： 2018年1月5日
申请号： 20180074
品种权号： 20180383
授权日： 2018年12月11日
授权公告号： 国家林业和草原局公告（2018年第17号）
授权公告日： 2018年12月18日
品种权人： 湖北省林业科学研究院、湖北省楚林园林绿化中心
培育人： 杨彦伶、李振芳、马林江、黄国伟、张亚东、陈华超、彭婵、王瑞文、徐红梅

品种特征特性： ‘绚紫’是2014年8月在湖北省林科院九峰试验基地，来用远缘杂交手段，以紫薇品种‘Dynamit’（*Lagerstroemia indica*）为母本，以福建紫薇（*Lagersroemia limii*）为父本进行杂交后选育得到。

灌木状，枝干半直立，萌蘖性强。2年生苗株高1.54m，冠幅1.83～1.85m，地径3.29cm。干皮棕褐色，不剥落。小枝四棱明显，微具翅。叶片椭圆形，叶片长10.1cm、宽5.3cm。花萼长0.93cm，花萼12棱明显，密被柔毛。花芽红色，圆锥形，长0.8～0.9cm、宽0.7～0.8cm，顶端微凸起，缝合线中等凸起。花序长15.8cm、宽13.4cm，每花序着花数30～89朵。花径4.5～5.0cm，花瓣上部主要颜色为深紫红色（Red-purple Group-70A），花瓣边缘褶皱明显，瓣爪紫红色，长0.6～0.7cm。花期7～9月。果椭圆形，长1.06cm，宽0.8cm，果期8～10月。

‘绚紫’在武汉于3月下旬叶片开始萌动，4月上旬展叶，花期7月下旬至9月中旬开放。果实11月中下旬成熟，11月底落叶。

适宜在紫薇适生区域种植，栽培技术与其他紫薇相同。

雅紫

（紫薇属）

联系人：杨彦伶
联系方式：13628621485　国家：中国

申请日：2018年1月5日
申请号：20180075
品种权号：20180384
授权日：2018年12月11日
授权公告号：国家林业和草原局公告（2018年第17号）
授权公告日：2018年12月18日
品种权人：湖北省林业科学研究院、湖北省太子山林场管理局
培育人：李振芳、杨彦伶、柯尊发、彭婵、鲁从平、王瑞文、黄国伟、马林江、徐红梅、陈华超

品种特征特性：‘雅紫’是2014年8月在湖北省林业科学研究院九峰试验基地，采用远缘杂交手段，以紫薇品种‘Dynamite’（*Lagerstroemia indica*）为母本，以福建紫薇（*Lagerstroemia limii*）为父本进行杂交后选育得到。

灌木状，枝干开展，萌蘖性较强。2年生苗株高1.15m，冠幅2.05m，地径2.63cm。干皮棕褐色，不剥落。小枝四棱明显，微具翅。叶片椭圆形，叶片长7.62cm、宽4.26cm。花萼长0.95cm，花萼12棱明显，密被柔毛。花芽红色、圆锥形，长0.7～0.8cm、宽0.7～0.8cm，顶端微凸起，缝合线中等凸起。花径3.5～4.0cm，花瓣上部主要颜色为淡紫红（Red purple- N74C），花瓣边缘褶皱明显，瓣爪淡紫红色，长0.6～0.8cm。花期7～9月。果椭圆形，长0.96cm，宽0.83cm，果期8～10月。

‘雅紫’在武汉于3月下旬叶片开始萌动，4月上旬展叶，花期7月下旬至9月中旬开放。果实11月中下旬成熟，11月底落叶。

适宜在紫薇适生区域种植，栽培技术与其他紫薇相同。

紫焰

（紫薇）

联系人：顾翠花
联系方式：13588317563　国家：中国

申请日：2018年1月8日
申请号：20180077
品种权号：20180385
授权日：2018年12月11日
授权公告号：国家林业和草原局公告（2018年第17号）
授权公告日：2018年12月18日
品种权人：浙江农林大学
培育人：顾翠花、沈鸿明、朱王微、薛桂芳、张晓杰、马丽、陈凯、邵蕾、王梦瑶

品种特征特性：‘紫焰’是品种权人通过实生苗单株选择育种筛选出的优良单株，由浙江农林大学培育。2015年6～8月，在位于浙江省海宁市的“浙江森城种业有限公司”的苗圃中，从‘Red Rocket’紫薇自由授粉的种子实生苗中筛选出的一株叶片黑色、叶边缘皱褶、抗病性非常强、花色红艳、花量极大的优良单株，该品种自栽培后从未感染过白粉病、煤污病等，苗圃内其他栽培品种均有感病现象。于2015年7月、2016年4月以及2017年4月，在不影响品种性状的前提下通过扦插繁殖扩大该品种个体数量，当年起性状基本保持稳定，之后经过多次反复观察，并在浙江森城种业有限公司的苗圃进行适应性栽培，其无性后代性状稳定，适应性与‘红火箭’基本一致。目前共繁殖扦插苗230株。

‘紫焰’花芽的颜色

‘Ebony Embers’花芽的颜色

‘紫焰’的单色花颜色

‘Ebony Embers’的单色花颜色

冰川红叶

（小檗属）

联系人：苑克俊
联系方式：0538-8238791　国家：中国

申请日：2018年1月11日
申请号：20180081
品种权号：20180386
授权日：2018年12月11日
授权公告号：国家林业和草原局公告（2018年第17号）
授权公告日：2018年12月18日
品种权人：石家庄市藁城区绿都市政园林工程有限公司
培育人：冀鹏飞、吕思佳、邓运川、闫子旭、冀伟、刘兵辉、张然然

品种特征特性：落叶灌木，枝丛生，枝条红褐色，有沟槽，内皮层和木质部均为黄色，刺少且有退化枯落现象；叶片紫红色，具叶柄，叶片长3～4cm，宽1～2cm，枝叶繁茂，观赏期长；总状花序，萼片6个，花黄色，花期5～6月，花量大，结果量大，果实红色，椭圆形，经冬不落；耐寒性强，可在河北各地过冬；萌蘖能力强，易于无性繁殖。

‘冰川红叶’与相似品种‘紫叶小檗’差异性状比较如下表：

品种	叶片大小	枝刺	耐寒性
‘冰川红叶’	大，3～4cm	软，越冬枯落	强
‘紫叶小檗’	小，1cm左右	硬，越冬不枯落	弱

目前在河北省石家庄市藁城区适合生长，预计可在京津冀及周边地区推广应用。‘冰川红叶’小檗适应性强，耐寒、耐旱，长势强健。喜光线充足及凉爽湿润的环境，亦耐半阴。宜栽植在排水良好的砂壤土中，对水分要求不严。

‘冰川红叶’

‘紫叶小檗’

夏华

（杏）

联系人：苑克俊
联系方式：0538-8238791　国家：中国

申请日：2018年1月12日
申请号：20180084
品种权号：20180387
授权日：2018年12月11日
授权公告号：国家林业和草原局公告（2018年第17号）
授权公告日：2018年12月18日
品种权人：山东省果树研究所
培育人：苑克俊、王培久、葛福荣、牛庆霖

品种特征特性：‘夏华’植株生长势强，树姿开张，成枝能力67%，花芽主要在花束状结果枝和一年生枝上，一年生枝阳面黄褐色，叶片长7.83cm，宽7.26cm，长度/宽度1.08，叶色中深，叶基平圆形，叶片尖端夹角中等钝角，叶尖短，叶缘尖锯齿，叶缘起伏中，叶柄长3.17cm，叶片长度/叶柄长度2.47，叶柄蜜腺2～3个，初花期中，花瓣单瓣，花径4.2，花瓣下部颜色白色，果实大小93.8g，果实圆形，果实纵径5.27cm，侧径5.65cm，横径5.39cm，纵径/横径0.98，侧径/横径1.05，果实对称，缝合线浅，梗洼深，果顶凹，无果顶尖，果皮有茸毛，果实底色黄，果实着色面积小，果实着色类型红，果实着色浅，果实着色样式斑点，果肉颜色黄，果肉质地中，果肉纤维中多，果实硬度软，果实香气中，果实汁液少，可溶性固形物含量14.1%，离核，核仁苦味无或弱，核仁大小0.97g，核仁饱满程度80%，果实成熟期中。

与近似品种‘珍珠油杏’比较，申请品种‘夏华’果实圆形、核仁苦味无或弱。适合在山东省及邻近区域种植，特别适合在背风向阳的环境中发展。

玉华

（杏）

联系人：苑克俊
联系方式：0538-8238791　国家：中国

申请日： 2018年1月12日
申请号： 20180085
品种权号： 20180388
授权日： 2018年12月11日
授权公告号： 国家林业和草原局公告（2018年第17号）
授权公告日： 2018年12月18日
品种权人： 山东省果树研究所
培育人： 苑克俊、王培久、牛庆霖、葛福荣

品种特征特性： ‘玉华’植株生长势强，树姿开张，成枝能力50%；花芽主要在花束状结果枝和一年生枝上，一年生枝阳面红褐色；叶片长9.26cm，宽8.74cm，长度/宽度1.06，叶色深绿，叶基心形，叶片尖端中等钝角，叶尖长度无或很短，叶缘尖锯齿，叶缘起伏中，叶柄长度4.90cm，叶片长度/叶柄长度1.89，叶柄蜜腺数2～3个。初花期中，花瓣单瓣，花径3.91cm，花瓣下部白色。果实大小73.4g，果实卵圆形、纵径5.69cm、侧径5.40cm、横径4.52cm中、纵径/横径1.26、侧径/横径1.19，果实对称、缝合线浅、梗洼浅，果顶尖圆，有果顶尖，果皮有茸毛，果实底色橙黄、着色面积小、着色类型红、着色样式斑点，果肉颜色橙黄、质地细腻、纤维少，果实硬度软、香气弱、汁液多、可溶性固形物含量13.7%，离核，果核卵圆形，核仁苦，核仁0.94g，核仁饱满程度80%，果实成熟期中。

与近似品种‘金太阳’比较，‘玉华’果实果顶尖圆，有果顶尖，叶片宽，叶色深绿。适合在山东省及邻近区域种植，特别适合在背风向阳、物候期较早的环境中发展。

蜀紫粉

（紫薇属）

联系人：青学刚
联系方式：13551808699　国家：中国

申请日： 2018年1月23日
申请号： 20180114
品种权号： 20180389
授权日： 2018年12月11日
授权公告号： 国家林业和草原局公告（2018年第17号）
授权公告日： 2018年12月18日
品种权人 四川冠腾科技有限公司、四川省林业科学研究院
培育人： 王莹、罗建勋、青学刚、王准、张淑晔、刘芙蓉、刘俊呈

品种特征特性： ‘蜀紫粉’小乔木，株高3.2m，冠幅1.8m，枝条半直立，干皮灰褐色，剥落；嫩枝略带红色，小枝四棱明显，翅短；叶片多为椭圆形，长4.5～6.5cm，宽3.5～4.5cm，叶脉5～7对，嫩叶略带红色，成熟后叶片呈深绿色；花蕾长0.8～1.0cm，宽0.7～0.8cm，呈球形，紫红带绿色，顶端凸起，缝合线凸起；花期6月中旬至9月中旬，花序长达18～56cm，宽13～36cm，着花数85～368；花萼长0.8～1.1cm，宽0.6～0.8cm，外面紫红带绿色，内面黄白色，裂片6，微具棱；花紫红色（64D），香味淡，花瓣边缘褶皱明显，瓣爪紫红色（64B），长0.65～0.95cm；长雄蕊6，长1.8～2.0cm，短雄蕊30～35，长1.0～1.5cm；雌蕊长2.0～2.1cm，花柱紫红色，柱头绿褐色，子房圆形，光滑，黄白色；果实圆形，长1.0～1.2cm，宽0.8～1.1m，褐色。在四川盆地丘陵地区于3月上旬萌芽，6月中旬为始花期，7～8月为盛花期，9月中旬为末花期。

该品种观赏价值高、品质优良、遗传性状稳定、适应性强，适宜在四川省盆地低山丘陵区海拔300～800m的地区栽植。

‘蜀紫粉’

‘温江大红’

雾灵野果

（山楂属）

联系人：赵玉亮
联系方式：15354048848　国家：中国

申请日： 2018年1月30日
申请号： 20180121
品种权号： 20180390
授权日： 2018年12月11日
授权公告号： 国家林业和草原局公告（2018年第17号）
授权公告日： 2018年12月18日
品种权人： 赵玉亮
培育人： 赵玉亮、耿金川、任建武、陆凤勤、毕振良、梁义春、夏文作、陆明辉、张永军、郭晨丰

品种特征特性： 乔木、半直立，树冠椭圆形。一年生枝长、粗度中，节间长度中，灰白色，二年生枝灰白巴。叶片绿巴，叶形指数0.92，三角状卵形，深裂，幼叶绿色，叶片无茸毛，叶缘锯齿粗锐，叶基宽楔形，叶柄长度长，托叶阔镰刀形。复伞房花序，花序花朵数中，花瓣为单瓣，圆形，白色，花药粉红色，化梗茸毛无或近无，每花序坐果中。果实近圆形、大、纵径长，横径宽，果形指数0.88，果皮红色，果点大、多、灰白色，果面粗糙，梗基平滑，梗洼广浅，萼洼开，萼筒U形，萼片舌形，开张反卷。果实风味酸、苦，果肉致密、橙黄色。

品种	果肉颜色	果肉风味	果实大小	叶片形状	枝条颜色
‘雾灵野果’	橙黄色	酸带苦	大	深裂	灰白
‘燕瓤红’	粉色	—	—	中裂	红褐
‘秋金星’	粉色	酸带甜	小	—	—

‘雾灵野果’果实（上）与本地‘秋金星’山楂果实（下）大小对照

黄金乙

（乌桕属）

联系人：陈岗
联系方式：0571-28931966　国家：中国

申请日：2018年2月5日
申请号：20180123
品种权号：20180391
授权日：2018年12月11日
授权公告号：国家林业和草原局公告（2018年第17号）
授权公告日：2018年12月18日
品种权人：浙江森禾集团股份有限公司、浙江森禾环境工程有限公司、浙江省林业科学研究院
培育人：郑勇平、王春、柳新红、李因刚、顾慧、尹庆平、陈岗、刘丹丹、杨家强

品种特征特性：落叶乔木，各部均无毛而具有乳汁。树皮暗灰色，有纵裂纹；枝扩展，具皮孔。花单性，雌雄同株，聚生成顶生、长6～12cm的总状花序。蒴果梨状球形，成熟时黑色；种子扁球形，黑色，外被白色、蜡质的假种皮。

该品种秋叶表面颜色深黄色，叶尖形态为突尖，叶片长宽比例约等于1；对照品种秋叶表面颜色黄色，叶尖形态为短尾尖，叶片长宽比例大于1。

该品种在乌桕自然分布的区域均能生长，主要栽培区为长江流域及其以南各地，如浙江、湖北、四川、贵州、安徽、云南、江西、福建以及河南省的淮河流域地区。

夏日舞娘

（紫薇）

联系人：朱王微
联系方式：18267381243　国家：中国

申请日：2018年2月5日
申请号：20180124
品种权号：20180392
授权日：2018年12月11日
授权公告号：国家林业和草原局公告（2018年第17号）
授权公告日：2018年12月18日
品种权人：浙江森城种业有限公司
培育人：沈鸿明、薛桂芳、朱王微、张晓杰、顾敏洁、李庄华、张成燕、顾翠花

品种特征特性：‘夏日舞娘’是品种权人通过籽播苗单株选择育种发现的红色紫薇优良单株，低矮灌木，适宜做盆栽观赏或者园林地被花木。经过2年的性状观察和扦插繁殖，认为这是一遗传稳定的优良株系。

‘夏日舞娘’为小灌木，植株开展，属于低矮类型灌木，2年生苗株高30cm，冠幅40cm；干皮褐色，小枝红色，四棱明显、翅短，柔毛密度中；叶片长2.50～2.60cm，宽0.80～1.00cm，披针形，叶片绿色；花蕾圆锥形，绿和红，长0.70cm，宽0.60～0.70cm；花萼长0.8～0.9cm，宽1.00～1.10cm，微具棱；花径3.40～3.50cm，花红色（RHS Strong Red 53C），花瓣长1.50～1.60cm，宽1.10～1.20cm，瓣爪长0.7cm，颜色同花色。花期6～10月，果实圆形，长0.72～0.80cm，宽0.70～0.73cm，果期10～11月。

适宜在江苏、安徽、河南、湖北、四川等地及以南地区种植。

红贵妃

（紫薇）

联系人：朱王微
联系方式：18267381243　国家：中国

申请日： 2018年2月5日
申请号： 20180125
品种权号： 20180393
授权日： 2018年12月11日
授权公告号： 国家林业和草原局公告（2018年第17号）
授权公告日： 2018年12月18日
品种权人： 浙江森城种业有限公司
培育人： 沈鸿明、沈劲余、张晓杰、王金凤、朱王微、薛桂芳、朱雪娟、顾翠花

品种特征特性： ‘红贵妃’是品种权人通过籽播苗单株选择育种发现的红色紫薇优良单株，经过2年的性状观察和扦插繁殖，认为这是一遗传稳定的优良株系。

‘红贵妃’为直立灌木，2年生苗株高60cm，冠幅40cm；小枝四棱明显、翅短，微被柔毛；叶片长4.30～4.70cm，宽2.40～2.50cm，卵形，叶背微被柔毛，叶绿色；花蕾圆锥形，长0.70～0.80cm，宽0.70～0.75cm，绿和红色；花萼长0.70～0.80cm，宽1.20～1.30cm，微具棱；花径3.80～4.20cm，花红色（RHS 53B），花瓣长1.60～1.70cm，宽1.50～1.60cm，瓣爪长0.60cm，颜色同花色。花期6～10月，果实圆形，长0.90～1.06cm，宽0.72～0.85cm，果期10～11月。

适宜在江苏、安徽、河南、湖北、四川等地及以南地区种植。

巧克力

（紫薇）

联系人：朱王微
联系方式：18267381243　国家：中国

申请日： 2018年2月5日
申请号： 20180126
品种权号： 20180394
授权日： 2018年12月11日
授权公告号： 国家林业和草原局公告（2018年第17号）
授权公告日： 2018年12月18日
品种权人： 浙江森城种业有限公司
培育人： 沈鸿明、沈劲余、朱王微、陈卓梅、薛桂芳、张晓杰、顾敏洁、顾翠花

品种特征特性： ‘巧克力’是品种权人通过实生苗单株选择育种筛选出的优良单株，该品种新叶色泽接近于巧克力的色彩，开花为紫红色，适宜作花境边缘绿化与盆栽品种观赏。经过2年的性状观察和扦插繁殖，认为这是一遗传稳定的优良株系。

‘巧克力’为低矮小灌木，半直立，植株形状为球形，2年生苗株高30cm，冠幅40cm；干皮褐色，小枝红色，四棱明显，具短翅，小枝柔毛中；叶片长3.50～3.70cm，宽1.70～1.80cm，卵形，叶片颜色为灰色（RHS200A），与巧克力色彩接近，叶缘起伏，叶背密被柔毛程度低；花萼长0.80～0.90cm，宽1.20～1.30cm，微具棱；花径3.30cm，花紫红（RHS 60C），花瓣长1.30～1.40cm，宽0.80～0.90cm，瓣爪长0.30～0.40cm，颜色同花色。花期6～10月，果实圆形，长0.72～0.80cm，宽0.70～0.73cm，果期10～11月。

适宜在江苏、安徽、河南、湖北、四川等地及以南地区种植。

午夜

（紫薇）

联系人：朱王微
联系方式：18267381243　国家：中国

申请日：2018年2月5日
申请号：20180127
品种权号：20180395
授权日：2018年12月11日
授权公告号：国家林业和草原局公告（2018年第17号）
授权公告日：2018年12月18日
品种权人：浙江森城种业有限公司
培育人：沈鸿明、朱王微、薛桂芳、张晓杰、顾敏洁、李庄华、张成燕、顾翠花

品种特征特性：‘午夜’是品种权人从实生苗单株选择育种筛选出的一个深紫色叶片、开花繁茂的红花紫薇优良单株，经过2年的性状观察和扦插繁殖，认为这是一遗传稳定的优良株系。

‘午夜’为直立型低矮灌木，2年生苗株高60cm，冠幅40cm，小枝四棱明显，翅短，叶片长4.3～4.7cm，宽2.1～2.5cm，呈椭圆形，叶色为灰紫（RHS N186A）；花芽圆锥形，顶端凸起，无附属物，长0.6～0.7cm，宽0.6～0.7cm，灰紫（RHS 187C）；花萼长0.8～0.9cm，宽1.1～1.2cm，微具棱；花径3.2～3.4cm，花红色（RHS54A），花瓣长1.5～1.6cm，宽1.1～1.3cm，瓣爪长0.5～0.6cm，紫红（RHS58A）。花期6～10月，果实椭圆形，长0.71～0.75cm，宽0.68～0.72cm，果期10～11月。

适宜在江苏、安徽、河南、湖北、四川等地及以南地区种植。

馨香

（木瓜属）

联系人：刘若森
联系方式：13856861664　国家：中国

申请日： 2018年2月9日
申请号： 20180150
品种权号： 20180396
授权日： 2018年12月11日
授权公告号： 国家林业和草原局公告（2018年第17号）
授权公告日： 2018年12月18日
品种权人： 刘若森、利辛县东方美景园林绿化工程有限公司
培育人： 刘若森、李振顶、陆侠、刘士安、袁春虎、王启英、解士涛、任太行、施晓燕、张敬涛、戴翠荣、龚义玲

品种特征特性： 小乔木，树皮片状剥落。不具枝，2年生枝无疣点，幼枝被柔毛，幼枝黄绿色。幼叶黄绿色，被柔毛，叶片长度中，叶片形状椭圆形，叶缘锐锯齿。花着生方式单生，繁密程度稀疏，花色变异单色，花色（仅适于单色品种）粉红色，重瓣性（花瓣型）单瓣，花形碗形，盛花期花径小，花瓣形状圆勺形，花瓣平展，瓣爪长度短，花丝颜色黄白色，雄蕊无瓣化，萼筒形状圆柱形，花梗长度短。容易结实，果实卵圆形、不具棱脊，果面不规则凸起，果实干燥后不皱缩，果实大。种子不发育。

品种特异性：果面有不规则凸起，种子不发育。

品种一致性：本品种采用嫁接繁殖的方式，所有嫁接苗均表现出新品种特性，性状表现一致，具有极高的一致性。

品种稳定性：经过多年的栽培试验，所有通过嫁接获得植株无退化现象，具有极高的稳定性。

适于种植在山东、陕西、安徽、江苏、浙江、江西、湖北、广东、广西等地。喜光喜温暖，有一定耐寒性，要求土壤排水良好，不耐盐碱和低湿地。

‘馨香’　　‘玉兰’

浦大紫

（乌桕属）

联系人：李因刚
联系方式：0571-87798027　国家：中国

申请日： 2018年2月28日
申请号： 20180156
品种权号： 20180397
授权日： 2018年12月11日
授权公告号： 国家林业和草原局公告（2018年第17号）
授权公告日： 2018年12月18日
品种权人： 浙江省林业科学研究院、浙江森禾集团股份有限公司
培育人： 李因刚、柳新红、郑勇平、蒋冬月、刘丹丹、石从广、杨少宗

品种特征特性： ‘浦大紫’株形卵形，生长势中等。树皮灰色，有纵裂纹；分枝斜展，具皮孔。叶片螺旋状互生，叶片形状宽圆且大；叶长（8.21±1.04cm）中等、叶宽（9.15±0.74cm）较宽，长宽比<1，叶片最宽部位在叶片中部；叶片纸质，全缘，上表面叶脉平铺；叶尖尾尖或突尖，叶基圆形；叶柄长度长，为8.43±1.56cm。秋季叶片颜色为紫色，下表面浅绿色。

本品种适宜种植的区域为长江中下游平原与浙北北亚热带湿润区，包括湖北、安徽、江苏等3省的南部，湖南、江西、浙江等3省的北部及上海全境。

岗山正红

（槭属）

联系人：冯美岭
联系方式：18810792565　国家：中国

申请日： 2018年3月6日
申请号： 20180166
品种权号： 20180398
授权日： 2018年12月11日
授权公告号： 国家林业和草原局公告（2018年第17号）
授权公告日： 2018年12月18日
品种权人： 王立彬
培育人： 王立彬、石华

品种特征特性： ‘岗山正红’为落叶乔木，高达8m。树冠整齐而浓密；树皮粗糙，灰褐色，不裂。单叶对生；叶柄长达3cm以上，密生白茸毛；叶片圆形，径6～12cm，基部广深心形，边缘为内向锐尖弯重锯齿；掌状9～11中裂，裂片披针状长椭圆形，先端长渐尖。伞房花序，具长梗；花杂性，同株，后于叶开放，花梗紫色，无毛；萼片5，紫色，长圆形，长4～5mm，宽1.5mm，花瓣5，卵形，黄色，长约4mm，宽约3mm；翅果褐色，长约2.5cm；果梗红褐色，长约1.5cm；小坚果凸出，呈长卵圆形，生有微毛，宽约9mm，具疏脉纹；翅长约1.6cm，宽约7mm，开展近90°左右，翅脉整齐。花期5～6月，果期9月。

该品种在紫花槭自然分布区域内均能生长。

该品种以嫁接繁殖。嫁接以2年生实木苗做砧木，选取母树上生长健壮、树冠中上部的当年生枝条做接穗，4月下旬用切腹接法，成活率可达80%以上。

启运红

（槭属）

联系人：冯美岭
联系方式：18810792565　国家：中国

申请日： 2018年3月6日
申请号： 20180167
品种权号： 20180399
授权日： 2018年12月11日
授权公告号： 国家林业和草原局公告（2018年第17号）
授权公告日： 2018年12月18日
品种权人： 王立彬
培育人： 王立彬、石华

品种特征特性： ‘启运红’为落叶乔木，高达15～20m，树皮粗糙，常纵裂，灰色，稀深灰色或灰褐色。小枝细瘦，光毛，当年生枝绿色或紫绿色，多年生枝灰色或淡灰色，具圆形皮孔。叶纸质，基部截形或近于心脏形，叶片的外貌近于椭圆形，常5裂，有时3裂及7裂的叶生于同一树上；裂片卵形，先端锐尖或尾状锐尖，全缘，裂片间的凹缺常锐尖，深达叶片的中段，主脉5条，在上面显著，在下面微凸起，侧脉在两面均不显著；叶柄长4～6cm，细瘦，无毛。花多数，雄花与两性花同株，多数常成无毛的顶生圆锥状伞房花序，花的开放与叶的生长同时；翅果嫩时紫绿色，成熟时淡黄色；小坚果压扁状；翅长圆形，宽5～10mm，连同小坚果长2～2.5cm，张开成锐角或近于钝角。花期5月，果期9月。

该品种在自然分布的东北、华北均可生长。

该品种以嫁接繁殖。嫁接以一年生实木苗做砧木，选取母树上生长健壮、树冠中上部的当年生枝条做接穗，4月份用切腹接法，成活率可达80%以上。芽接宜在8月上旬进行。

‘色木槭’

‘启运红’

岗山正黄

（槭属）

联系人：王立彬
联系方式：13154133012　国家：中国

申请日：2018年3月6日
申请号：20180169
品种权号：20180400
授权日：2018年12月11日
授权公告号：国家林业和草原局公告（2018年第17号）
授权公告日：2018年12月18日
品种权人：王立彬
培育人：王立彬、石华

品种特征特性：‘岗山正黄’为紫花槭新品种。落叶乔木，高达8m。树冠整齐而浓密；树皮粗糙，灰褐色，不裂。单叶对生；叶柄长达3cm以上，密生白茸毛；叶片圆形，径6～12cm，基部广深心形，边缘为内向锐尖弯重锯齿；掌状9～11中裂，裂片披针状长椭圆形，先端长渐尖。花期5～6月，果期9月。

‘岗山正黄’秋叶正面、背面均为黄色。属无性系，嫁接繁殖，观察的20株繁殖后代性状没有变异，具一致性。该品种经多代嫁接繁殖后，性状表现稳定，具备稳定性。

该品种在紫花槭自然分布区域内均能生长。

紫华梦幻

（槭属）

联系人：王立彬
联系方式：13154133012　国家：中国

申请日： 2018年3月6日
申请号： 20180170
品种权号： 20180401
授权日： 2018年12月11日
授权公告号： 国家林业和草原局公告（2018年第17号）
授权公告日： 2018年12月18日
品种权人： 王立彬
培育人： 王立彬、石华

品种特征特性： ‘紫华梦幻’为落叶乔木，高达8m。树冠整齐而浓密；树皮粗糙，灰褐色，不裂。单叶对生；叶柄长达3cm以上，密生白茸毛；叶片圆形，径6～12cm，基部广深心形，边缘为内向锐尖弯重锯齿；掌状9～11中裂，裂片披针状长椭圆形，先端长渐尖翅果褐色，长约2.5cm；果梗红褐色，长约1.5cm；小坚果凸出呈长卵圆形，生有微毛，宽约9mm，具疏脉纹。花期5～6月，果期9月。

‘紫华梦幻’秋叶正面为紫罗兰色，背面为绿紫色。枝条为紫红色。属无性系，嫁接繁殖，观察的20株繁殖后代性状没有变异，经多代嫁接繁殖后，性状表现稳定，具备一致性与稳定性。

该品种在紫花槭自然分布区域内均能生长。

兴甫富贵杨

（杨属）

联系人：王晓铎
联系方式：13844271985　国家：中国

申请日： 2018年3月29日
申请号： 20180185
品种权号： 20180402
授权日： 2018年12月11日
授权公告号： 国家林业和草原局公告（2018年第17号）
授权公告日： 2018年12月18日
品种权人： 王晓铎
培育人： 王兴甫、王晓铎

品种特征特性：‘兴甫富贵杨’树干通常端直；树皮光滑或纵裂，常为灰白色。2012—2017年利用扦插的方式扩繁至8万株，‘兴甫富贵’杨，叶片金黄，叶缘呈齿状，有光泽，叶柄呈红色，叶背浸出微量粉红色粉末，性状稳定，有良好的耐寒性、耐旱性及抗瘠薄性。

品种	叶柄	叶片	浸粉
‘小城黑杨’	绿色	绿色	无
‘兴甫富贵杨’	红色	黄色	有

分布北半球温带、寒温带森林树种，北纬22°～70°，从低海拔到4800m。在中国分布范围跨北纬25°～53°，东经76°～134°，遍及东北、西北、华北和西南等地。

叶片对比：‘兴甫富贵杨’为黄色、黑杨为绿色

宁林鲜

（核桃属）

联系人：张俊佩
联系方式：010 62889677　国家：中国

申请日：2018年4月2日
申请号：20180204
品种权号：20180403
授权日：2018年12月11日
授权公告号：国家林业和草原局公告（2018年第17号）
授权公告日：2018年12月18日
品种权人：中国林业科学研究院林业研究所、洛宁县先科树木改良技术研究中心
培育人：张俊佩、宋晓波、徐慧敏、马庆国、徐虎智

品种特征特性：'宁林鲜'核桃树势强，树姿半开张。一年生枝黄绿色，多年生枝灰白色，皮孔稀疏，长圆形。叶为奇数羽状复叶，复叶平均长度46cm，小叶数5～7片，多7片，叶缘全缘，成熟叶表面无茸毛，叶面平展，背面黄绿色，较光洁；'宁林鲜'为雌先型类型。雌花序顶生，每雌花序着生1～3朵雌花，柱头黄绿色，2裂，呈羽状反曲；雄花长10～13cm，每花序有小花100朵以上，花被3～6裂，被腺毛，每小花有雄蕊15～20个，花丝极短，花药黄色；顶芽圆锥形、腋芽圆形。

在河南省洛阳市'宁林鲜'核桃萌芽期在3月25日左右，展叶期为4月8～16日；春梢生长期4月16日，新梢停长期5月8日；雌花始花期为4月8日，盛花期4月15日，末花期4月20日；雄花花期为4月18～25日，雄花量较少；果实膨大期5月初至6月初，果实成熟期7月底至8月初；落叶期11月上旬。

适宜在华东、华北和西北核桃适宜区域栽植，栽培技术与其他核桃相同。

中洛繁星

（核桃属）

联系人：裴东

联系方式：010 62889624　国家：中国

申请日：2018年4月2日
申请号：20180205
品种权号：20180404
授权日：2018年12月11日
授权公告号：国家林业和草原局公告（2018年第17号）
授权公告日：2018年12月18日
品种权人：中国林业科学研究院林业研究所、洛宁县先科树木改良技术研究中心
培育人：裴东、徐虎智、宋晓波

品种特征特性：'中洛繁星'树姿直立，萌芽力、成枝力强。当年生新梢黄绿色，皮孔圆形、凸起、分布较密。一年生枝条呈褐色，表皮较光滑。奇数羽状复叶，小叶19～23枚、黄绿色、披针形，叶尖渐尖、叶基偏斜。雄先型，雄花长4～6cm，每花序有小花50朵以上，花被3～6裂，被腺毛，每小花有雄蕊15～20个。短果枝结果为主，单枝结果3～4果，偶有5果。坚果圆球形，纹理整齐美观，壳骨质坚硬，缝合线紧密不明显。

'中洛繁星'在河南省洛宁地区萌芽期3月下旬，展叶期4月上旬，4月下旬至5月下旬为新梢速生期。雄花初期4月中旬，雄花盛期4月下旬；雌花初期4月中下旬，雌花盛期4月底至5月初。果实膨大期5月下旬至6月下旬，果实成熟期8月下旬。落叶期11月中旬。

适宜在河南、河北和北京等地进行栽植，栽培技术与核桃相同。

青龙竹

（刚竹属）

联系人：王海霞
联系方式：13870083136　国家：中国

申请日： 2018年6月9日
申请号： 20180309
品种权号： 20180405
授权日： 2018年12月11日
授权公告号： 国家林业和草原局公告（2018年第17号）
授权公告日： 2018年12月18日
品种权人： 江西省林业科学院
培育人： 王海霞、程平、曾庆南、彭九生、余林、高伟

'青龙竹'

'曲秆毛竹'

品种特征特性： '青龙竹'秆高达15m、胸径达13cm，全秆呈S形弧状弯曲，弧弯1～4个、弧长1～4m，节间长不均匀，外弧长于内弧，弧弯处竹秆横截面呈椭圆至圆状、秆壁厚长轴处大于短轴处0.1～0.3cm。鞘背面黄褐色或紫褐色，具褐色斑点，密生棕色刺毛；箨耳小，繸毛发达；箨舌隆起，边缘具粗长纤毛；箨叶绿色，长三角至披针形。小枝具2～4叶，叶耳不明显，鞘口口有繸毛；叶舌隆起；叶片长4～11cm、宽0.5～1.2cm，下表面基部沿中脉两侧被灰白色短柔毛，次脉3～6对。笋期4月。

青龙竹竹是广域分布的毛竹林中选育出来的一个品种，通过连续6年对青龙竹和毛竹生物学特性的对比观察研究和引种试验，结果表明，引种青龙竹与原产地青龙竹在遗传特性和生物学特性等方面高度一致，生物学特性与毛竹相似。

相似品种名称	相似品种特征	授权品种特征
'曲秆毛竹'	竹秆：中部以下之字形弯曲	全秆呈 S 形弯曲
	节间长：相等	不均匀，外弧长于内弧
	秆横截面：呈近圆状	椭圆至圆状 长轴处大于短轴处 0.1 ～ 0.3cm。

通过原产地和多个引种地多年、多点的观察，原产地和引种地的青龙竹新竹均一致保持了竹秆弯曲的品种特性，认为青龙竹竹秆弯曲的特性可以稳定遗传。

适宜于毛竹分布区种植（秦岭、汉水流域至长江流域以南地区，海拔1000m以下山地），以温暖湿润的气候为宜，不耐积水。栽培技术与毛竹相同，以无性繁殖为主。

附 表

序号	品种权号	品种名称	属（种）	品种权人	培育人	申请号	申请日	授权日
1	20180001	粉玉	蔷薇属	云南锦苑花卉产业股份有限公司、石林锦苑康乃馨有限公司	倪功、曹荣根、李飞鹏、杜福顺、田连通、白云评、乔丽婷、阳明祥	20110123	2011-11-10	2018-6-15
2	20180002	圣洁	蔷薇属	通海锦海农业科技发展有限公司	董春富、毕立坤、胡颖	20130103	2013-7-29	2018-6-15
3	20180003	满园红	蔷薇属	云南鑫海汇花业有限公司、云南省农业科学院花卉研究所	朱应雄、张应红、张颢、蹇洪英、唐开学、骆礼宾、张婷、张绍宏、陈敏、周宁宁、王其刚	20140010	2014-1-7	2018-6-15
4	20180004	杰施 - 科沃 8（JFS-KW8）	槭属	杰 · 弗兰克 · 施密特父子有限公司 (J. Frank Schmidt & Son Co.)	基思 · 沃伦（Keith S.Warren）	20140042	2014-3-7	2018-6-15
5	20180005	杰施 - 科沃 202（JFS-KW202）	槭属	杰 · 弗兰克 · 施密特父子有限公司 (J. Frank Schmidt & Son Co.)	基思 · 沃伦（Keith S.Warren）	20140043	2014-3-19	2018-6-15
6	20180006	紫馨	紫薇	华中农业大学、武汉市农业科学院	叶要妹、童俊、陈法志、段丽君、周媛、陈放、袁玮、李国瑞、董艳芳、徐冬云	20140066	2014-5-15	2018-6-15
7	20180007	银蝶	紫薇	武汉市农业科学院、华中农业大学	童俊、陈法志、叶要妹、段丽君、周媛、董艳芳、袁玮、陈放、李国瑞、郭彩霞	20140067	2014-5-15	2018-6-15
8	20180008	杂早 2 号	板栗	河北省农林科学院昌黎果树研究所	王广鹏、张树航、刘庆香、李颖、孔德军、高丽娟、李海山	20140098	2014-6-23	2018-6-15
9	20180009	鸿业榆	榆属	辛集市美人榆农副产品有限公司	黄印冉、张均营、黄印朋、黄钤彤、黄晓旭、黄锡军	20140111	2014-7-15	2018-6-15
10	20180010	公主梦	蔷薇属	云南省农业科学院花卉研究所	周宁宁、王其刚、唐开学、蹇洪英、陈敏、晏慧君、邱显钦、张婷、张颢	20140149	2014-9-1	2018-6-15
11	20180011	童话	蔷薇属	中国农业大学、北京纳波湾园艺有限公司	俞红强、金茂勇、游捷、王波、王勋曜、张娟、张炜俊、王佳鹿	20140176	2014-10-28	2018-6-15
12	20180012	海涛杨	杨属	北京林业大学	邬荣领、王忠、薄文浩、徐放、姜立波	20140210	2014-11-24	2018-6-15
13	20180013	云食 1 号	蔷薇属	云南鑫海汇花业有限公司、云南省农业科学院花卉研究所	朱应雄、晏慧君、李淑斌、王其刚、张应红、骞洪英、吴旻、骆礼宾、张婷、唐开学	20140212	2014-11-28	2018-6-15
14	20180014	恋人	蔷薇属	云南锦苑花卉产业股份有限公司	倪功、曹荣根、田连通、白云评、乔丽婷、何琼、阳明祥	20140232	2014-12-6	2018-6-15
15	20180015	海华沙 1（Hiawatha 1）	槭属	杰 · 弗兰克 · 施密特父子有限公司 (J. Frank Schmidt & Son Co.)	基思 · 沃伦（Keith S.Warren）	20150034	2015-3-5	2018-6-15
16	20180016	皇锦杉	红豆杉属	中南林业科技大学、新宁县基伟红豆杉种植专业合作社	曹基武、刘春林、彭继庆、董旭杰、杨涛、曹基伟	20150088	2015-5-11	2018-6-15
17	20180017	炎欢 3 号	木通属	长沙炎农生物科技有限公司	王中炎、彭俊彩、蔡金术、王中兵、蔡志红	20150099	2015-5-30	2018-6-15

序号	品种权号	品种名称	属（种）	品种权人	培育人	申请号	申请日	授权日
18	20180018	瑞普 0306d（Ruipe0306d）	蔷薇属	迪瑞特知识产权公司（De Ruiter Intellectual Property B.V.）	汉克·德·格罗特 (H.C.A. de Groot)	20150166	2015-8-28	2018-6-15
19	20180019	瑞普 0306b（Ruipe0306b）	蔷薇属	迪瑞特知识产权公司（De Ruiter Intellectual Property B.V.）	汉克·德·格罗特 (H.C.A. de Groot)	20150167	2015-8-28	2018-6-15
20	20180020	瑞姆普莱 0002（Ruimpl0002）	蔷薇属	迪瑞特知识产权公司（De Ruiter Intellectual Property B.V.）	汉克·德·格罗特 (H.C.A. de Groot)	20150175	2015-9-6	2018-6-15
21	20180021	瑞普赫 0105a（Ruiph0105a）	蔷薇属	迪瑞特知识产权公司（De Ruiter Intellectual Property B.V.）	汉克·德·格罗特 (H.C.A. de Groot)	20150177	2015-9-6	2018-6-15
22	20180022	瑞普赫 0132a（Ruiph0132a）	蔷薇属	迪瑞特知识产权公司（De Ruiter Intellectual Property B.V.）	汉克·德·格罗特 (H.C.A. de Groot)	20150178	2015-9-6	2018-6-15
23	20180023	瑞普赫 0416A（Ruiph0416A）	蔷薇属	迪瑞特知识产权公司（De Ruiter Intellectual Property B.V.）	汉克·德·格罗特 (H.C.A. de Groot)	20150179	2015-9-6	2018-6-15
24	20180024	瑞普赫 0441a（Ruiph0441a）	蔷薇属	迪瑞特知识产权公司（De Ruiter Intellectual Property B.V.）	汉克·德·格罗特 (H.C.A. de Groot)	20150181	2015-9-6	2018-6-15
25	20180025	擎天	紫薇	河南名品彩叶苗木股份有限公司	王华明、石海燕、王秀娟、邵明丽、王华昭、袁向阳、崔晓琦、牛文梅、郑芳、贾涛、王丽青、祁峰、闫魁、孟庆明、曹倩、仪楠	20150193	2015-9-21	2018-6-15
26	20180026	瑞普德 0210A（RUIPD0210A）	蔷薇属	迪瑞特知识产权公司（De Ruiter Intellectual Property B.V.）	汉克·德·格罗特 (H.C.A. de Groot)	20150219	2015-10-14	2018-6-15
27	20180027	瑞普格 0002A（RUIPG0002A）	蔷薇属	迪瑞特知识产权公司（De Ruiter Intellectual Property B.V.）	汉克·德·格罗特 (H.C.A. de Groot)	20150220	2015-10-14	2018-6-15
28	20180028	瑞普吉 0126A（RUIPJ0126A）	蔷薇属	迪瑞特知识产权公司（De Ruiter Intellectual Property B.V.）	汉克·德·格罗特 (H.C.A. de Groot)	20150223	2015-10-14	2018-6-15
29	20180029	桔月	蔷薇属	北京市园林科学研究院	周燕、冯慧、巢阳、王茂良、丛日晨、卜燕华、李纳新、范莉娟	20150229	2015-10-26	2018-6-15
30	20180030	翡翠	蔷薇属	李林、云南省农业科学院花卉研究所	王其刚、李林、张颢、唐开学、陈敏、晏慧君、张婷、周宁宁	20150239	2015-11-11	2018-6-15
31	20180031	新叶 1 号	核桃属	新疆林业科学院	徐业勇、王宝庆、王明、巴图、巴哈提牙儿、杨红丽、吐尔逊江·买买提艾力、艾尼瓦尔·扎米尔、艾买尔·吐尔地	20160008	2015-12-30	2018-6-15
32	20180032	波浪	胡枝子属	北京农学院	杨晓红、陈晓阳、解小娟、刘雯、刘克锋、冷平生、胡增辉	20160010	2016-1-4	2018-6-15
33	20180033	亚林柿砧 2 号	柿	中国林业科学研究院亚热带林业研究所	龚榜初、江锡兵、徐阳、吴开云	20160035	2016-2-1	2018-6-15

序号	品种权号	品种名称	属（种）	品种权人	培育人	申请号	申请日	授权日
34	20180034	亚林柿砧 1 号	柿	中国林业科学研究院亚热带林业研究所	龚榜初、徐阳、江锡兵、吴开云	20160037	2016-2-1	2018-6-15
35	20180035	紫金	紫薇	江苏省中国科学院植物研究所	杨如同、王鹏、李林芳、李亚、王淑安、汪庆	20160041	2016-2-1	2018-6-15
36	20180036	粉宁香	紫薇	江苏省中国科学院植物研究所	王鹏、李亚、杨如同、李林芳、汪庆、王淑安	20160042	2016-2-1	2018-6-15
37	20180037	红袖添香	紫薇	江苏省中国科学院植物研究所	王鹏、李亚、杨如同、李林芳、汪庆、王淑安	20160043	2016-2-1	2018-6-15
38	20180038	金帝 1 号	文冠果	北京林业大学、辽宁思路文冠果业科技开发有限公司	关文彬、王青、于震、李国军、王富国、王俊杰、周祎鸣、向秋虹	20160087	2016-4-19	2018-6-15
39	20180039	瑞克德 2057A（RUICD2057A）	蔷薇属	迪瑞特知识产权公司（De Ruiter Intellectual Property B.V.）	汉克 · 德 · 格罗特 (H.C.A. de Groot)	20160122	2016-6-20	2018-6-15
40	20180040	中科紫金 2 号	紫金牛属	中国科学院华南植物园	刘华、杨镇明、韦强、廖景平	20160131	2016-6-23	2018-6-15
41	20180041	火焰	紫薇属	北京鲜花港投资发展中心、北京林业大学	张启翔、赵飞、李国雷、席本野、赵宏博、刘海鹏、徐婉、蔡明、潘会堂、程堂仁、王佳	20160135	2016-6-27	2018-6-15
42	20180042	眷恋	紫薇属	北京林业大学	张启翔、徐婉、张亚东、蔡明、陈之琳、石俊、潘会堂、程堂仁、王佳	20160136	2016-6-27	2018-6-15
43	20180043	娇篮	紫薇属	北京林业大学	张启翔、徐婉、豆苏含、蔡明、陈之琳、石俊、潘会堂、程堂仁、王佳	20160137	2016-6-27	2018-6-15
44	20180044	灵梦	紫薇属	北京林业大学	张启翔、徐婉、蔡明、陈之琳、石俊、潘会堂、程堂仁、王佳、潘隆应、陈海强、朱媛	20160138	2016-6-27	2018-6-15
45	20180045	芭蕾玉姿	苹果属（除水果外）	中国农业大学、北京中农富通园艺有限公司	朱元娣、张文、张天柱、李光晨	20160142	2016-6-29	2018-6-15
46	20180046	金秀丽	槭属	临安市林之源园艺场、叶喜阳	叶喜阳、陈一锋、申亚梅、蔡国炎、王齐瑞	20160170	2016-7-19	2018-6-15
47	20180047	野香	核桃属	山东省果树研究所	张美勇、王贵芳、相昆、徐颖、薛培生、李国田、姚元涛、王晓芳、张艳、宋礼毓、李治国	20160172	2016-7-21	2018-6-15
48	20180048	野观	核桃属	山东省果树研究所	张美勇、徐颖、相昆、王贵芳、李国田、薛培生、王晓芳、姚元涛、宋礼毓、张艳、李治国	20160173	2016-7-21	2018-6-15
49	20180049	野早	核桃属	山东省果树研究所	张美勇、相昆、王贵芳、徐颖、李国田、薛培生、王晓芳、姚元涛、宋礼毓、张艳、李治国	20160174	2016-7-21	2018-6-15
50	20180050	洪桉樟	樟属	洪江市金土地生态农业有限责任公司	郑钦方、汪治、杨子云、肖聪颖、杨怡男	20160189	2016-7-26	2018-6-15
51	20180051	亮彩	绣球属	中国科学院植物研究所、青岛中科景观植物产业化发展有限公司	唐宇丹、李霞、白红彤、法丹丹、张会金、安玉来、李慧、惠学娟、石雷、尤洪伟	20160202	2016-8-2	2018-6-15

序号	品种权号	品种名称	属（种）	品种权人	培育人	申请号	申请日	授权日
52	20180052	娟红	紫薇	日照市春雨园艺场	许先练、范丰学、许春雷、许春雨	20160273	2016-10-8	2018-6-15
53	20180053	紫云	胡枝子属	北京农学院	杨晓红、陈晓阳	20160274	2016-10-10	2018-6-15
54	20180054	花之都	卫矛属	花之都实业有限公司	杨凯亮、张小俊、徐国超、陈彦辉、孙秋刚、康凌霄、王璞、李艳华、薛璐、王栓虎、牛长峰、牛义安、苏跃栋、陈俊凯、王方方	20160280	2016-10-11	2018-6-15
55	20180055	米槐 1 号	槐属	雷茂端	雷茂端、雷迎波、雷亚第	20160288	2016-10-14	2018-6-15
56	20180056	蒙林钟柏	圆柏属	安文元	安文元、张国盛、王林和、王文、张利俊、毛惠平、申秀枝	20160291	2016-10-28	2018-6-15
57	20180057	蓝韵	越橘属	通化禾韵现代农业股份有限公司	殷秀岩、隋明义、陈亮、谭志强	20160293	2016-10-28	2018-6-15
58	20180058	火凤凰	槭属	河南名品彩叶苗木股份有限公司	王华明、王景旭、石海燕、饶放、王华昭、袁向阳、刘鹏辉、闫立静、寇新良、贾涛、周耀宗、谷梅红、魏奎娇、王丽青、张亚民、仪楠、任甸甸、李红喜、周苗	20160310	2016-11-5	2018-6-15
59	20180059	金玉露	厚皮香属	浙江森禾种业股份有限公司	郑勇平、王春、顾慧、陈岗、何琦、尹庆平、陈慧芳、张光泉、刘丹丹	20160317	2016-11-14	2018-6-15
60	20180060	宁农杞 4 号	枸杞属	宁夏农林科学院枸杞工程技术研究所	王亚军、安巍、梁晓婕、曹有龙、李越鲲、尹跃、张曦燕、赵建华、石志刚、张波、巫鹏举	20160318	2016-11-17	2018-6-15
61	20180061	宁农杞 5 号	枸杞属	宁夏农林科学院枸杞工程技术研究所	安巍、王亚军、曹有龙、梁晓婕、尹跃、石志刚、赵建华、张曦燕、罗青、万如、刘兰英、李彦龙、樊云芳	20160319	2016-11-17	2018-6-15
62	20180062	财缘	木犀属	南京林业大学、林富春	段一凡、林富春、王贤荣、林晖、伊贤贵、王华辰、李涌福、陈林	20160321	2016-11-16	2018-6-15
63	20180063	润丰 1 号	榆属	河北润丰林业科技有限公司、辛集市美人榆农副产品有限公司	刘易超、陈丽英、樊彦聪、黄印朋、黄印冉、冯树香、闫淑芳	20160384	2016-11-29	2018-6-15
64	20180064	润丰 2 号	榆属	河北润丰林业科技有限公司、辛集市美人榆农副产品有限公司	刘易超、樊彦聪、陈丽英、黄印朋、黄印冉、闫淑芳、冯树香	20160385	2016-11-29	2018-6-15
65	20180065	开口笑	文冠果	山东农业大学、山东沃奇农业开发有限公司	孟凡志、李守科、臧德奎、刘国兴、郭先锋、王利、郭广智、陈仁鹏、郑书友、朱亮庆	20160391	2016-12-6	2018-6-15
66	20180066	迎春	柳属	江苏省林业科学研究院	王保松、陈庆生、施士争、何旭东、王伟伟、郑纪伟、涂忠虞、潘明建	20160398	2016-12-14	2018-6-15
67	20180067	喜洋洋	柳属	江苏省林业科学研究院	陈庆生、王保松、施士争、何旭东、王伟伟、郑纪伟、涂忠虞、潘明建	20160399	2016-12-14	2018-6-15
68	20180068	雪绒花	柳属	江苏省林业科学研究院	王保松、何旭东、陈庆生、施士争、王伟伟、王红玲、涂忠虞、潘明建	20160400	2016-12-14	2018-6-15
69	20180069	瑞雪	柳属	江苏省林业科学研究院	王保松、王伟伟、何旭东、陈庆生、周洁、姜开朋、涂忠虞、潘明建	20170001	2016-12-14	2018-6-15

序号	品种权号	品种名称	属（种）	品种权人	培育人	申请号	申请日	授权日
70	20180070	紫嫣	柳属	江苏省林业科学研究院	王保松、 施士争、何旭东、陈庆生、教忠意、王伟伟、涂忠虞、潘明建	20170002	2016-12-14	2018-6-15
71	20180071	仑山 1 号	紫薇属	江苏农林职业技术学院	邱国金、钱杨升、蒋小庚、胡卫霞、戴文	20170007	2016-12-9	2018-6-15
72	20180072	海滨梦幻	乌桕属	江苏省林业科学研究院	教忠意、隋德宗、王保松、窦全琴、陈庆生、王伟伟、郑纪伟	20170008	2016-12-15	2018-6-15
73	20180073	海滨紫晶	乌桕属	江苏省林业科学研究院	隋德宗、王保松、窦全琴、陈庆生、王伟伟、吴纲、教忠意、姜开朋	20170009	2016-12-15	2018-6-15
74	20180074	海滨晚霞	乌桕属	江苏省林业科学研究院	隋德宗、王保松、陈庆生、教忠意、王伟伟、郑纪伟	20170010	2016-12-15	2018-6-15
75	20180075	海滨绯红	乌桕属	江苏省林业科学研究院	陈庆生、隋德宗、王保松、王伟伟、教忠意、姜开朋	20170011	2016-12-15	2018-6-15
76	20180076	川硕	核桃属	四川省林业科学研究院、四川伊可农业技术开发有限公司	罗建勋、王准、宋鹏、刘芙蓉、钟明润、张志国、杨马进	20170027	2016-12-28	2018-6-15
77	20180077	亚林柿砧 6 号	柿	中国林业科学研究院亚热带林业研究所	龚榜初、吴开云、徐阳、江锡兵	20170035	2017-1-3	2018-6-15
78	20180078	亚林柿砧 7 号	柿	中国林业科学研究院亚热带林业研究所	龚榜初、徐阳、吴开云、江锡兵、范金根、滕国新	20170036	2017-1-3	2018-6-15
79	20180079	金槐 J2	槐属	广西壮族自治区中国科学院广西植物研究所	邹蓉、史艳财、唐健民、蒋运生、熊忠臣、韦记青	20170049	2017-1-10	2018-6-15
80	20180080	金槐 J3	槐属	广西壮族自治区中国科学院广西植物研究所	史艳财、唐健民、邹蓉、韦记青、蒋运生、 熊忠臣、韦霄	20170050	2017-1-10	2018-6-15
81	20180081	鲁硕红	枣属	山东省林业科学研究院	王翠香、赵德田、韩传明、刘珍、孙超、孟晓烨、侯立群、王恩忠、张军武、赵登超、张万锋、韩振虎、刘孝美、陈新岭、任飞、朱文成	20170052	2017-1-11	2018-6-15
82	20180082	姹紫 1 号	槐属	山东省林业科学研究院	庞彩红、李双云、夏阳、 臧真荣、姜福成、梁慧敏、杨勇、李自峰、王开芳、 杨庆山、刘盛芳、付茵茵、周健、屈星、杨国良、魏海霞、屠永清	20170054	2017-1-13	2018-6-15
83	20180083	红粉 1 号	槐属	山东省林业科学研究院	庞彩红、夏阳、李双云、曹世杰、孙超、刘盛芳、杨勇、刘翠兰、张炳孝、 王学文、梁慧敏、郭祁、周洪明、臧真荣、周健、王振猛、宫敬东	20170056	2017-1-13	2018-6-15
84	20180084	红粉 2 号	槐属	山东省林业科学研究院	夏阳、庞彩红、李双云、詹伟、屈星、李自峰、刘盛芳、孙超、臧真荣、付茵茵、王明竹、刘桂民、亓玉昆、王学文、李庆华、王振猛、曲法	20170057	2017-1-13	2018-6-15
85	20180085	红粉 3 号	槐属	山东省林业科学研究院	李双云、庞彩红、夏阳、梁慧敏、刘盛芳、王月海、杨勇、燕丽萍、臧真荣、詹伟、王明竹、王因花、刘桂民、张炳孝、姜福成、伊光灿	20170058	2017-1-13	2018-6-15

序号	品种权号	品种名称	属（种）	品种权人	培育人	申请号	申请日	授权日
86	20180086	红粉 5 号	槐属	山东省林业科学研究院	李双云、夏阳、庞彩红、赵海洲、祁树安、曹世杰、杨勇、刘翠兰、臧真荣、刘盛芳、王守国、王永平、李自峰、曲法、于丽颖、胡丁猛	20170060	2017-1-13	2018-6-15
87	20180087	华箭	槐属	山东省林业科学研究院	夏阳、李双云、庞彩红、梁慧敏、付茵茵、刘盛芳、臧真荣、白玉梅、杨勇、亓玉昆、刘成、吴俊杰、刘莉娟、吕一凡	20170067	2017-1-13	2018-6-15
88	20180088	华祥	槐属	山东省林业科学研究院	李双云、庞彩红、夏阳、刘盛芳、付茵茵、臧真荣、梁慧敏、王学文、孙太元、白玉梅、杨勇、毛秀红、刘成、周洪明、姜福成、刘莉娟、曲法、亓玉昆、吕一凡	20170068	2017-1-13	2018-6-15
89	20180089	华月	槐属	山东省林业科学研究院	庞彩红、夏阳、李双云、付茵茵、刘翠兰、燕丽萍、刘盛芳、臧真荣、梁慧敏、王学文、姜福成、詹伟、毛秀红、孙兴华、宫敬东、王志明、亓玉昆	20170069	2017-1-13	2018-6-15
90	20180090	嫣红 3 号	槐属	山东省林业科学研究院	夏阳、李双云、庞彩红、梁慧敏、刘翠兰、刘盛芳、杨勇、燕丽萍、刘瑞梅、王守国、曹世杰、周洪明、杨庆山、亓玉昆、葛文华	20170075	2017-1-13	2018-6-15
91	20180091	紫玲珑	乌桕属	浙江森禾种业股份有限公司、浙江省林业科学研究院	郑勇平、王春、柳新红、顾慧、李因刚、尹庆平、陈岗、刘丹丹、杨家强、杨少宗、石从广	20170079	2017-1-16	2018-6-15
92	20180092	东方	南天竹属	浙江森禾种业股份有限公司	郑勇平、王春、魏斌、王越、杨家强、盛冬、尹庆平、陈慧芳、杜三峰、陈岗、刘丹丹	20170080	2017-1-16	2018-6-15
93	20180093	喜槐 1 号	槐属	中喜生态产业股份有限公司	张洪欣、张洪勋、孙成义、郭延海、李康	20170084	2017-1-18	2018-6-15
94	20180094	喜槐 2 号	槐属	中喜生态产业股份有限公司	张洪欣、张洪勋、孙成义、郭延海、李康	20170085	2017-1-18	2018-6-15
95	20180095	喜柳 2 号	柳属	中喜生态产业股份有限公司	张洪欣、张洪勋、孙成义、郭延海、李康	20170086	2017-1-18	2018-6-15
96	20180096	苏柳 1701	柳属	江苏省林业科学研究院	王保松、何旭东、王伟伟、郑纪伟、涂忠虞、教忠意、隋德宗、姜开朋	20170092	2017-2-6	2018-6-15
97	20180097	苏柳 1702	柳属	江苏省林业科学研究院	何旭东、王保松、王伟伟、郑纪伟、涂忠虞、张敏、周洁、张珏	20170093	2017-2-6	2018-6-15
98	20180098	苏柳 1703	柳属	江苏省林业科学研究院	施士争、王保松、何旭东、王红玲、黄瑞芳、张钰、王伟伟、涂忠虞	20170094	2017-2-6	2018-6-15
99	20180099	苏柳 1704	柳属	江苏省林业科学研究院	王保松、施士争、王伟伟、隋德宗、涂忠虞、王红玲、黄瑞芳、姜开朋	20170095	2017-2-6	2018-6-15
100	20180100	苏柳 1705	柳属	江苏省林业科学研究院	王保松、施士争、何旭东、王伟伟、隋德宗、教忠意、涂忠虞、潘明建	20170096	2017-2-6	2018-6-15
101	20180101	中核 3 号	核桃属	中国农业科学院郑州果树研究所	曹尚银、李好先、张杰、牛娟、赵弟广、张富红	20170099	2017-2-8	2018-6-15

序号	品种权号	品种名称	属（种）	品种权人	培育人	申请号	申请日	授权日
102	20180102	中核 4 号	核桃属	中国农业科学院郑州果树研究所	曹尚银、李好先、张杰、牛娟、赵弟广、张富红	20170100	2017-2-8	2018-6-15
103	20180103	中核香	核桃属	中国农业科学院郑州果树研究所	曹尚银、李好先、张杰、牛娟、赵弟广、张富红	20170101	2017-2-8	2018-6-15
104	20180104	中石榴 1 号	石榴属	中国农业科学院郑州果树研究所	曹尚银、李好先、张杰、牛娟、赵弟广	20170103	2017-2-8	2018-6-15
105	20180105	中石榴 2 号	石榴属	中国农业科学院郑州果树研究所	曹尚银、李好先、张杰、牛娟、赵弟广	20170104	2017-2-8	2018-6-15
106	20180106	国油 12	山茶属	湖南省林业科学院	王湘南、陈永忠、王瑞、彭邵锋、陈隆升、马力、许彦明、唐炜	20170105	2017-2-10	2018-6-15
107	20180107	国油 13	山茶属	湖南省林业科学院	陈永忠、王湘南、彭邵锋、陈隆升、王瑞、马力、许彦明、唐炜	20170106	2017-2-10	2018-6-15
108	20180108	国油 14	山茶属	湖南省林业科学院	陈隆升、王湘南、陈永忠、彭邵锋、马力、王瑞、许彦明、唐炜	20170107	2017-2-10	2018-6-15
109	20180109	国油 15	山茶属	湖南省林业科学院	王湘南、陈永忠、王瑞、许彦明、马力、彭邵锋、陈隆升、唐炜 张震	20170108	2017-2-10	2018-6-15
110	20180110	华光榆	榆属	中国林业科学研究院	张华新、朱建峰、乔来秋、刘振晓、张庆国、杨秀艳、刘正祥、吴春红、邹祥峰	20170112	2017-2-8	2018-6-15
111	20180111	华玉榆	榆属	中国林业科学研究院	乔来秋、刘振晓、张华新、朱建峰、杨秀艳、刘正祥、张庆国、吴春红、邹祥峰	20170113	2017-2-8	2018-6-15
112	20180112	华健榆	榆属	中国林业科学研究院	张华新、朱建峰、乔来秋、刘振晓、徐化凌、杨秀艳、刘正祥、朱岩芳、邹祥峰	20170114	2017-2-8	2018-6-15
113	20180113	华冠榆	榆属	中国林业科学研究院	朱建峰、张华新、乔来秋、刘振晓、何洪兵、杨秀艳、刘正祥、任坚毅、邹祥峰	20170116	2017-2-8	2018-6-15
114	20180114	宁农杞 10 号	枸杞属	宁夏农林科学院枸杞工程技术研究所	曹有龙、罗青、张波、李彦龙、戴国礼、焦恩宁、赵建华、尹跃、安巍、王亚军、闫亚美	20170120	2017-2-23	2018-6-15
115	20180115	彩霞	紫薇	湖南省林业科学院、长沙湘莹园林科技有限公司	乔中全、王晓明、曾慧杰、李永欣、蔡能、王湘莹	20170126	2017-3-10	2018-6-15
116	20180116	紫莹	紫薇	湖南省林业科学院、长沙湘莹园林科技有限公司	王晓明、曾慧杰、乔中全、李永欣、蔡能、王湘莹	20170127	2017-3-10	2018-6-15
117	20180117	超群	野牡丹属	广州市林业和园林科学研究院、中山大学	代色平、倪建中、李许文、刘文、阮琳、周仁超、贺漫媚、王伟	20170133	2017-3-20	2018-6-15
118	20180118	云彩	野牡丹属	广州市林业和园林科学研究院、中山大学	代色平、倪建中、李许文、阮琳、刘文、周仁超、贺漫媚、王伟	20170134	2017-3-20	2018-6-15
119	20180119	天骄 2 号	野牡丹属	广州市林业和园林科学研究院	代色平、阮琳、刘文、倪建中、张继方、贺漫媚、李许文、王伟	20170136	2017-3-20	2018-6-15
120	20180120	幸福	榉属	中南林业科技大学	胡希军、金晓玲、邢文、刘彩贤、张亚平、曾艳、刘晓玲	20170143	2017-3-1	2018-6-15
121	20180121	中石 4 号	文冠果	中国林业科学研究院林业研究所、彰武县德亚文冠果专业合作社	王利兵、崔德石、毕泉鑫、于海燕、崔天鹏	20170188	2017-4-10	2018-6-15

序号	品种权号	品种名称	属（种）	品种权人	培育人	申请号	申请日	授权日
122	20180122	中石 9 号	文冠果	中国林业科学研究院林业研究所、彰武县德亚文冠果专业合作社	王利兵、崔德石、毕泉鑫、于海燕、崔天鹏	20170189	2017-4-10	2018-6-15
123	20180123	丽园珍珠 1 号	枣属	河北农业大学、河北禾木丽园农业科技股份有限公司	申连英、毛永民、王晓玲、赵海峰、申宣科、赵伟	20170190	2017-4-17	2018-6-15
124	20180124	丽园珍珠 2 号	枣属	河北农业大学、河北禾木丽园农业科技股份有限公司	申连英、毛永民、王晓玲、赵海峰、申宣科、赵伟	20170191	2017-4-17	2018-6-15
125	20180125	丽园珍珠 3 号	枣属	河北农业大学、河北禾木丽园农业科技股份有限公司	申连英、王晓玲、毛永民、赵海峰、申宣科、赵伟	20170192	2017-4-17	2018-6-15
126	20180126	丽园珍珠 4 号	枣属	河北农业大学、河北禾木丽园农业科技股份有限公司	申连英、王晓玲、毛永民、赵海峰、申宣科、赵伟	20170193	2017-4-17	2018-6-15
127	20180127	丽园珍珠 5 号	枣属	中国林业科学研究院林业研究所、河北农业大学	林富荣、郑勇奇、李斌、郭文英、黄平、申连英、毛永民、王晓玲	20170194	2017-4-17	2018-6-15
128	20180128	丽园珍珠 6 号	枣属	中国林业科学研究院林业研究所、河北农业大学	林富荣、郑勇奇、李斌、郭文英、黄平、申连英、毛永民、王晓玲	20170195	2017-4-17	2018-6-15
129	20180129	秋风爽	决明属	中国林业科学研究院林业研究所	李斌、郑勇奇、林富荣、郭文英、郑世楷、于淑兰	20170202	2017-5-3	2018-6-15
130	20180130	蒙树赤焰	卫矛属	内蒙古和盛生态科技研究院有限公司	赵泉胜、铁英、封卫平、刘洋、陈燕	20170215	2017-5-4	2018-6-15
131	20180131	丹霞升	槭属	山东农业大学	丰震、李承水、邢祥胜、王延玲、徐金莲、刘惠	20170220	2017-5-5	2018-6-15
132	20180132	彩蝶翻飞	槭属	山东农业大学	丰震、王延玲、李承水、刘毓、刘国兴、李存华、钱见平、齐新玲、马立敏、吕传青	20170221	2017-5-5	2018-6-15
133	20180133	风度翩翩	槭属	山东农业大学	丰震、刘毓、刘媛、王延玲、李承水、李存华、刘国兴、王利、刘惠、徐金莲	20170222	2017-5-5	2018-6-15
134	20180134	红精灵	槭属	山东农业大学	丰震、刘毓、王延玲、李承水、刘媛、李存华、李文芳、张朋、程甜甜、乔谦、任红剑	20170223	2017-5-5	2018-6-15
135	20180135	齐鲁红	槭属	山东农业大学	丰震、刘毓、王延玲、李承水、刘媛、李存华、徐超、安凯、杜晓茜、徐金莲	20170224	2017-5-5	2018-6-15
136	20180136	黄淮 4 号杨	杨属	中国林业科学研究院林业研究所	苏晓华、姜岳忠、黄秦军、董玉峰、王卫东	20170225	2017-5-8	2018-6-15
137	20180137	中雄 1 号杨	杨属	中国林业科学研究院林业研究所	苏晓华、姜岳忠、黄秦军、董玉峰、王卫东	20170226	2017-5-8	2018-6-15
138	20180138	中雄 2 号杨	杨属	中国林业科学研究院林业研究所	苏晓华、姜岳忠、黄秦军、董玉峰、王卫东	20170227	2017-5-8	2018-6-15
139	20180139	中雄 3 号杨	杨属	中国林业科学研究院林业研究所	苏晓华、王胜东、黄秦军、610胜军、梁德军、丁昌俊	20170228	2017-5-8	2018-6-15
140	20180140	中雄 4 号杨	杨属	中国林业科学研究院林业研究所	苏晓华、王福森、李晶、黄秦军、丁昌俊、张伟溪	20170229	2017-5-8	2018-6-15
141	20180141	中雄 5 号杨	杨属	中国林业科学研究院林业研究所	苏晓华、黄秦军、丁昌俊、张伟溪	20170230	2017-5-8	2018-6-15

序号	品种权号	品种名称	属（种）	品种权人	培育人	申请号	申请日	授权日
142	20180142	玉山鱼榧	榧树属	陈红星、张苏炯、喻卫武	陈红星、张苏炯、喻卫武、姚小华、马顺水、倪伟成	20170232	2017-5-11	2018-6-15
143	20180143	磐安长榧	榧树属	陈红星、张苏炯、姚小华	陈红星、张苏炯、姚小华、楼新良、叶很森、张汝其	20170235	2017-5-11	2018-6-15
144	20180144	淀西灯火	山茶属	上海市园林科学规划研究院、上海星源农业实验场	张斌、张冬梅、张浪、周和达、蔡军林、尹丽娟、有祥亮、罗玉兰、陈香波、姚惠明	20170256	2017-5-23	2018-6-15
145	20180145	新潮头饰	山茶属	上海市园林科学规划研究院、上海星源农业实验场	周和达、张冬梅、张浪、蔡军林、尹丽娟、有祥亮、罗玉兰、陈香波、张斌、姚惠明	20170257	2017-5-23	2018-6-15
146	20180146	淀西风情	山茶属	上海市园林科学规划研究院、上海星源农业实验场	张冬梅、张浪、周和达、蔡军林、尹丽娟、有祥亮、罗玉兰、陈香波、张斌、姚惠明	20170258	2017-5-23	2018-6-15
147	20180147	鲁绿	槭属	山东农业大学	丰震、王延玲、于晓艳、刘国兴、李存华、李承水、任红剑、乔谦、安凯	20170263	2017-5-23	2018-6-15
148	20180148	兴旺	槭属	山东农业大学	丰震、刘毓、王延玲、李承水、李存华、 任红剑、乔谦、安凯	20170264	2017-5-23	2018-6-15
149	20180149	花曲柳 1 号	白蜡树属	山东省林业科学研究院	吴德军、燕丽萍、刘翠兰、姚俊修、刘桂民、杨庆山、王开芳、臧真荣、任飞	20170274	2017-6-1	2018-6-15
150	20180150	花曲柳 2 号	白蜡树属	山东省林业科学研究院	燕丽萍、吴德军、刘翠兰、王因花、王开芳、李善文、任飞、李庆华、杨庆山	20170275	2017-6-1	2018-6-15
151	20180151	花曲柳 3 号	白蜡树属	山东省林业科学研究院	吴德军、燕丽萍、刘翠兰、王因花、臧真荣、王振猛、任飞、王开芳	20170276	2017-6-1	2018-6-15
152	20180152	紫箭	白蜡树属	山东省林业科学研究院	刘翠兰、燕丽萍、 吴德军、杨庆山、王因花、藏真荣、刘桂民、姚俊修、王开芳	20170277	2017-6-1	2018-6-15
153	20180153	盐蜡	白蜡树属	山东省林业科学研究院	燕丽萍、吴德军、 刘翠兰、王因花、杨庆山、姚俊修、李庆华、王开芳、李善文	20170281	2017-6-1	2018-6-15
154	20180154	青春	蔷薇属	云南锦苑花卉产业股份有限公司	倪功、曹荣根、田连通、白云评、乔丽婷、阳明祥	20130005	2013-1-26	2018-12-11
155	20180155	粉蝶	蔷薇属	云南尚美嘉花卉有限公司	赵家清、陈敏、王丽花、鲁春荣、刘辉、张林、刘玉红、周宁宁、王其刚	20130171	2013-12-13	2018-12-11
156	20180156	金陵丹枫	槭属	江苏省农业科学院	李倩中、闻婧、李淑顺、荣立苹、唐玲、朱璐、马秋月	20140106	2014-6-30	2018-12-11
157	20180157	锦叶黄杨	卫矛属	河南景艺园林绿化工程有限公司	范军科、秦艳臣、丁茂、周彦荣、陈博、徂美平	20140147	2014-8-31	2018-12-11
158	20180158	锦叶女贞	女贞属	河南景艺园林绿化工程有限公司	范军科、李中香、李丰芹、黎桂阳、韩磊、刘芳辉、徂美平	20140164	2014-9-26	2018-12-11
159	20180159	锦鸽荆	紫荆属	河南景艺园林绿化工程有限公司	范军科、郑俊霞、宋良红、靳建芹、韩璐、刘芳辉	20140165	2014-10-9	2018-12-11
160	20180160	云彩虹	蔷薇属	云南鑫海汇花业有限公司、云南省农业科学院花卉研究所	陈敏、王其刚、朱应雄、朱芷汐、张艺萍、李淑斌、张绍宏、张婷、晏慧君、张颢	20140213	2014-11-28	2018-12-11
161	20180161	沁紫	紫薇	浙江滕头园林股份有限公司、浙江省林业科学研究院	傅剑波、朱锡君、陈卓梅、王金凤、程雪梅、柳新红、林富平	20140228	2014-12-6	2018-12-11

序号	品种权号	品种名称	属（种）	品种权人	培育人	申请号	申请日	授权日
162	20180162	白雪	紫薇	浙江滕头园林股份有限公司、浙江省林业科学研究院	傅剑波、朱锡君、陈卓梅、王金凤、林富平、柳新红、程雪梅	20140229	2014-12-6	2018-12-11
163	20180163	吉祥	蔷薇属	云南锦苑花卉产业股份有限公司	倪功、曹荣根、田连通、白云评、乔丽婷、何琼、阳明祥	20140233	2014-12-6	2018-12-11
164	20180164	德瑞斯蓝四（DrisBlueFour）	越橘属	德瑞斯克公司（Driscoll's, Inc.）	布赖恩·K·卡斯特（Brian K. Caster）、珍妮弗·K·伊佐（Jennifer K. Izzo）、阿伦·德雷珀（Arlen Draper）	20150026	2015-2-3	2018-12-11
165	20180165	炎欢 1 号	木通属	长沙炎农生物科技有限公司	王中炎、彭俊彩、蔡金术、王中兵、蔡志红	20150035	2015-3-12	2018-12-11
166	20180166	饲构 1 号	构属	河南省林业科学研究院、河南郑新林业高新技术试验场	翟晓巧、刘艳萍、董玉山、王念、任媛媛、王文君、孙晓薇、何威、曾辉	20150050	2015-3-24	2018-12-11
167	20180167	杰施 - 克苏 1(JFS-KSU1)	朴属	美国 J 弗兰克 施密特父子有限公司	基思·沃伦 (Keith S. Warren)	20150061	2015-4-1	2018-12-11
168	20180168	炎欢 2 号	木通属	长沙炎农生物科技有限公司	王中炎、彭俊彩、蔡金术、王中兵、蔡志红	20150098	2015-5-30	2018-12-11
169	20180169	金灿	白刺属	中国林业科学研究院、中国林业科学研究院沙漠林业实验中心	张华新、杨秀艳、郝玉光、张景波、成铁龙、刘正祥、史胜青、朱建峰、倪建伟	20150114	2015-6-18	2018-12-11
170	20180170	红花棉花糖	桃花	北京乾景园林股份有限公司	王会顶、任萌圃、赵静、石乐、朱仁元、王文峰、吕涛	20150144	2015-8-12	2018-12-11
171	20180171	粉花棉花糖	桃花	北京乾景园林股份有限公司	石乐、任萌圃、赵静、王会顶、朱仁元、王文峰、吕涛	20150145	2015-8-12	2018-12-11
172	20180172	奥斯亚特（AUSYACHT）	蔷薇属	大卫奥斯汀月季公司 (David Austin Roses Limited)	大卫奥斯汀（David Austin）	20150150	2015-8-18	2018-12-11
173	20180173	戴尔福慕思（Delfumros）	蔷薇属	法国乔治斯 . 戴尔巴德月季有限公司 (Société Nouvelle Pépinières & Roseraies Georges DELBARD, France)	阿诺德·戴尔巴德 (Arnaud. delbard)	20150154	2015-8-19	2018-12-11
174	20180174	德瑞斯蓝五（DrisBlueFive）	越橘属	德瑞斯克公司（Driscoll's, Inc.）、美国佛罗里达基金种业公司（Florida Foundation Seed Producers, Inc.,USA）	布赖恩·K·卡斯特（Brian K. Caster）、珍妮弗·K·伊佐（Jennifer K. Izzo）、阿伦·德雷珀（Arlen Draper）、保罗·K·洛伦妮（Paul M. Lyrene）	20150171	2015-9-6	2018-12-11
175	20180175	德瑞斯蓝六（DrisBlueSix）	越橘属	德瑞斯克公司（Driscoll's, Inc.）	布赖恩·K·卡斯特（Brian K. Caster）、珍妮弗·K·伊佐（Jennifer K. Izzo）、阿伦·德雷珀（Arlen Draper）	20150172	2015-9-6	2018-12-11
176	20180176	德瑞斯蓝七（DrisBlue Seven）	越橘属	德瑞斯克公司（Driscoll's, Inc.）	布赖恩·K·卡斯特（Brian K. Caster）、珍妮弗·K·伊佐（Jennifer K. Izzo）、阿伦·德雷珀（Arlen Draper）	20150173	2015-9-6	2018-12-11
177	20180177	瑞普德 0126a（Ruipd0126a）	蔷薇属	迪瑞特知识产权公司（De Ruiter Intellectual Property B.V.）	汉克·德·格罗特 (H.C.A. de Groot)	20150176	2015-9-6	2018-12-11
178	20180178	羞粉	山茶属	宁波大学、宁波植物园筹建办公室	倪穗、陈越、王大庄、游鸣飞、郑小青	20150183	2015-9-17	2018-12-11

序号	品种权号	品种名称	属（种）	品种权人	培育人	申请号	申请日	授权日
179	20180179	羞红	山茶属	宁波大学、宁波植物园筹建办公室	倪穗、陈越、王大庄、游鸣飞、郑小青	20150184	2015-9-17	2018-12-11
180	20180180	粉精灵	紫薇属	北京林业大学	潘会堂、鞠易倩、叶远俊、张启翔、胡杏、焦垚、蔡明、程堂仁、王佳	20150185	2015-9-17	2018-12-11
181	20180181	金墨珠	枸杞属	马惠杰	马惠杰	20150202	2015-10-10	2018-12-11
182	20180182	艾维驰 17（EVER CHI17）	蔷薇属	丹麦永恒玫瑰公司（ROSES FOREVER ApS）	哈雷 · 艾克路德（Harley Eskelund）	20150209	2015-10-12	2018-12-11
183	20180183	艾维驰 18（EVER CHI18）	蔷薇属	丹麦永恒玫瑰公司（ROSES FOREVER ApS）	哈雷 · 艾克路德（Harley Eskelund）	20150210	2015-10-12	2018-12-11
184	20180184	艾维驰 20（EVER CHI20）	蔷薇属	丹麦永恒玫瑰公司（ROSES FOREVER ApS）	哈雷 · 艾克路德（Harley Eskelund）	20150211	2015-10-12	2018-12-11
185	20180185	艾维驰 22（EVER CHI22）	蔷薇属	丹麦永恒玫瑰公司（ROSES FOREVER ApS）	哈雷 · 艾克路德（Harley Eskelund）	20150212	2015-10-12	2018-12-11
186	20180186	艾维驰 23（EVER CHI23）	蔷薇属	丹麦永恒玫瑰公司（ROSES FOREVER ApS）	哈雷 · 艾克路德（Harley Eskelund）	20150213	2015-10-12	2018-12-11
187	20180187	云裳	含笑属	棕榈生态城镇发展股份有限公司	严丹峰、王亚玲、王晶、吴建军、赵珊珊	20150224	2015-10-15	2018-12-11
188	20180188	雪玉	流苏树属	山东丫森苗木科技开发有限公司	王召伟、张玉华	20150242	2015-11-13	2018-12-11
189	20180189	雪籽	流苏树属	山东丫森苗木科技开发有限公司	王召伟、张玉华	20150244	2015-11-13	2018-12-11
190	20180190	甘之饴	牡竹属	广西壮族自治区林业科学研究院、国际竹藤中心	徐振国、黄大勇、郭起荣、李立杰	20150248	2015-12-1	2018-12-11
191	20180191	短杂 34 号	木麻黄属	中国林业科学研究院热带林业研究所	张勇、仲崇禄、陈羽、陈珍、姜清彬	20160009	2016-1-4	2018-12-11
192	20180192	务本堂 1 号	七叶树属	陕西务本堂园林景观有限公司	司楠	20160018	2016-1-17	2018-12-11
193	20180193	杰施 -KW1CB(JFS-KW1CB)	鹅耳枥属	美国 J 弗兰克 施密特父子有限公司	K.S. 沃伦 (Keith S. Warren)	20160023	2016-2-25	2018-12-11
194	20180194	杰施 -SGPN (JFS-SGPN)	落羽杉属	美国 J 弗兰克 施密特父子有限公司	J. 布莱斯福德 (John Brailsford)	20160024	2016-2-25	2018-12-11
195	20180195	杰施 - 卡多 2(JFS-Caddo2)	槭属	美国 J 弗兰克 施密特父子有限公司	K. 沃伦 (Keith S. Warren)	20160050	2016-3-15	2018-12-11
196	20180196	杰施 -KW6(JFS-KW6)	鹅耳枥属	美国 J 弗兰克 施密特父子有限公司	K.S. 沃伦 (Keith S. Warren)	20160052	2016-3-15	2018-12-11
197	20180197	宝普 068（POULPAR068）	蔷薇属	丹麦宝森玫瑰有限公司（Poulsen Roser A-S）	芒斯 · 奈格特 · 奥乐森（Mogens N. Olesen）	20160054	2016-2-16	2018-12-11
198	20180198	百日花	梓树属	中国林业科学研究院林业研究所、洛阳农林科学院、贵州省林业科学研究院	王军辉、麻文俊、赵鲲、张明刚、焦云德、姚淑筠	20160068	2016-2-23	2018-12-11
199	20180199	普瑞吉米（PREJUMI）	蔷薇属	A.R.B.A. 公司（A.R.B.A. B.V.）	艾尔 . 皮 . 德布林 (Ir. P. de Bruin)	20160070	2016-3-8	2018-12-11

序号	品种权号	品种名称	属（种）	品种权人	培育人	申请号	申请日	授权日
200	20180200	杞鑫 1 号	枸杞属	中宁县杞鑫枸杞苗木专业合作社	郭玉琴、朱金忠、祁伟、刘冰、龚玉梅、张艳、胡忠庆、刘娟、亢彦东、胡学玲、乔彩云、杨秀峰	20160072	2016-3-10	2018-12-11
201	20180201	帝韵	木兰属	浙江农林大学	申亚梅、范义荣、刘志高、张庆宝、陈翔翔、刘璐、王倩颖	20160076	2016-3-16	2018-12-11
202	20180202	帝宝	木兰属	浙江农林大学	申亚梅、范义荣、刘志高、张庆宝、陈翔翔、刘璐、王倩颖	20160077	2016-3-16	2018-12-11
203	20180203	黛蒙茱莉（Diamond Jubilee）	悬钩子属	浆果世界加有限公司（Berryworld Plus Limited）	皮特·文森（Peter Vinson）	20160084	2016-4-6	2018-12-11
204	20180204	金玉宝	拟单性木兰属	浙江理工大学、杭州市园林绿化股份有限公司	胡绍庆、沈柏春	20160085	2016-4-15	2018-12-11
205	20180205	红珍珠	紫金牛属	中国科学院华南植物园	陈玲、宁祖林、翁楚雄、杨镇明、刘华、李冬梅、廖景平、罗美珍	20160100	2016-5-25	2018-12-11
206	20180206	森茂一号	越橘属	大连森茂现代农业有限公司	王贺新、徐国辉、陈英敏、姜维焕、赵丽娜	20160102	2016-6-1	2018-12-11
207	20180207	森茂二号	越橘属	大连大学、大连森茂现代农业有限公司	陈英敏、徐国辉、王贺新、娄鑫、张自川、赵丽娜	20160103	2016-6-1	2018-12-11
208	20180208	森茂三号	越橘属	大连大学、大连森茂现代农业有限公司	王贺新、陈英敏、徐国辉、乌凤章、高雄梅	20160104	2016-6-1	2018-12-11
209	20180209	森茂七号	越橘属	大连大学、大连森茂现代农业有限公司	徐国辉、王贺新、陈英敏、李根柱	20160108	2016-6-1	2018-12-11
210	20180210	大富贵	紫金牛属	龙岩市林业调查规划所、福建省武平县盛金花场、福建农林大学	廖柏林、罗盛金、彭东辉、兰思仁、刘梓富、王星孚、吴沙沙、翟俊文	20160111	2016-6-7	2018-12-11
211	20180211	赤玲珑	紫金牛属	福建省武平县盛金花场、福建农林大学	罗盛金、廖柏林、刘梓富、彭东辉、兰思仁、翟俊文、吴沙沙、谢亮秀	20160112	2016-6-7	2018-12-11
212	20180212	金边富贵	紫金牛属	福建农林大学、福建省武平县盛金花场	彭东辉、兰思仁、刘梓富、罗盛金、廖柏林、王星孚、吴沙沙、翟俊文	20160113	2016-6-7	2018-12-11
213	20180213	瑞克 2117B（RUICK2117B）	蔷薇属	迪瑞特知识产权公司（De Ruiter Intellectual Property B.V.）	汉克·德·格罗特 (H.C.A. de Groot)	20160124	2016-6-20	2018-12-11
214	20180214	乳蝶翩翩	蔷薇属	山东农业大学	赵兰勇、于晓艳、徐宗大、邢树堂、赵明远	20160184	2016-7-25	2018-12-11
215	20180215	娇媚三变	蔷薇属	山东农业大学	赵兰勇、于晓艳、徐宗大、邢树堂、赵明远	20160186	2016-7-25	2018-12-11
216	20180216	热嘉 21 号	金合欢属	中国林业科学研究院热带林业研究所、嘉汉林业（河源）有限公司	曾炳山、裘珍飞、陈考科、陈祖旭、范春节、康汉华、刘英、李湘阳、罗锐	20160237	2016-9-3	2018-12-11
217	20180217	热嘉 24 号	金合欢属	中国林业科学研究院热带林业研究所、嘉汉林业（河源）有限公司	曾炳山、裘珍飞、陈考科、陈祖旭、范春节、康汉华、刘英、李湘阳、罗锐	20160238	2016-9-3	2018-12-11
218	20180218	热嘉 25 号	金合欢属	中国林业科学研究院热带林业研究所、嘉汉林业（河源）有限公司	曾炳山、裘珍飞、陈考科、陈祖旭、范春节、康汉华、刘英、李湘阳、罗锐	20160239	2016-9-3	2018-12-11

序号	品种权号	品种名称	属（种）	品种权人	培育人	申请号	申请日	授权日
219	20180219	热嘉 53 号	金合欢属	中国林业科学研究院热带林业研究所、嘉汉林业（河源）有限公司	曾炳山、陈祖旭、裘珍飞、陈考科、范春节、康汉华、刘英、李湘阳、罗锐	20160240	2016-9-3	2018-12-11
220	20180220	金荷	杏	河北省农林科学院石家庄果树研究所	赵习平、武晓红	20160247	2016-9-20	2018-12-11
221	20180221	豆蔻	锦带花属	黑龙江省森林植物园	马立华、庄倩、周勇、时雅君、雷桂杰、赵丽	20160261	2016-9-21	2018-12-11
222	20180222	灵动	锦带花属	黑龙江省森林植物园	马立华、庄倩、周勇、时雅君、雷桂杰、赵丽	20160263	2016-9-21	2018-12-11
223	20180223	梦幻	锦带花属	黑龙江省森林植物园	马立华、庄倩、周勇、时雅君、雷桂杰、赵丽	20160264	2016-9-21	2018-12-11
224	20180224	秋韵	锦带花属	黑龙江省森林植物园	马立华、庄倩、周勇、时雅君、雷桂杰、赵丽	20160265	2016-9-21	2018-12-11
225	20180225	红妍	含笑属	湖南省森林植物园	蒋利媛、颜立红、田晓明、向光锋、张绪高、杨云文、欧阳泽怡	20160270	2016-9-27	2018-12-11
226	20180226	京欧 1 号	李属	北京中医药大学	李卫东、刘志国	20160286	2016-10-12	2018-12-11
227	20180227	京欧 2 号	李属	北京中医药大学	李卫东、刘志国	20160287	2016-10-12	2018-12-11
228	20180228	紫玉	木兰属	陕西省西安植物园、棕榈生态城镇发展股份有限公司	王亚玲、王晶、赵强民、吴建军、赵珊珊、严丹峰、叶卫	20160296	2016-11-4	2018-12-11
229	20180229	如娟	木兰属	棕榈生态城镇发展股份有限公司、陕西省西安植物园	王亚玲、赵强民、吴建军、赵珊珊、王晶、严丹峰、叶卫	20160297	2016-11-4	2018-12-11
230	20180230	甬之波	杜鹃花属	浙江万里学院、宁波北仑亿润花卉有限公司	吴月燕、谢晓鸿、沃科军、沃绵康	20160307	2016-11-4	2018-12-11
231	20180231	甬芊红	杜鹃花属	宁波北仑亿润花卉有限公司	沃科军、沃绵康、朱平	20160308	2016-11-4	2018-12-11
232	20180232	甬紫叠	杜鹃花属	宁波北仑亿润花卉有限公司	沃科军、沃绵康、朱平	20160309	2016-11-4	2018-12-11
233	20180233	嫣红	木莲属	中国科学院华南植物园	陈新兰、杨科明、何飞龙、林金妹、廖景平、刘慧、韦强、叶育石	20160314	2016-11-7	2018-12-11
234	20180234	黑武士	木犀属	南京林业大学、王思明	王思明、段一凡、王贤荣、伊贤贵、王华辰、李涌福、陈林	20160320	2016-11-16	2018-12-11
235	20180235	粉彩	李属	南京林业大学	王贤荣、伊贤贵、王华辰、段一凡、陈林、胡志华	20160322	2016-11-18	2018-12-11
236	20180236	彩云飞	木瓜属	山东农业大学	臧德奎、于晓艳、刘丹、马燕、刘宗钊、刘明广、徐兴东	20160337	2016-11-22	2018-12-11
237	20180237	萨菲尔（Sapphire）	悬钩子属	浆果世界加有限公司（Berryworld Plus Limited）	伊娃·麦肯锡（Eva McCarthy）	20160363	2016-11-23	2018-12-11
238	20180238	洁德（Jade）	悬钩子属	浆果世界加有限公司（Berryworld Plus Limited）	皮特·文森（Peter Vinson）	20160364	2016-11-23	2018-12-11
239	20180239	英华	杏	山东省果树研究所	牛庆霖、苑克俊、王长君、王培久	20160366	2016-11-23	2018-12-11

序号	品种权号	品种名称	属（种）	品种权人	培育人	申请号	申请日	授权日
240	20180240	开园	杏	山东省果树研究所	苑克俊、王长君、牛庆霖、王培久	20160367	2016-11-23	2018-12-11
241	20180241	凤冠红	木瓜属	临沂大学、河东区金盛海棠种植专业合作社	陈之群、刘宗钊、刘文、成妮妮、胡晓丽、臧凤岐、王桂香、徐成龙、陈恒新	20160374	2016-11-24	2018-12-11
242	20180242	西吕 71985（SCH71985）	蔷薇属	荷兰彼得·西吕厄斯控股公司 (Piet Schreurs Holding B.V)	P·N·J·西吕厄斯 (Petrus Nicolaas Johannes Schreurs)	20160386	2016-12-2	2018-12-11
243	20180243	瑞驰 2700J（RUICH2700J）	蔷薇属	迪瑞特知识产权公司（De Ruiter Intellectual Property B.V.）	汉克·德·格罗特 (H.C.A. de Groot)	20160396	2016-12-8	2018-12-11
244	20180244	瑞克 2110A (RUICK2110A)	蔷薇属	迪瑞特知识产权公司（De Ruiter Intellectual Property B.V.）	汉克·德·格罗特 (H.C.A. de Groot)	20160397	2016-12-8	2018-12-11
245	20180245	硕丰	悬钩子属	江苏省中国科学院植物研究所	吴文龙、李维林、闾连飞、张春红、赵慧芳、王小敏、朱泓、杨海燕	20170012	2016-12-15	2018-12-11
246	20180246	黄金锦	蜡梅	浙江农林大学	赵宏波、张超、付建新、包志毅	20170014	2016-12-16	2018-12-11
247	20180247	知春	蜡梅	浙江农林大学	赵宏波、张超、付建新、包志毅	20170015	2016-12-16	2018-12-11
248	20180248	长蕊玉蝶	梅	浙江农林大学、浙江长兴东方梅园有限公司	赵宏波、张超、付建新、包志毅、吴晓红	20170016	2016-12-16	2018-12-11
249	20180249	粉台玉蝶	梅	浙江农林大学	赵宏波、吴晓红、张超、付建新、包志毅	20170017	2016-12-16	2018-12-11
250	20180250	红颜朱砂	梅	浙江农林大学	赵宏波、吴晓红、张超、付建新、包志毅	20170018	2016-12-16	2018-12-11
251	20180251	反扣二红	梅	浙江农林大学、浙江长兴东方梅园有限公司	吴晓红、赵宏波、张超、付建新、包志毅	20170019	2016-12-16	2018-12-11
252	20180252	红盛	紫薇	王柏盛	王柏盛	20170023	2016-12-16	2018-12-11
253	20180253	鸿运	木犀属	南京林业大学、王思明	王思明、段一凡、王贤荣、伊贤贵、王华辰、李涌福、陈林	20170025	2016-12-20	2018-12-11
254	20180254	白珊瑚	杜鹃花属	嘉善联合农业科技有限公司	沈勇	20170038	2017-1-5	2018-12-11
255	20180255	粉珊瑚	杜鹃花属	嘉善联合农业科技有限公司	沈勇	20170039	2017-1-5	2018-12-11
256	20180256	龙花	忍冬属	湖南省林业科学院	王晓明、曾慧杰、李永欣、乔中全、蔡能、陈建军	20170090	2017-1-21	2018-12-11
257	20180257	丰蕾	忍冬属	湖南省林业科学院、兰陵县鲁龙林果园艺专业合作社、长沙湘莹园林科技有限公司	曾慧杰、王晓明、乔中全、李修海、李永欣、蔡能、王湘莹、陈建军	20170091	2017-1-21	2018-12-11
258	20180258	紫嫣公主	桂花	全南厚朴生态林业有限公司	罗永松、江军、廖凯、姜明华	20170125	2017-3-6	2018-12-11
259	20180259	翠玉	梓树属	河南名品彩叶苗木股份有限公司	王华明、郑芳、邵明春、李长江、张熙、方圆圆、孙玉、李建武	20170147	2017-3-30	2018-12-11

序号	品种权号	品种名称	属（种）	品种权人	培育人	申请号	申请日	授权日
260	20180260	岑芯	山茶属	广西壮族自治区林业科学研究院	曾雯珺、王东雪、江泽鹏、张乃燕、陈国臣、叶航、陈林强、陈江平、张敏、梁国校、夏莹莹、刘凯、梁斌	20170150	2017-4-6	2018-12-11
261	20180261	傲雪	山茶属	广西壮族自治区林业科学研究院	王东雪、江泽鹏、张乃燕、陈国臣、刘凯、陈林强、梁斌、夏莹莹、曾雯珺、梁国校、叶航	20170151	2017-4-6	2018-12-11
262	20180262	义林	山茶属	广西壮族自治区林业科学研究院	马锦林、叶航、夏莹莹、梁文汇、张乃燕、王东雪、刘凯、梁斌	20170152	2017-4-6	2018-12-11
263	20180263	秾苑清风	芍药属	城发投资集团有限公司、中国农业科学院蔬菜花卉研究所	杨德顺、薛传星、张秀新、刘永森、薛璟祺、孙青文、王顺利、范俊峰、薛玉前	20170161	2017-4-6	2018-12-11
264	20180264	秾墨耀金	芍药属	中国农业科学院蔬菜花卉研究所	张秀新、薛璟祺、王顺利、薛玉前	20170162	2017-4-6	2018-12-11
265	20180265	秾墨重彩	芍药属	城发投资集团有限公司、中国农业科学院蔬菜花卉研究所	杨德顺、薛传星、张秀新、刘永森、薛璟祺、孙青文、王顺利、范俊峰、薛玉前、吴蕊	20170163	2017-4-6	2018-12-11
266	20180266	秾星璀月	芍药属	中国农业科学院蔬菜花卉研究所	张秀新、薛璟祺、王顺利、朱富勇、任秀霞	20170165	2017-4-6	2018-12-11
267	20180267	秾苑姝女	芍药属	城发投资集团有限公司、中国农业科学院蔬菜花卉研究所	杨德顺、薛传星、张秀新、刘永森、薛璟祺、孙青文、王顺利、范俊峰、薛玉前	20170167	2017-4-6	2018-12-11
268	20180268	秾苑玉辉	芍药属	中国农业科学院蔬菜花卉研究所	张秀新、王顺利、薛璟祺、吴蕊、张萍	20170168	2017-4-6	2018-12-11
269	20180269	阳春白雪	卫矛属	河南红枫种苗股份有限公司、山东天序农林科技有限公司、天津天序林木种苗有限公司	张丹、张家勋、张茂	20170170	2017-4-12	2018-12-11
270	20180270	佛光	卫矛属	河南红枫种苗股份有限公司、山东天序农林科技有限公司、天津天序林木种苗有限公司	张丹、张家勋、张茂	20170172	2017-4-12	2018-12-11
271	20180271	毛紫	山茶属	广西壮族自治区林业科学研究院	李开祥、韦晓娟、马锦林、黄金使、梁文汇、廖健明	20170182	2017-4-14	2018-12-11
272	20180272	京翠	白蜡树属	中国林业科学研究院林业研究所、湖北省京山县虎爪山林场	林富荣、张荣洋、郑勇奇、刘晓武、李斌、杨清发、郭文英、朱波涛、刘海、张云超、黄平	20170184	2017-4-17	2018-12-11
273	20180273	中闽 1 号	叶子花属	厦门市园林植物园	周群、张万旗	20170199	2017-4-20	2018-12-11
274	20180274	洛红美	杏	洛阳农林科学院	梁臣、郭光伟、王治军、赵罕、朱高浦、尹华、魏素玲、畅凌冰、李豫生、王小耐	20170216	2017-5-5	2018-12-11
275	20180275	典泛一品	文冠果	中国林业科学研究院林业研究所、北京艾比蒂生物科技有限公司	毕泉鑫、王利兵、于海燕	20170239	2017-5-16	2018-12-11
276	20180276	明月丹心	文冠果	中国林业科学研究院林业研究所、北京艾比蒂生物科技有限公司	毕泉鑫、王利兵、于海燕	20170241	2017-5-16	2018-12-11
277	20180277	娇容	蜡梅	浙江农林大学	赵宏波、付建新、张超、包志毅	20170245	2017-5-16	2018-12-11

序号	品种权号	品种名称	属（种）	品种权人	培育人	申请号	申请日	授权日
278	20180278	金铃	蜡梅	浙江农林大学	赵宏波、张超、付建新、包志毅	20170246	2017-5-16	2018-12-11
279	20180279	早发 (Zaofa)	核桃属	赵朝强	赵朝强	20170249	2017-5-18	2018-12-11
280	20180280	紫霞	野牡丹属	中国科学院华南植物园	宁祖林、曾振新、李冬梅、陈玲、何飞龙、吴兴、廖景平	20170250	2017-5-19	2018-12-11
281	20180281	铺地花 2 号	野牡丹属	中国科学院华南植物园	李冬梅、宁祖林、何飞龙、陈玲、翁楚雄、吴兴、曾振新、廖景平	20170252	2017-5-19	2018-12-11
282	20180282	蒙山紫玉	木瓜属	山东农业大学	王利、丰震、刘国兴、王向来、王延玲	20170253	2017-5-19	2018-12-11
283	20180283	齐鲁金	槭属	山东农业大学	丰震、宋志恒、王延玲、李承水、李存华、任红剑、乔谦、安凯	20170262	2017-5-23	2018-12-11
284	20180284	金边伞	紫金牛属	杭州市园林绿化股份有限公司、陈焕伟、浙江理工大学	胡绍庆、陈焕伟、刘华红、沈柏春、冯建国	20170265	2017-5-24	2018-12-11
285	20180285	中科蓝 1 号	忍冬属	中国科学院东北地理与农业生态研究所农业技术中心	赵恒田、范丽莉、李富恒、邵玲玲	20170267	2017-5-26	2018-12-11
286	20180286	白碧红霞	山茶属	江西省林业科学院	周文才、龚春、雷小林、黄建建、高伟、孙颖、温强、左继林、徐林初、王玉娟、占志勇、幸伟年、黄文印、李进	20170290	2017-6-4	2018-12-11
287	20180287	南湘红	山茶属	湖南省林业科学院	王湘南、陈永忠、王瑞、彭邵锋、陈隆升、许彦明、张震	20170291	2017-6-4	2018-12-11
288	20180288	南湘粉	山茶属	湖南省林业科学院	王湘南、陈永忠、王瑞、彭邵锋、陈隆升、许彦明	20170292	2017-6-4	2018-12-11
289	20180289	艳遇	栎属	江苏省林业科学研究院	黄利斌、董筱昀、窦全琴、孙海楠、吕运舟、李茹、张珺	20170296	2017-6-6	2018-12-11
290	20180290	中山红金彩	栎属	南京彩树种植有限公司	黄延芳、胡建宁、辛文学	20170299	2017-6-6	2018-12-11
291	20180291	多娇	苹果属	张灿洪	张灿洪、宋洪波、连芳、吴其超、姜丽媛	20170300	2017-6-6	2018-12-11
292	20180292	新郑红 11 号	枣	洛阳师范学院	赵旭升	20170302	2017-6-6	2018-12-11
293	20180293	中枣东升 1 号	枣	洛阳师范学院	赵旭升、李世鹏、郭明欣	20170303	2017-6-6	2018-12-11
294	20180294	金星	紫荆属	河南四季春园林艺术工程有限公司、鄢陵中林园林工程有限公司	张林、刘双枝、张文馨、吴豪	20170307	2017-6-9	2018-12-11
295	20180295	国庆	枫香属	南京林业大学	张往祥、范俊俊、周婷、徐立安、张丹丹、李千惠、姜文龙、曹福亮	20170308	2017-6-12	2018-12-11
296	20180296	红色依恋	苹果属	南京林业大学	张往祥、周婷、范俊俊、谢寅峰、彭冶、陈永霞、赵聪、曹福亮	20170315	2017-6-12	2018-12-11
297	20180297	晚宴	苹果属	南京林业大学	张往祥、范俊俊、徐立安、周婷、姜文龙、张丹丹、李千惠、曹福亮	20170317	2017-6-12	2018-12-11
298	20180298	画轴	苹果属	南京林业大学	张往祥、穆茜、张丹丹、周道建、陈永霞、李鑫、杨祎凡、曹福亮	20170318	2017-6-12	2018-12-11
299	20180299	胭脂雨	苹果属	南京林业大学	张往祥、赵聪、沈星诚、武启飞、王希、储吴樾、浦静、曹福亮	20170319	2017-6-12	2018-12-11

序号	品种权号	品种名称	属（种）	品种权人	培育人	申请号	申请日	授权日
300	20180300	诗人	苹果属	南京林业大学	张往祥、杨祎凡、李千惠、谢寅峰、穆茜、李鑫、周道建、曹福亮	20170320	2017-6-12	2018-12-11
301	20180301	鸿运当头	紫荆属	河南四季春园林艺术工程有限公司、鄢陵中林园林工程有限公司	张林、刘双枝、张文馨、吴豪	20170321	2017-6-14	2018-12-11
302	20180302	豫金1号	忍冬属	河南师范大学、刘保彬	李建军、李景原、李明军、周延清、朱双营、王兰、段素芳、刘保彬、张光田、李军芳、贾国伦、王君、任美玲	20170322	2017-6-14	2018-12-11
303	20180303	金色年华	槭属	河南名品彩叶苗木股份有限公司	王华明、邵明丽、刘鹏辉、闫立静、李建武、张熙、岳继贞、周艳宾、方圆圆、刘芳辉、杨谦、石海燕、寇新良、贾涛、魏奎娇	20170330	2017-6-23	2018-12-11
304	20180304	威特141205（Wit141205）	铁线莲属	马可·威特（Marco de Wit）	马可·威特（Marco de Wit）	20170332	2017-6-25	2018-12-11
305	20180305	状元红1号	大青属	肇庆学院	陈刚、王瑛华	20170333	2017-6-25	2018-12-11
306	20180306	红艳	南天竹属	浙江森禾集团股份有限公司	王春、郑勇平、魏斌、盛冬、尹庆平、陈慧芳、项美淑、杜三峰、陈岗、刘丹丹、顾慧	20170338	2017-6-29	2018-12-11
307	20180307	金公主9号	文冠果	北京林业大学、辽宁思路文冠果业科技开发有限公司、北京思路文冠果科技开发有限公司	王俊杰、唐桂辉、刘会军、汪舟、向秋虹、王馨蕊、周祎鸣、关文彬	20170347	2017-6-30	2018-12-11
308	20180308	金王1号	文冠果	北京林业大学、辽宁思路文冠果业科技开发有限公司、北京思路文冠果科技开发有限公司	黄炎子、侯向林、李国军、王俊杰、向秋虹、王馨蕊、周祎鸣、关文彬	20170348	2017-6-30	2018-12-11
309	20180309	金王2号	文冠果	北京林业大学、辽宁思路文冠果业科技开发有限公司、北京思路文冠果科技开发有限公司	王馨蕊、李国军、侯向林、王青、于震、周祎鸣、向秋虹、王俊杰、关文彬	20170349	2017-6-30	2018-12-11
310	20180310	金帝3号	文冠果	北京林业大学、辽宁思路文冠果业科技开发有限公司、北京思路文冠果科技开发有限公司	周祎鸣、张文臣、唐桂辉、向秋虹、王馨蕊、王俊杰、关文彬	20170350	2017-6-30	2018-12-11
311	20180311	京仲5号	杜仲	北京林业大学	康向阳、李赟、高鹏、张平冬、宋连君、李金忠	20170357	2017-7-11	2018-12-11
312	20180312	京仲6号	杜仲	北京林业大学	康向阳、李赟、高鹏、王君、宋连君、李金忠	20170358	2017-7-11	2018-12-11
313	20180313	京仲7号	杜仲	北京林业大学	康向阳、李赟、高鹏、张平冬、宋连君、李金忠	20170359	2017-7-11	2018-12-11
314	20180314	京仲8号	杜仲	北京林业大学	康向阳、李赟、高鹏、王君、宋连君、李金忠	20170360	2017-7-11	2018-12-11
315	20180315	红满棠	木瓜属	上海植物园	蒋昌华、张亚利、奉树成、毕玉科、费建国、周永元、李湘鹏、莫健彬	20170363	2017-7-13	2018-12-11

序号	品种权号	品种名称	属（种）	品种权人	培育人	申请号	申请日	授权日
316	20180316	墨菊堂	木瓜属	上海植物园	毕玉科、蒋昌华、奉树成、张亚利、费建国、李湘鹏、周永元、莫健彬	20170366	2017-7-13	2018-12-11
317	20180317	德瑞斯蓝九（DrisBlueNine）	越橘属	德瑞斯克公司（Driscoll's, Inc.）	布赖恩·K·卡斯特（Brian K. CASTER）、珍妮弗·K·伊佐（Jennifer K. IZZO）、阿伦·德雷珀（Arlen DRAPER）	20170369	2017-7-14	2018-12-11
318	20180318	德瑞斯蓝十一（DrisBlue Eleven）	越橘属	德瑞斯克公司（Driscoll's, Inc.）	布赖恩·K·卡斯特（Brian K. CASTER）、珍妮弗·K·伊佐（Jennifer K. IZZO）、阿伦·德雷珀（Arlen DRAPER）	20170370	2017-7-14	2018-12-11
319	20180319	玫瑰蓉	杜鹃花属	江苏省农业科学院	肖政、陈尚平、刘晓青、何丽斯、李畅、邓衍明、孙晓波、贾新平、苏家乐	20170379	2017-7-17	2018-12-11
320	20180320	樱歌	杜鹃花属	江苏省农业科学院	刘晓青、邓衍明、李畅、孙晓波、肖政、贾新平、何丽斯、陈尚平、苏家乐	20170380	2017-7-17	2018-12-11
321	20180321	玲珑	紫薇属	北京林业大学	潘会堂、冯露、鞠易倩、张启翔、胡杏、叶远俊、焦垚、蔡明、程堂仁、王佳	20170386	2017-7-19	2018-12-11
322	20180322	楚林保胜	核桃属	湖北省林业科学研究院、保康县核桃技术推广中心	徐永杰、陈万胜、李孝鑫、邓先珍、王代全、王其竹、余正文	20170393	2017-7-19	2018-12-11
323	20180323	德瑞斯蓝十（DrisBlueTen）	越橘属	德瑞斯克公司（Driscoll's, Inc.）	布赖恩·K·卡斯特（Brian K. CASTER）、珍妮弗·K·伊佐（Jennifer K. IZZO）、阿伦·德雷珀（Arlen DRAPER）	20170394	2017-7-21	2018-12-11
324	20180324	宁农杞 8 号	枸杞属	宁夏农林科学院枸杞工程技术研究所	焦恩宁、秦垦、戴国礼、曹有龙、石志刚、何军、李彦龙、李云翔、闫亚美、黄婷、张波、周旋、何昕儒、米佳	20170425	2017-8-3	2018-12-11
325	20180325	科杞 6081	枸杞属	宁夏农林科学院枸杞工程技术研究所	曹有龙、贾义科、戴国礼、秦垦、刘占贵、石志刚、何军、李云翔、闫亚美、张波、周旋、何昕儒、段淋渊	20170426	2017-8-3	2018-12-11
326	20180326	科杞 6082	枸杞属	宁夏农林科学院枸杞工程技术研究所	曹有龙、贾义科、秦垦、刘占贵、戴国礼、石志刚、何军、李云翔、闫亚美、张波、周旋、何昕儒、段淋渊	20170427	2017-8-3	2018-12-11
327	20180327	金石	鹅掌楸属	中国林业科学研究院林业研究所、中国林业科学研究院亚热带林业实验中心	李斌、郑勇奇、林富荣、郭文英、刘儒、潘文婷、孙建军、谭新建、袁小军、原勤勤、陈传松	20170443	2017-8-16	2018-12-11
328	20180328	粉玲珑	桃花	王燕	王燕	20170446	2017-8-7	2018-12-11
329	20180329	柔彩	绣球属	中国科学院植物研究所、青岛中科景观植物产业化发展有限公司	唐宇丹、白红彤、安玉来、李霞、李慧、孙雪琪、法丹丹、尤洪伟	20170447	2017-8-24	2018-12-11
330	20180330	瑛霞	丁香属	黑龙江省森林植物园	郁永英、李长海、翟晓鸥、宋莹莹、范森、张少琳、王颖	20170449	2017-8-28	2018-12-11
331	20180331	涌霞	丁香属	黑龙江省森林植物园	郁永英、李长海、翟晓鸥、宋莹莹、范森、张少琳、王颖	20170450	2017-8-28	2018-12-11
332	20180332	春韵	李属	山东省林业科学研究院、青岛樱花谷科技生态园有限公司、青岛市黄岛区林业局	胡丁猛、王松、许景伟、囤兴建、刘桂民、李贵学、王教全、王清华	20170452	2017-8-28	2018-12-11

序号	品种权号	品种名称	属（种）	品种权人	培育人	申请号	申请日	授权日
333	20180333	矮杰	李属	山东省果树研究所	刘庆忠、朱东姿、魏海蓉、王甲威、谭钺、宗晓娟、陈新、徐丽、张力思	20170455	2017-8-29	2018-12-11
334	20180334	矮特	李属	山东省果树研究所	刘庆忠、朱东姿、魏海蓉、王甲威、谭钺、宗晓娟、陈新、徐丽、张力思	20170456	2017-8-29	2018-12-11
335	20180335	傲霜	桂花	山东农业大学	臧德奎、吴其超、张晴、步俊彦、王一、刘虹佑	20170457	2017-8-30	2018-12-11
336	20180336	冬荣	桂花	山东农业大学	臧德奎、吴其超、张晴、步俊彦、王一、刘虹佑	20170458	2017-8-30	2018-12-11
337	20180337	龙榆	榆属	李严广	李严广	20170464	2017-9-1	2018-12-11
338	20180338	春彩凤羽	槭属	四川七彩林业开发有限公司	高尚、杨金财、郑超、蔡世林、吴佳川、尹林、银征、罗雪梅	20170466	2017-9-1	2018-12-11
339	20180339	澧滨早凤	木通属	中国林业科学研究院林业研究所	李斌、郑勇奇、林富荣、郭文英、肖光听、王汝平、张秋红、肖光所、黄廷武	20170467	2017-9-1	2018-12-11
340	20180340	甬之洁	杜鹃花属	浙江万里学院、宁波北仑亿润花卉有限公司	谢晓鸿、吴月燕、沃科军、沃绵康	20170468	2017-9-3	2018-12-11
341	20180341	甬粉佳人	杜鹃花属	浙江万里学院、宁波北仑亿润花卉有限公司	谢晓鸿、吴月燕、沃科军、沃绵康、章辰飞	20170469	2017-9-3	2018-12-11
342	20180342	甬紫雀	杜鹃花属	浙江万里学院、宁波北仑亿润花卉有限公司	吴月燕、谢晓鸿、沃科军、沃绵康	20170472	2017-9-3	2018-12-11
343	20180343	甬品红	杜鹃花属	浙江万里学院、宁波北仑亿润花卉有限公司	吴月燕、谢晓鸿、沃科军、沃绵康、章辰飞	20170473	2017-9-3	2018-12-11
344	20180344	甬之皎	杜鹃花属	宁波北仑亿润花卉有限公司	沃科军、沃绵康	20170475	2017-9-3	2018-12-11
345	20180345	甬之辉	杜鹃花属	宁波北仑亿润花卉有限公司	沃科军、沃绵康	20170478	2017-9-3	2018-12-11
346	20180346	甬之妃	杜鹃花属	宁波北仑亿润花卉有限公司	沃绵康、沃科军	20170480	2017-9-3	2018-12-11
347	20180347	圃柿 1 号	柿	西北农林科技大学	杨勇、阮小凤、王仁梓、关长飞、井赵斌、王建平、边建设	20170489	2017-9-4	2018-12-11
348	20180348	圃杂 2 号	柿	西北农林科技大学	杨勇、王仁梓、阮小凤、关长飞、王建平、井赵斌	20170490	2017-9-4	2018-12-11
349	20180349	杞鑫 3 号	枸杞属	中宁县杞鑫枸杞苗木专业合作社	郭玉琴、朱金忠、李惠军、刘冰、安魏、葛谦、陈卫宁、郝红伟、俞建忠、马利奋、任娟、高婧娥	20170491	2017-9-5	2018-12-11
350	20180350	四明火焰	槭属	宁波城市职业技术学院	林乐静、祝志勇、叶国庆	20170495	2017-9-6	2018-12-11
351	20180351	四明玫舞	槭属	宁波城市职业技术学院	祝志勇、林乐静、林立、叶国庆	20170496	2017-9-6	2018-12-11
352	20180352	寨选 4 号	越橘属	江苏省中国科学院植物研究所	吴文龙、闾连飞、李维林、张春红、赵慧芳、王小敏、朱泓、杨海燕、黄正金	20170497	2017-9-6	2018-12-11
353	20180353	寨选 7 号	越橘属	江苏省中国科学院植物研究所	吴文龙、闾连飞、李维林、张春红、赵慧芳、王小敏、朱泓、杨海燕、黄正金	20170498	2017-9-6	2018-12-11

序号	品种权号	品种名称	属（种）	品种权人	培育人	申请号	申请日	授权日
354	20180354	旱雄柳 1 号	柳属	山东省林业科学研究院	秦光华、宋玉民、乔玉玲、于振旭、焦传礼、刘德玺、康智、董玉峰、燕丽萍	20170504	2017-9-12	2018-12-11
355	20180355	旱雄柳 2 号	柳属	山东省林业科学研究院	秦光华、宋玉民、乔玉玲、于振旭、焦传礼、康智、杨庆山、董玉峰、燕丽萍	20170505	2017-9-12	2018-12-11
356	20180356	湿地柳 1 号	柳属	山东省林业科学研究院	秦光华、宋玉民、乔玉玲、于振旭、焦传礼、刘桂民、康智、董玉峰、燕丽萍	20170506	2017-9-12	2018-12-11
357	20180357	湿地柳 2 号	柳属	山东省林业科学研究院	秦光华、宋玉民、乔玉玲、于振旭、焦传礼、康智、胡丁猛、董玉峰、燕丽萍	20170507	2017-9-12	2018-12-11
358	20180358	金脉红	槭属	安徽东方金桥农林科技股份有限公司	丁增成、丁燕	20170513	2017-9-18	2018-12-11
359	20180359	泉金柳	柳属	济南市园林花卉苗木培育中心	李克俭、张保全、刘红权、孟清秀、孙燕、占习林、柴哲、王洪磊、张广杰、李超	20170525	2017-9-22	2018-12-11
360	20180360	泉丝柳	柳属	济南市园林花卉苗木培育中心	李克俭、张保全、刘红权、孟清秀、孙燕、占习林、柴哲、王洪磊、张广杰、李超	20170526	2017-9-22	2018-12-11
361	20180361	泉翠柳	柳属	济南市园林花卉苗木培育中心	李克俭、张保全、刘红权、孟清秀、孙燕、占习林、柴哲、王洪磊、张广杰、李超	20170527	2017-9-22	2018-12-11
362	20180362	泉曲柳	柳属	济南市园林花卉苗木培育中心	李克俭、张保全、刘红权、孟清秀、孙燕、占习林、柴哲、王洪磊、张广杰、李超	20170528	2017-9-22	2018-12-11
363	20180363	澧滨天凤	木通属	中国林业科学研究院林业研究所	李斌、郑勇奇、林富荣、郭文英、向明宏、王汝平	20170529	2017-9-25	2018-12-11
364	20180364	泰加（Taiga）	铁线莲属	落合小一郎（Koichiro Ochiai）	宇田川正毅（Masatake Udagawa）	20170551	2017-10-28	2018-12-11
365	20180365	德瑞斯马拉维利亚（Driscoll Maravilla）	悬钩子属	德瑞斯克公司（Driscoll's, Inc.）	卡洛斯 · D · 费尔 （Carlos D. Fear）、理查德 · E · 哈里森（Richard E. HARRISON）、弗雷德 · M · 库克（Fred M. COOK）、加文 · 西尔斯（Gavin SILLS）	20170568	2017-11-3	2018-12-11
366	20180366	丹青	金露梅	北京农学院	郑健、关雪莲、张睿鹂、胡增辉、张泽、冷平生、窦德泉	20170578	2017-11-13	2018-12-11
367	20180367	好运来	山茶属	东阳市歌山镇绿峰珍稀花卉苗木场	胡祖兰	20170597	2017-11-21	2018-12-11
368	20180368	太行福星	杜鹃花属	石家庄市神州花卉研究所有限公司、石家庄市农林科学研究院	白霄霞、李志斌、蒋淑磊、李振勤、张文芝、刘伟、李萍、张骁骁	20170611	2017-11-27	2018-12-11
369	20180369	太行新星	杜鹃花属	石家庄市神州花卉研究所有限公司	李志斌、白霄霞、蒋淑磊、刘伟、李萍、张骁骁	20170613	2017-11-27	2018-12-11
370	20180370	紫銮	紫薇	湖南省林业科学院、临颍县美如画绿化工程有限公司、汝南县中原绿野农业科技有限公司	王晓明、杨保玉、张伟中、乔中全、蔡能、陈艺、曾慧杰、李永欣、刘思思、臧洪	20170617	2017-11-29	2018-12-11
371	20180371	苍翠	紫薇	湖南省林业科学院、临颍县美如画绿化工程有限公司、汝南县中原绿野农业科技有限公司	王晓明、杨保玉、张伟中、乔中全、蔡能、陈艺、曾慧杰、李永欣、刘思思、臧洪	20170618	2017-11-29	2018-12-11

序号	品种权号	品种名称	属（种）	品种权人	培育人	申请号	申请日	授权日
372	20180372	壮竹	槭属	中国科学院植物研究所、青岛中科景观植物产业化发展有限公司	唐宇丹、白红彤、法丹丹、安玉来、李慧、孙雪琪、姚涓、李霞、尤洪伟、石雷	20180003	2017-12-18	2018-12-11
373	20180373	墨竹	槭属	中国科学院植物研究所、青岛中科景观植物产业化发展有限公司	唐宇丹、白红彤、李霞、安玉来、李慧、孙雪琪、姚涓、法丹丹、尤洪伟、石雷	20180004	2017-12-18	2018-12-11
374	20180374	翠竹	槭属	中国科学院植物研究所、青岛中科景观植物产业化发展有限公司	唐宇丹、白红彤、法丹丹、李慧、安玉来、李霞、李锐丽、孙雪琪、尤洪伟、石雷	20180006	2017-12-18	2018-12-11
375	20180375	圆大硕种	文冠果	中国林业科学研究院林业研究所、彰武县德亚文冠果专业合作社	王利兵、崔德石、毕泉鑫、于海燕、崔天鹏	20180027	2017-12-27	2018-12-11
376	20180376	悄然薄壳	文冠果	中国林业科学研究院林业研究所、彰武县德亚文冠果专业合作社	毕泉鑫、崔德石、王利兵、于海燕、崔天鹏	20180029	2017-12-27	2018-12-11
377	20180377	云密	圆柏属	北京市林业果树科学研究院	张玉平、白金、曹均、刘国彬、潘青华、姚砚武、廖婷	20180049	2017-12-29	2018-12-11
378	20180378	叠翠	圆柏属	北京市林业果树科学研究院	曹均、张玉平、白金、刘国彬、潘青华、姚砚武、廖婷	20180050	2017-12-29	2018-12-11
379	20180379	粉蝶	胡枝子属	北京农学院	杨晓红、陈晓阳、刘可心	20180057	2018-1-2	2018-12-11
380	20180380	紫玉	紫薇	湖南省林业科学院、长沙湘莹园林科技有限公司	乔中全、王晓明、曾慧杰、李永欣、蔡能、王湘莹、刘思思	20180059	2018-1-3	2018-12-11
381	20180381	紫霞	紫薇	湖南省林业科学院、长沙湘莹园林科技有限公司	王晓明、蔡能、李永欣、曾慧杰、乔中全、王湘莹、刘思思	20180060	2018-1-3	2018-12-11
382	20180382	玲珑红	紫薇	湖南省林业科学院、长沙湘莹园林科技有限公司	王晓明、曾慧杰、乔中全、李永欣、蔡能、王湘莹、刘思思	20180061	2018-1-3	2018-12-11
383	20180383	绚紫	紫薇属	湖北省林业科学研究院、湖北省楚林园林绿化中心	杨彦伶、李振芳、马林江、黄国伟、张亚东、陈华超、彭婵、王瑞文、徐红梅	20180074	2018-1-5	2018-12-11
384	20180384	雅紫	紫薇属	湖北省林业科学研究院、湖北省太子山林场管理局	李振芳、杨彦伶、柯尊发、彭婵、鲁从平、王瑞文、黄国伟、马林江、徐红梅、陈华超	20180075	2018-1-5	2018-12-11
385	20180385	紫焰	紫薇	浙江农林大学	顾翠花、沈鸿明、朱王微、薛桂芳、张晓杰、马丽、陈凯、邵蕾、王梦瑶	20180077	2018-1-8	2018-12-11
386	20180386	冰川红叶	小檗属	石家庄市藁城区绿都市政园林工程有限公司	冀鹏飞、吕思佳、邓运川、闫子旭、冀伟、刘兵辉、张然然	20180081	2018-1-11	2018-12-11
387	20180387	夏华	杏	山东省果树研究所	苑克俊、王培久、葛福荣、牛庆霖	20180084	2018-1-12	2018-12-11
388	20180388	玉华	杏	山东省果树研究所	苑克俊、王培久、牛庆霖、葛福荣	20180085	2018-1-12	2018-12-11
389	20180389	蜀紫粉	紫薇属	四川冠腾科技有限公司、四川省林业科学研究院	王莹、罗建勋、青学刚、王准、张淑晔、刘芙蓉、刘俊呈	20180114	2018-1-23	2018-12-11

序号	品种权号	品种名称	属（种）	品种权人	培育人	申请号	申请日	授权日
390	20180390	雾灵野果	山楂属	赵玉亮	赵玉亮、耿金川、任建武、陆凤勤、毕振良、梁义春、夏文作、陆明辉、张永军、郭晨丰	20180121	2018-1-30	2018-12-11
391	20180391	黄金乙	乌桕属	浙江森禾集团股份有限公司、浙江森禾环境工程有限公司、浙江省林业科学研究院	郑勇平、王春、柳新红、李因刚、顾慧、尹庆平、陈岗、刘丹丹、杨家强	20180123	2018-2-5	2018-12-11
392	20180392	夏日舞娘	紫薇	浙江森城种业有限公司	沈鸿明、薛桂芳、朱王微、张晓杰、顾敏洁、李庄华、张成燕、顾翠花	20180124	2018-2-5	2018-12-11
393	20180393	红贵妃	紫薇	浙江森城种业有限公司	沈鸿明、沈劲余、张晓杰、王金凤、朱王微、薛桂芳、朱雪娟、顾翠花	20180125	2018-2-5	2018-12-11
394	20180394	巧克力	紫薇	浙江森城种业有限公司	沈鸿明、沈劲余、朱王微、陈卓梅、薛桂芳、张晓杰、顾敏洁、顾翠花	20180126	2018-2-5	2018-12-11
395	20180395	午夜	紫薇	浙江森城种业有限公司	沈鸿明、朱王微、薛桂芳、张晓杰、顾敏洁、李庄华、张成燕、顾翠花	20180127	2018-2-5	2018-12-11
396	20180396	馨香	木瓜属	刘若森、利辛县东方美景园林绿化工程有限公司	刘若森、李振顶、陆侠、刘士安、袁春虎、王启英、解士涛、任太行、施晓燕、张敬涛、戴翠荣、龚义玲	20180150	2018-2-9	2018-12-11
397	20180397	浦大紫	乌桕属	浙江省林业科学研究院、浙江森禾集团股份有限公司	李因刚、柳新红、郑勇平、蒋冬月、刘丹丹、石从广、杨少宗	20180156	2018-2-28	2018-12-11
398	20180398	岗山正红	槭属	王立彬	王立彬、石华	20180166	2018-3-6	2018-12-11
399	20180399	启运红	槭属	王立彬	王立彬、石华	20180167	2018-3-6	2018-12-11
400	20180400	岗山正黄	槭属	王立彬	王立彬、石华	20180169	2018-3-6	2018-12-11
401	20180401	紫华梦幻	槭属	王立彬	王立彬、石华	20180170	2018-3-6	2018-12-11
402	20180402	兴甫富贵杨	杨属	王晓铎	王兴甫、王晓铎	20180185	2018-3-29	2018-12-11
403	20180403	宁林鲜	核桃属	中国林业科学研究院林业研究所、洛宁县先科树木改良技术研究中心	张俊佩、宋晓波、徐慧敏、马庆国、徐虎智	20180204	2018-4-2	2018-12-11
404	20180404	中洛繁星	核桃属	中国林业科学研究院林业研究所、洛宁县先科树木改良技术研究中心	裴东、徐虎智、宋晓波	20180205	2018-4-2	2018-12-11
405	20180405	青龙竹	刚竹属	江西省林业科学院	王海霞、程平、曾庆南、彭九生、余林、高伟	20180309	2018-6-9	2018-12-11

中国林业植物授权新品种
（1999－2009）
国家林业局植物新品种保护办公室
中国林业科学研究院林业科技信息研究所 编
中国林业出版社
ZHONGGUOLINYEZHIWUSHOUQUANXINPINZHONG(1999－2009)

中国林业植物授权新品种
（2010－2012）
国家林业局科技发展中心
（国家林业局植物新品种保护办公室） 编
中国林业出版社
ZHONGGUOLINYEZHIWUSHOUQUANXINPINZHONG(2010－2012)

中国林业植物授权新品种
（2012）
国家林业局科技发展中心
（国家林业局植物新品种保护办公室） 编
中国林业出版社
ZHONGGUOLINYEZHIWUSHOUQUANXINPINZHONG(2012)

中国林业植物授权新品种
（2013）
国家林业局科技发展中心
（国家林业局植物新品种保护办公室） 编
中国林业出版社
ZHONGGUOLINYEZHIWUSHOUQUANXINPINZHONG(2013)

中国林业植物授权新品种
（2014）
国家林业局科技发展中心
（国家林业局植物新品种保护办公室） 编
中国林业出版社
ZHONGGUOLINYEZHIWUSHOUQUANXINPINZHONG(2014)

中国林业植物授权新品种
（2015）
PROTECTED NEW PLANT VARIETIES IN FORESTRY SECTOR IN CHINA
国家林业局科技发展中心
（国家林业局植物新品种保护办公室） 编
中国林业出版社
PROTECTED NEW PLANT VARIETIES IN FORESTRY SECTOR IN CHINA

中国林业植物授权新品种
（2016）
PROTECTED NEW PLANT VARIETIES IN FORESTRY SECTOR IN CHINA
国家林业局科技发展中心
（国家林业局植物新品种保护办公室） 编
中国林业出版社
PROTECTED NEW PLANT VARIETIES IN FORESTRY SECTOR IN CHINA

中国林业植物授权新品种
（2017）
PROTECTED NEW PLANT VARIETIES IN FORESTRY SECTOR IN CHINA
国家林业局科技发展中心
（国家林业局植物新品种保护办公室） 编
中国林业出版社

中国林业植物授权新品种
（2018）
PROTECTED NEW PLANT VARIETIES IN FORESTRY SECTOR IN CHINA
国家林业和草原局科技发展中心
（国家林业和草原局植物新品种保护办公室） 编
中国林業出版社
China Forestry Publishing House